企业碳排放核算与报告编制

主　编　张　乐　张斌亮

副主编　刘　凯　张蕾蕾　朱圣洁　乔　绚　张译文

参　编　高　巍　黄慧敏　罗　丹　段　琼　刘焰真

　　　　李魏宏　高文欧　张　冉　王语宸　张子晗

机械工业出版社

本书是一本为响应全球气候变化挑战，专门针对企业碳排放核算与报告编制设计的教材。随着环境保护法规的加强和碳交易市场的发展，企业越来越需要专业人才来准确核算和报告其碳排放数据。

本书内容全面，结构清晰，分为五大项目，涵盖从企业碳排放核算的基本工作程序到具体的排放核算方法，再到数据质量控制和报告编制的全过程。这种全面且深入的内容设置不仅可以帮助学生理论与实践相结合，也使得本书成为培训和教学中极具应用价值的工具书。

为方便教学，本书配备电子课件等教学资源。凡选用本书作为授课教材的教师均可登录机械工业出版社教育服务网（www.cmpedu.com）注册后免费下载。如有问题请致信 cmpgaozhi@sina.com，或致电 010-88379375 联系营销人员。

图书在版编目（CIP）数据

企业碳排放核算与报告编制 / 张乐，张斌亮主编 .
北京：机械工业出版社，2024. 12. -- ISBN 978-7-111-
77203-3

Ⅰ. X511.06
中国国家版本馆 CIP 数据核字第 2025536AK1 号

机械工业出版社（北京市百万庄大街 22 号　邮政编码 100037）
策划编辑：赵志鹏　　　　责任编辑：赵志鹏　刘益汛
责任校对：张爱妮　刘雅娜　封面设计：马精明
责任印制：常天培
北京铭成印刷有限公司印刷
2025 年 1 月第 1 版第 1 次印刷
184mm×260mm · 15.75 印张 · 326 千字
标准书号：ISBN 978-7-111-77203-3
定价：49.00 元

电话服务　　　　　　　　网络服务
客服电话：010-88361066　机　工　官　网：www.cmpbook.com
　　　　　010-88379833　机　工　官　博：weibo.com/cmp1952
　　　　　010-68326294　金　　书　　网：www.golden-book.com
封底无防伪标均为盗版　机工教育服务网：www.cmpedu.com

前 言

在这个全球气候变化日益加剧，碳排放管理变得日益重要的时代，我们带着一份责任和使命，编写了本书。本书是我们对当前环境危机的回应，更是我们对未来可持续发展的期许。面向高等职业教育的学生及企业培训的专业人士，我们旨在提供一本既具前沿性，又强调实用性和项目性的教材，以填补当前在这一领域的空白。

本书的独特之处，在于其校企双元合作的编写模式。我们深知，要应对复杂多变的气候变化挑战，单靠学术界或企业界的努力是远远不够的。因此，本书汇集了学术界和企业界的智慧，由经验丰富的学者和业界专家共同编写。这种跨界合作确保了教材内容的前瞻性和实用性，让学生能够学习到最前沿的理论知识和应对策略，同时获得贴近实际工作的经验和技能。

在当前教材市场，关于企业碳排放核算与报告编制的书籍并不多见，尤其是那些能够深入浅出，将复杂问题简单化，同时又不失专业深度的教材更是凤毛麟角。我们的教材正是在这样的背景下应运而生，它不仅覆盖了碳排放核算的基本原理和方法，更重要的是，它深入探讨了碳排放报告的编制过程，涵盖了从数据收集、质量控制到报告编制和第三方核查的全过程。这种全面性和深入性的结合，使得本书具有很高的前沿性和稀缺性。

项目化学习作为一种有效的教学方法，能够将理论知识与实际操作紧密结合，提高学生的实践能力和解决问题的能力。本书正是基于这样的教学理念，通过一系列贴近实际工作的项目案例，引导学生深入理解碳排放核算与报告的各个环节。每个项目都设计有具体的任务描述、知识准备、任务实施及职业判断与业务操作指导，确保学生能够在完成任务的过程中，理论与实践相结合，深化对碳排放管理的理解。

随着数字技术的发展，传统的教学资源已经无法满足学生的多样化需求。本书作为一本融媒体教材，配套了大量微课和在线公开课，利用视频、动画、模拟软件等多媒体形式，为学生提供了一个全新的学习体验。这些资源不仅可以帮助学生更好地理解复杂的概念和方法，还可以提升学习的趣味性和互动性。

在编写本书的过程中，我们深感责任重大。我们希望，通过本书，能够培养出一批具有前瞻性思维和实际操作能力的专业人才，为应对全球气候变化和推动低碳经济发展做出贡献。我们相信，随着越来越多的学生和专业人士通过本书学习碳排放管理的知识和技能并应用于实践，我们的企业、我们的社会、我们的世界将变得更加美好。

最后，我们希望本书不仅仅是一本教科书，更是一份启发思考的资料。碳排放管理不仅是企业的责任，也是每个公民的责任。通过本书的学习，我们希望读者能够更深刻地理解人类活动对气候变化的影响，以及每个人都可以采取行动减少碳排放，为保护环境做出贡献。我们期待读者在学习的过程中，不仅获得知识和技能，更获得面向未来的视角和为创建更加可持续发展的世界所做出贡献的满足感。

在本书的编写过程中，我们得到了许多人的帮助和支持。感谢所有参与指导、审校和出版的同事和朋友们，是你们的辛勤工作和宝贵意见使得这本书得以完成。同时，我们也要感谢所有的学生和教师，是你们的需求和反馈指引我们不断前进，不断改进。我们真诚希望这本书能够对你有所帮助，为你的学习和未来的职业道路添砖加瓦。

感谢北京中创碳投科技有限公司、广州绿石碳科技股份有限公司、方圆标志认证集团有限公司、广东省节能工程技术创新促进会、广东省广业检验检测集团有限公司、广东省清洁生产协会对本书出版的大力支持！

进入这个领域的学习之旅可能会充满挑战，但同样也充满了机遇和希望。让我们一起努力，为构建一个低碳、可持续的未来贡献自己的力量。

本书由张乐、张斌亮任主编，刘凯、张蕾蕾、朱圣洁、乔绚、张译文任副主编，参与编写的还有高巍、黄慧敏、罗丹、段琼、刘焰真、李魏宏、高文欧、张冉、王语宸、张子晗。

由于编者水平有限，书中疏漏之处在所难免，希望广大读者批评指正。

编　者

二维码索引

目录

项目 1

控排企业碳排放核算报告工作程序

 知识目标

- ○ 了解全国碳市场开展企业碳排放核算的作用与意义。
- ○ 掌握温室气体排放核算体系的构成与基本概念。
- ○ 了解碳排放核算关键环节的基本要求。

 能力目标

- ○ 能够正确选择核算指南，补充数据表。
- ○ 能够筛选企业碳排放核算与报告涉及的活动水平、排放因子、生产数据等。
- ○ 能够掌握企业碳排放监测、报告的基本流程。

任务 1.1　确定核算边界与排放源

1.1.1　任务描述

企业 A 是一家成立于 2011 年的水泥厂，属于水泥生产行业，行业代码为 3011，年度综合能源消费量约 20 万吨标准煤。公司建有一条 4500t/d 的大型熟料生产线，经营范围为水泥和水泥熟料。水泥生产原料包括石灰石、工业废渣（含氧化钙和氢氧化钙等）等生料，配料包括砂岩、黏土、铁矿等；水泥生产过程中需要烟煤作燃料，外购电力全部来自市政电网并用于支撑生产活动。此外，企业 A 还配备了消耗液化石油气的食堂和消耗柴油的保洁车作为日常保障。企业 A 生产工艺流程如图 1-1-1 所示，主要排放设施汇总见表 1-1-1。

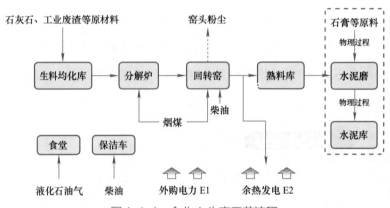

图 1-1-1　企业 A 生产工艺流程

表 1-1-1　企业 A 主要排放设施汇总

序号	设备名称	型号	单位	数量	能源品种
1	分解炉	φ8000mm 在线型喷旋式	台	1	烟煤
2	回转窑	φ4.8m×72m	台	1	烟煤、柴油、电力
3	高温风机	3150 DI BB24	台	1	电力
4	窑尾收尘器	FXDC384-2×10	台	1	电力
5	窑尾排风机	3100 DI BB50	台	1	电力
6	窑尾预热器系统	F5Y/50	台	4	电力

请根据案例描述，回答以下问题：

1）哪个核算指南可作为核算企业 A 的碳排放的依据？

2）企业 A 的核算边界包括哪些部分？

3）企业 A 的企业层级核算边界排放源包括哪些部分？

4）企业 A 的熟料生产核算边界排放源包括哪些部分？

1.1.2　知识准备

一、全国碳市场企业碳排放核算

碳排放权交易市场，简称碳市场，是指以控制温室气体排放为目的，以温室气体排放配额或温室气体减排信用等为标的物进行交易的市场；通俗来说，就是把二氧化碳排放权当作商品进行买卖的市场。2013 年，党的十八届三中全会通过了《中共中央关于全面深化改革若干重大问题的决定》，建设全国碳市场成为全面深化改革的重点任务之一，标志着全国碳市场设计工作正式启动。2017 年 12 月 18 日，国家发展和改革委员会公布的《全国碳排放权交易市场建设方案（发电行业）》，将全国碳市场建设分为了基础建设期、模拟运行期、深化完善期三个阶段。国务院碳排放权交易主管部门及其主要支撑机构由国家发展和改革委员会转隶至生态环境部后，生态环境部按照《全国碳排放权交易市场建设方案（发电行业）》开展碳市场建设工作，全国碳市场建设和生态文明工作得到了进一步融合。2020 年 9 月 22 日我国提出"双碳"目标，即二氧化碳排放力争于 2030 年前达到峰值，努力争取 2060 年前实现碳中和。2021 年 1 月生态环境部发布了《碳排放权交易管理办法（试行）》，并印发配套的配额分配方案和重点排放单位名单。这意味着自 2021 年 1 月 1 日起，全国碳市场发电行业第一个履约周期正式启动。2021 年 7 月 16 日，全国碳市场正式开始交易，超两千家电力企业率先纳入全国碳市场。至此，全国碳市场开始进入深化完善期。

在全国碳市场建设过程中，核心的问题是如何量化和核算碳排放量，如果企业对核算方法、报告体系、核查标准理解有误，就会造成排放数据偏差，这不仅会导致企业自身信誉受损，而且意味着资金的损失。2015 年起，我国陆续发布了多个针对行业企业的温室气体核算指南，用于指导碳排放市场中的企业开展碳排放核算工作，针对不同企业温室气体排放情况按照相应的核算指南进行核定。自 2016 年起，拟纳入全国碳排放权交易的石化、化工、建材、钢铁、有色、造纸、电力、航空等重点排放行业的企业展开了碳排放核算工作，核算的内容包括企业直接和间接温室气体的排放，企业核算流程包括碳排放相关数据的监测、收集、统计、记录，以及碳排放相关数据的分析、计算、报告等一系列活动。

二、温室气体基础知识

（一）温室气体

温室气体是大气中吸收并重新放出红外辐射的自然和人为的气态成分。《京都议定书》中规定了六种温室气体分别为二氧化碳（CO_2）、甲烷（CH_4）、氧化亚氮（N_2O）、氢氟碳化物（HFCs）、全氟化碳（PFCs）以及六氟化硫（SF_6），这六种温室气体也是我国碳市场温室气体排放核算所需核定的温室气体。具体到行业，我国首批纳入温室气体核算的行业及其温室气体种类见表 1-1-2。

表1-1-2 我国首批纳入温室气体核算的行业及其温室气体种类

行业	二氧化碳（CO_2）	甲烷（CH_4）	氧化亚氮（N_2O）	氢氟碳化物（HFCs）	全氟化碳（PFCs）	六氟化硫（SF_6）
发电	√					
钢铁	√					
铜冶炼	√					
电解铝	√				√	
平板玻璃	√					
水泥	√					
造纸	√	√				
石油化工	√					
化工	√		√			
航空	√					

（二）全球增温潜势（Global Warming Potential，GWP）

全球增温潜势（GWP）是指将单位质量的某种温室气体在给定时间段内辐射强度影响与等量二氧化碳辐射强度影响相关联的系数。联合国政府间气候变化专门委员会（Intergovernmental Panel on Climate Change，IPCC）评估报告给出的全球增温潜势见表1-1-3。在使用时，需要结合具体技术文件要求，选用相应的报告值。

表1-1-3 联合国政府间气候变化专门委员会评估报告给出的全球增温潜势

气体种类		IPCC第二次评估报告值	IPCC第三次评估报告值	IPCC第四次评估报告值	IPCC第五次评估报告值	IPCC第六次评估报告值
二氧化碳（CO_2）		1	1	1	1	1
甲烷（CH_4）		21	23	25	28	27.9
氧化亚氮（N_2O）		310	296	298	265	273
氢氟碳化物（HFCs）	HFC-23	11700	12000	14800	12400	14600
	HFC-32	650	550	675	677	771
	HFC-125	2800	5900	3500	3170	3740
	HFC-134a	1300	1300	1430	1300	1530
	HFC-143a	3800	4300	4470	4800	5810
	HFC-152a	140	120	124	138	164
	HFC-227ea	2900	3500	3220	3350	3600
	HFC-236fa	6300	9400	9810	8060	8690
	HFC-245fa	—	950	1030	858	962
全氟化碳（PFCs）	CF_4	6500	5700	7390	6630	7380
	C_2F_6	9200	11900	9200	11100	12400
六氟化硫（SF_6）		23900	22200	22800	23500	24300

（三）二氧化碳当量

二氧化碳当量指在辐射强度上与某种温室气体质量相当的二氧化碳的量。温室气体二氧化碳当量等于给定温室气体的质量乘以它的全球增温潜势。

三、全国碳市场核算方法体系

全国碳排放权交易市场温室气体核算体系由行业指南、补充数据表、数据质量控制计划、设施指南、填报说明、工作通知等技术文件要求构成。自 2013 年以来，中华人民共和国国家发展和改革委员会（国家发展改革委）陆续发布了 24 个重点行业的温室气体核算方法与报告指南（以下简称"24 个行业核算指南"）。虽然归属不同的行业，但是 24 个行业核算指南具有一定的共性，主要体现在每个重点行业的核算指南都包含了适用范围、引用文件和参考文献、术语及定义、核算边界、核算方法、质量保证和文件存档、报告内容和格式规范七个部分内容，旨在指导重点排放单位开展数据监测、报告和核查工作。

24 个行业核算指南在编制时并未包括企业分设施、分工序的排放，也未要求企业报告产品产量。为了进一步完善数据、为全国碳市场提供更好的支持，碳市场主管部门针对纳入碳市场管理范围的行业设计了补充数据表，要求企业在指南的基础上提供更多的数据。不同行业的补充数据表随每年度碳排放报告与核查通知发布。

企业层级与设施层级核算边界的作用差异

为规范有关企业（或者其他经济组织）温室气体排放的监测和核算活动，国家碳市场主管部门要求碳市场纳管企业制定数据质量控制计划，并依据数据质量控制计划开展碳排放相关数据监测。

2021 年 3 月，生态环境部颁布了《关于加强企业温室气体排放报告管理相关工作的通知》，要求发电行业按照《企业温室气体排放核算方法与报告指南　发电设施》（环办气候函〔2021〕9 号）进行数据报告，电力企业从按照《中国发电企业温室气体排放核算方法与报告指南（试行）》、发电行业补充数据表、数据质量控制计划进行碳排放核算，转为按照《企业温室气体排放核算方法与报告指南　发电设施》（环办气候函〔2021〕9 号）进行核算，这标志着全国碳市场由以法人为边界的核算标准向以设施为边界的核算标准转化。此后，生态环境部又陆续发布了《企业温室气体排放核算方法与报告指南　发电设施（2022 年修订版）》（环办气候函〔2022〕111 号）和《企业温室气体排放核算与报告指南　发电设施》（环办气候函〔2022〕485 号）对发电设施核算指南进行更新。

温室气体管理发展历程

2023 年 10 月 14 日，生态环境部发布了《关于做好 2023—2025 年部分重点行业企业温室气体排放报告与核查工作的通知》（环办气候函〔2023〕332 号），要求水泥、电解铝和钢铁行业企业按照《企业温室气体排放核算与报告填报说明　水泥熟料生产》《企业温室气体排放核算与报告填报说明　铝冶炼》《企业温室气体排放核算与报告填报说明　钢铁生产》

的最新要求开展核算与报告，进一步明确了水泥、电解铝和钢铁行业企业的企业层级核算边界和设施层级（生产工序）核算边界的具体范围与要求。

除碳市场主管部门发布的行业指南、补充数据表、数据质量控制计划、设施指南、填报说明等技术文件外，最新发布的核算核查工作通知也有针对碳排放核算的具体要求和规范，如环办气候函〔2023〕332号文件提出，"在核算企业层级净购入电量或设施层级消耗电量对应的排放量时，直供重点行业企业使用且未并入市政电网、企业自发自用（包括并网不上网和余电上网的情况）的非化石能源电量对应的排放量按0计算。""通过市场化交易购入使用非化石能源电力的企业，对应的排放量暂按全国电网平均碳排放因子进行计算。""2022年度全国电网平均碳排放因子为0.5703tCO_2/MWh"等。在开展企业温室气体排放核算时，要以最新的核算核查工作通知要求为准。总体上，我国碳核算制度正在向精细化管理的方向发展，未来其他行业也有可能出现类似的变化。

24个行业核算指南见表1-1-4，发电设施指南见表1-1-5，水泥、电解铝、钢铁行业企业温室气体排放核算与报告填报说明见表1-1-6。

表1-1-4　24个行业核算指南

时间	通知名称	温室气体核算方法与报告指南
2013.11.04	《关于印发首批10个行业企业温室气体排放核算方法与报告指南（试行）的通知》（发改办气候函〔2013〕2526号）	1.《中国发电企业温室气体排放核算方法与报告指南（试行）》 2.《中国电网企业温室气体排放核算方法与报告指南（试行）》 3.《中国钢铁生产企业温室气体排放核算方法与报告指南（试行）》（以下简称《钢铁指南》） 4.《中国化工生产企业温室气体排放核算方法与报告指南（试行）》（以下简称《化工指南》） 5.《中国电解铝生产企业温室气体排放核算方法与报告指南（试行）》（以下简称《电解铝指南》） 6.《中国镁冶炼企业温室气体排放核算方法与报告指南（试行）》 7.《中国平板玻璃生产企业温室气体排放核算方法与报告指南（试行）》（以下简称《平板玻璃指南》） 8.《中国水泥生产企业温室气体排放核算方法与报告指南（试行）》（以下简称《水泥指南》） 9.《中国陶瓷生产企业温室气体排放核算方法与报告指南（试行）》 10.《中国民航企业温室气体排放核算方法与报告格式指南（试行）》（以下简称《民航指南》）
2014.12.03	《关于印发第二批4个行业企业温室气体排放核算方法与报告指南（试行）的通知》（发改办气候函〔2014〕2920号）	1.《中国石油和天然气生产企业温室气体排放核算方法与报告指南（试行）》 2.《中国石油化工企业温室气体排放核算方法与报告指南（试行）》（以下简称《石化指南》） 3.《中国独立焦化企业温室气体排放核算方法与报告指南（试行）》 4.《中国煤炭生产企业温室气体排放核算方法与报告指南（试行）》
2015.07.06	《关于印发第三批10个行业企业温室气体核算方法与报告指南（试行）的通知》（发改办气候函〔2015〕1722号）	1.《造纸和纸制品生产企业温室气体排放核算方法与报告指南（试行）》（以下简称《造纸指南》） 2.《其他有色金属冶炼和压延加工业企业温室气体排放核算方法与报告指南（试行）》（以下简称《其他有色金属指南》） 3.《电子设备制造企业温室气体排放核算方法与报告指南（试行）》

（续）

时间	通知名称	温室气体核算方法与报告指南
2015.07.06	《关于印发第三批 10 个行业企业温室气体核算方法与报告指南（试行）的通知》（发改办气候函〔2015〕1722 号）	4.《机械设备制造企业温室气体排放核算方法与报告指南（试行）》 5.《矿山企业温室气体排放核算方法与报告指南（试行）》 6.《食品、烟草及酒、饮料和精制茶企业温室气体排放核算方法与报告指南（试行）》 7.《公共建筑运营单位（企业）温室气体排放核算方法和报告指南（试行）》 8.《中国陆上交通运输企业温室气体　核算方法与报告指南（试行）》（以下简称《陆上交通运输指南》） 9.《氟化工企业温室气体排放核算方法与报告指南（试行）》 10.《工业其他行业企业温室气体排放核算方法与报告指南（试行）》（以下简称《工业其他行业指南》）

表 1-1-5　发电设施指南

版本	适用
《企业温室气体排放核算方法与报告指南　发电设施》（环办气候函〔2021〕9 号）（以下简称《发电设施指南 -2021 版》）	2020 和 2021 年度发电行业企业温室气体排放报告
《企业温室气体排放核算方法与报告指南　发电设施（2022 年修订版）》（环办气候函〔2022〕111 号）（以下简称《发电设施指南 -2022 年修订版》）	2022 年度发电行业企业温室气体排放报告
《企业温室气体排放核算与报告指南　发电设施》（环办气候函〔2022〕485 号）（以下简称《发电设施指南 -2022 版》）	2023 和 2024 年度发电行业企业温室气体排放报告

表 1-1-6　水泥、电解铝、钢铁行业企业温室气体排放核算与报告填报说明

时间	通知名称	温室气体排放核算与报告填报说明
2023.10.14	《关于做好 2023—2025 年部分重点行业企业温室气体排放报告与核查工作的通知》（环办气候函〔2023〕332 号）	1.《企业温室气体排放核算与报告填报说明　水泥熟料生产》（以下简称《水泥熟料生产核算报告说明》） 2.《企业温室气体排放核算与报告填报说明　铝冶炼》（以下简称《铝冶炼核算报告说明》） 3.《企业温室气体排放核算与报告填报说明　钢铁生产》（以下简称《钢铁生产核算报告说明》）

四、核算边界

核算边界指与报告主体的生产经营活动相关的温室气体的排放范围。根据《关于做好 2023—2025 年发电行业企业温室气体排放报告管理有关工作的通知》（环办气候函〔2023〕43 号）《关于做好 2023—2025 年部分重点行业企业温室气体排放报告与核查工作的通知》（环办气候函〔2023〕332 号），发电、石化、化工、钢铁、建材、有色、造纸、航空等行业的核算边界可分为企业层级核算边界和设施层级（生产工序）核算边界。准确识别碳排放核算的边界，是真实、准确、全面核算企业碳排放的前提。

（一）企业层级核算边界

企业层级是指以企业法人或视同法人的独立核算单位为边界，石化、化工、钢铁、建材、

有色、造纸、航空等重点行业均需核算企业层级的温室气体排放。水泥、钢铁、铝冶炼企业层级核算边界为环办气候函〔2023〕332号发布的行业填报说明技术文件中规定的企业层级核算边界，其余行业的企业层级核算边界为对应行业企业温室气体排放核算方法与报告指南（试行）中规定的法人边界。

企业层级核算和报告的是其主要生产系统、辅助生产系统和直接为生产服务的附属生产系统产生的温室气体排放。依据环办气候函〔2023〕332号文件规定，钢铁行业企业和铝冶炼行业企业的企业层级核算边界不含附属生产系统，仅包括主要生产系统和辅助生产系统。

1）主要生产系统有钢铁生产系统和水泥生产系统等。

2）辅助生产系统包括主要生产管理和调度指挥系统、动力、供水、机修、库房、化验、计量、水处理、运输和环保设施等。

3）附属生产系统是指厂区内为生产服务的系统，包括主要以办公生活为目的的部门、单位和设施（如职工食堂、车间浴室、保健站、办公场所、公务车辆、班车等）。

（二）设施层级（生产工序）核算边界

发电设施边界主要是燃烧系统、汽水系统、电气系统、控制系统和除尘及脱硫脱硝等装置的集合，不包括厂区内其他辅助生产系统及附属生产系统。

熟料生产核算边界为从原燃料进入生产厂区到熟料入库为止的主要生产系统和辅助生产系统，不包括附属生产系统。

纳入核算的电解铝设施边界主要是电解槽和整流变压器的集合，不包括厂区内辅助生产系统以及附属生产系统。

纳入核算的钢铁生产工序包括焦化、烧结、球团、高炉炼铁、转炉炼钢（不包括精炼、连铸或浇铸、精整）、电炉炼钢（不包括精炼、连铸或浇铸、精整）、精炼、连铸、钢压延加工和石灰。各工序核算边界一般以原料、能源进入工序为起点，以最终产品和副产物输出工序为终点，包括工序主要生产设施和工序辅助生产设施。工序辅助生产设施指生产管理和调度指挥系统、机修、照明、检验化验、计量、运输和环保设施等。

其余行业的设施层级（生产工序）核算边界为按照补充数据表的要求，在设施（工序）层面进行温室气体排放核算的边界。目前，发电设施依据《企业温室气体排放核算方法与报告指南　发电设施》（环办气候函〔2022〕485号）核算发电设施边界的碳排放量，发电设施边界与2020年前电力企业所采用的补充数据表边界总体相同，最新的熟料生产核算边界、电解铝生产工序边界、钢铁生产工序边界与2022年前水泥、电解铝、钢铁行业企业所采用的补充数据表边界大体相同。不同行业核算边界见表1-1-7。

表 1-1-7　不同行业核算边界

行业	企业层级核算边界	设施层级（生产工序）核算边界
发电	×	√
石化	√	√
化工	√	√
建材	√	√
钢铁	√	√
有色金属	√	√
造纸	√	√
航空	√	√

五、温室气体排放源

温室气体排放源是指释放温室气体进入大气的实体单元或过程；根据排放来源不同，可分为直接排放源与间接排放源。

（一）直接排放源

直接排放源是指由排放主体拥有或控制的排放源，包括燃料燃烧排放、工业生产过程排放、废水厌氧处理产生的排放、二氧化碳回收利用量以及固碳产品隐含的排放等。

1. 燃料燃烧排放

燃料燃烧排放是指企业生产过程中燃料与氧气进行充分燃烧所产生的温室气体排放。

发电设施的二氧化碳排放一般源于发电锅炉（含启动锅炉）、燃气轮机等主要生产系统消耗的化石燃料，以及脱硫脱硝等装置使用的化石燃料；不包括应急柴油发电机组、移动源、食堂等其他设施消耗的化石燃料。对于掺烧化石燃料的生物质发电机组、垃圾（含污泥）焚烧发电机组等产生的二氧化碳排放，仅统计其燃烧化石燃料的二氧化碳排放，并应计算掺烧化石燃料热量的年均占比。

造纸和纸制品生产企业、其他有色金属冶炼和压延加工业企业、化工企业、钢铁企业、平板玻璃企业所涉及的化石燃料燃烧排放包括煤炭、燃气、柴油等燃料在各种类型的固定或移动燃烧设备（如锅炉、窑炉、内燃机、燃烧器、运输车辆等）中燃烧产生的二氧化碳排放。

水泥行业燃料燃烧排放包括实物煤、燃油等化石燃料、替代燃料以及协同处置的废弃物中所含的非生物质碳的燃烧所产生的二氧化碳排放。

石油化工企业燃料燃烧排放包括燃料燃烧排放和火炬燃烧排放。燃料燃烧排放主要指用于动力或热力供应的化石燃料燃烧过程产生的二氧化碳排放；火炬燃烧排放是指出于安全等目的，将各生产活动中产生的可燃废气集中到一至数只火炬系统中进行排放前的燃烧处理时所产生的二氧化碳排放，鉴于石油化工企业火炬系统产生的甲烷含量很低，仅要求核算火炬系统的二氧化碳排放。

2. 工业生产过程排放

工业生产过程排放为原材料在产品生产过程中，除燃烧之外的物理或化学变化产生的温室气体排放。

水泥生产企业在工业生产过程中所涉及的排放包括原料碳酸盐分解产生的二氧化碳和生料中非燃料碳煅烧产生的二氧化碳等。

造纸和纸制品企业在生产过程中所涉及的排放主要源于部分企业外购并消耗的石灰石（主要成分为碳酸钙）发生分解反应而产生的二氧化碳。

石油炼制与石油化工环节生产的二氧化碳排放按装置分别核算，包括催化裂化装置、催化重整装置、制氢装置、焦化装置、石油焦煅烧装置、氧化沥青装置、乙烯裂解装置、乙二醇/环氧乙烷生产装置及其他产品生产装置等。其报告主体的工业生产过程中所涉及的二氧化碳排放量应等于各个装置的工业生产过程二氧化碳的排放之和。

其他有色金属冶炼和压延加工业企业生产过程中所涉及的排放包括能源作为原材料用途的排放和除能源之外的原材料发生化学反应造成的温室气体排放。能源作为原材料用途的排放主要是冶金还原剂消耗所产生的二氧化碳；常用的冶金还原剂包括焦炭、蓝炭、无烟煤、天然气等。除能源之外，某些有色金属生产企业使用石灰石（主要成分为碳酸钙）或白云石（主要成分为碳酸镁和碳酸钙）作为生产原料或脱硫剂，其中碳酸盐发生分解反应会产生二氧化碳，稀土子行业以纯碱等碳酸盐或草酸为原料形成的稀土碳酸盐和草酸盐，经煅烧分解后亦排放二氧化碳。

化工企业在工业生产过程所涉及的排放主要指化石燃料和其他碳氢化合物用作原材料所产生的二氧化碳，包括放空的废气经火炬处理后产生的二氧化碳排放以及碳酸盐使用过程（如石灰石、白云石等作原材料、助熔剂或脱硫剂）产生的二氧化碳排放，如果存在硝酸或己二酸的生产过程，还包括这些生产过程的氧化亚氮排放。

钢铁生产企业在烧结、炼铁、炼钢等工序中，由于其他外购含碳原料（如电极、生铁、铁合金、直接还原铁等）与熔剂的分解和氧化而产生的二氧化碳排放。

3. 废水厌氧处理产生的排放

废水厌氧处理产生的排放是指纸浆造纸企业在采用厌氧技术处理高浓度有机废水时产生的甲烷排放。

4. 二氧化碳回收利用

二氧化碳回收利用指由报告主体产生的、但又被回收作为生产原料自用或作为产品外供给其他单位，从而免于排放到大气中的二氧化碳，二氧化碳回收利用量可从企业总排放量中予以扣除。二氧化碳回收主要涉及石油化工企业和化工生产企业。

5. 固碳产品隐含的排放

固碳产品隐含的排放主要指钢铁企业固化在粗钢、甲醇等外销产品中的碳所对应的二氧化碳排放。钢铁生产过程中有少部分碳固化在企业生产的生铁、粗钢等外销产品中，还有一小部分碳固化在以副产煤气为原料生产的甲醇等固碳产品中。这部分固化在产品中的碳所对应的二氧化碳排放应予扣除。

（二）间接排放源

间接排放源是指排放主体拥有或控制的设备、运营过程等消耗外购电力、外购热力等的排放源，其实际排放发生在其他排放主体上。

1. 购入电力排放

购入电力排放仅针对发电企业，指发电设施购入电量所对应的电力生产环节产生的二氧化碳排放。

2. 净购入电力隐含的排放

净购入电力隐含的排放主要针对石化、化工、建材、钢铁、有色、造纸、航空等行业，指报告主体在报告期内净购入的电力所对应的电力生产活动产生的二氧化碳排放。

3. 净购入热力隐含的排放

净购入热力隐含的排放主要指报告主体在报告期内净购入的热力（蒸汽、热水）所对应的热力生产活动产生的二氧化碳排放。

1.1.3 任务实施

确定核算边界的步骤如下。

一、正确选择核算技术文件

1）根据国民经济行业分类代码、主营产品统计代码等信息识别企业所属行业。

2）选择正确的核算指南、补充数据表或填报说明等技术文件。

3）说明选择该技术文件的原因。

二、确定技术文件规定的核算边界和其涵盖的内容

按照企业所属行业对应的技术文件（核算指南、补充数据表或填报说明等）对核算边界的描述，识别行业涵盖的企业层级核算边界与设施层级（生产工序）核算边界，以及边界中涵盖的具体内容。

1）依据技术文件识别核算边界所涵盖的内容。

2）依据技术文件识别企业层级核算边界所涵盖的内容。

3）依据技术文件识别设施层级（生产工序）核算边界所涵盖的内容。

三、梳理企业核算边界与排放源

1）确认企业法定代表人信息、企业组织结构图及生产工艺流程图。

2）确定企业按对应技术文件规定应核算报告的地理边界和设施边界。

3）分类按对应技术文件的规定，逐一识别企业应核算的企业层级所有排放源信息。

4）确定企业按对应技术文件规定，应核算的设施层级（生产工序）所涵盖的内容。

5）分类按对应技术文件的规定，逐一识别企业应核算的设施层级（生产工序）所有排放源信息。

四、其他需要注意的事项

核算边界描述了报告主体温室气体排放的核算范围。碳排放核算的边界既与企业内部一系列生产活动有关，也与企业地理位置有关，一个边界范围可以包括多个地理位置。除电力行业外的其他行业企业的核算边界涵盖了企业整个生产过程的区域，包括直接生产系统、辅助生产系统和附属生产系统，但不包括生活区域和企业的家属区。由于电力行业以发电设施为边界，因此其核算边界不包括厂区内其他辅助生产系统以及附属生产系统的排放，也不包括生活区域的排放。

纳入企业排放边界内的生产设施并非都是企业自有设施，还包括企业租赁的、为生产服务的设施。当企业租赁的设施用于生产过程，其所产生的排放应纳入核算范围。如某些造纸生产企业租赁的用于搬运和运输的叉车、铲车等车辆，其所属权归其他法人单位，但车辆仅用于报告主体的日常生产使用，此时所租赁车辆消耗化石燃料产生的排放应计入核算范围。

按照最新的补充数据表规定，石化、化工、建材、有色金属（铜冶炼）、造纸、民航等各行业的设施层级（生产工序）边界要求不尽相同，应遵循最新发布的各行业相关产品生产活动补充数据表来进行碳排放核算。

1.1.4 职业判断与业务操作

根据任务描述，分析企业 A 的核算边界与排放源。

1）哪个核算指南可作为核算企业 A 的碳排放的依据？

答：根据《国民经济行业分类》，代码 3011 表示水泥制造，故企业 A 为水泥制造企业，属于建材行业，应使用《企业温室气体排放核算与报告填报说明 水泥熟料生产》进行碳排放核算。

2）企业 A 的核算边界包括哪些部分？

答：企业 A 的核算边界包括企业层级核算边界与设施层级（生产工序）核算边界。

有自备电厂的企业如何选择核算指南

企业 A 的企业层级核算以水泥熟料生产为主营业务的独立法人企业或视同法人单位为边界,核算和报告边界内所有生产设施产生的温室气体排放。生产设施范围包括主要生产系统、辅助生产系统以及直接为生产服务的附属生产系统,若水泥熟料生产企业还生产其他产品,则以企业层级核算边界合并核算和报告。若企业层级核算边界含多个场所(如水泥熟料生产企业层级核算边界内的矿山),则多个场所合并填报。

熟料生产核算边界为从原燃料进入生产厂区到熟料入库为止的主要生产系统和辅助生产系统,不包括附属生产系统。其中主要生产系统包括用于熟料生产的原燃料预处理、生料制备、煤粉制备和熟料烧成;辅助生产系统包括除尘、脱硫、脱硝及余热发电系统、机修车间、空压机站、化验室、中控室和生产照明等;不包括石灰石破碎,水泥粉磨及其相关原辅料预处理、替代燃料处理和协同处置系统、基建、技改、自备电厂及储能等。若企业有自备电厂,熟料生产核算边界消耗电力产生碳排放量的核算与报告,不区分电力是否来自已纳入全国碳市场的自备电厂,应全部计入碳排放量核算。

3)企业 A 的企业层级核算边界排放源包括哪些部分?

答:依据《企业温室气体排放核算与报告填报说明　水泥熟料生产》,企业层级核算边界内的排放源包括燃料燃烧排放、过程排放和净购入使用电力和热力产生的排放。

燃料燃烧排放包括化石燃料燃烧产生的二氧化碳排放、替代燃料中非生物质碳燃烧产生的二氧化碳排放。

过程排放包括熟料生产过程中石灰石等碳酸盐原料在水泥窑中煅烧分解产生的二氧化碳排放(包括熟料、窑炉排气筒(窑头)粉尘和旁路放风粉尘对应的二氧化碳排放),以及生料中非燃料碳煅烧产生的二氧化碳排放;如果水泥熟料生产企业层级核算边界内生产的其他产品存在过程排放,则参照相关核算方法进行核算。

4)企业 A 的熟料生产核算边界排放源包括哪些部分?

答:依据《企业温室气体排放核算与报告填报说明　水泥熟料生产》,熟料生产核算边界内的排放源包括化石燃料燃烧排放、过程排放和消耗电力产生的排放。

化石燃料燃烧排放包括熟料生产消耗的化石燃料在主要生产系统和辅助生产系统中燃烧产生的二氧化碳排放,不包括应急柴油发电机、移动源、食堂等其他设施消耗化石燃料燃烧产生的二氧化碳排放,也不包括替代燃料燃烧产生的二氧化碳排放。

过程排放包括熟料生产过程中石灰石等碳酸盐原料在水泥窑中煅烧分解产生的二氧化碳排放,不包括窑炉排气筒(窑头)粉尘和旁路放风粉尘对应的碳酸盐分解产生的二氧化碳排放,也不包括生料中非燃料碳煅烧产生的二氧化碳排放。

消耗电力产生的排放包括熟料生产消耗电力所对应的电力生产环节产生的二氧化碳排放。

任务 1.2 认识数据质量控制计划

1.2.1 任务描述

企业 B 是纳入全国碳市场管控的一家阴极铜生产企业，产品代码是 331103，主要生产工艺如下。

1）火法冶炼过程为原矿和熔剂配料后直接输送至奥斯麦特熔炼炉进行熔炼，产出含铜 50% 的冰铜，通过溜槽流入贫化电炉；使用铜包将热冰铜运至转炉进行吹炼，得到含铜 93% 的粗铜，并将其送入火法反射式阳极炉进行火法精炼得到含铜 99.5% 以上的合格阳极铜，通过双圆盘浇铸机浇铸成阳极板。烟气经余热锅炉冷却回收余热后，送至电除尘器净化除尘，然后送制酸车间生产硫酸。

2）湿法电解采用传统始极片制作，通过采用下进上出工艺的电解液，将阳极板电解成含铜率高达 99.99% 的阴极板。废电解液进入一次脱铜前液槽后，由一次脱铜前液泵送至板式换热器加热后，进入一次脱铜电解槽生产电积铜。一次脱铜终液部分返回电解车间，部分进入后续脱铜脱杂流程。采用蒸发釜蒸发的方式脱镍，经水冷结晶法产出粗硫酸镍产品。

3）熔炼炉产出的水淬渣外销，吹炼炉产出的吹炼渣送入缓冷场，经缓冷后送选矿处理，选矿过程包括将渣破碎、磨细后，浮选出铜精矿，再遴选出铁精矿和尾矿。

现需企业 B 碳排放负责人张某完成企业数据质量控制计划的编制与修订。

请根据案例描述，回答并完成以下问题：

1）一个完整的数据质量控制计划应包括哪些内容？

2）企业 B 编制或修订数据质量控制的依据有哪些？

3）结合本任务中任务实施的内容，编制企业 B 的 2022 年度的数据质量控制计划。

1.2.2 知识准备

一、数据质量控制计划制定的背景

准确的碳排放数据是碳排放权交易市场稳定运行的基石。为了将温室气体排放核算方法和报告指南的要求转化为企业自身的内部要求，明确企业参与碳排放核算的每一个参数的获取方式，规范企业内部数据质量控制流程，增强数据的可获得性和可追溯性，我国规定了纳入碳排放权交易市场重点排放单位的数据质量控制要求，要求重点排放单位对温室气体排放量和相关信息进行监测。

2014 年发布的《碳排放权交易管理暂行办法》（国家发改委 2014 年第 17 号令）中规定，"重点排放单位应按照国家标准或国务院碳交易主管部门公布的企业温室气体排放核算与报告指南的要求，制定排放监测计划并报所在省、自治区、直辖市的省级碳交易主管部门备案。重点排放单位应严格按照经备案的监测计划实施监测活动。监测计划发生重大变更的，应及时向所在省、自治区、直辖市的省级碳交易主管部门提交变更申请。"2017 年，《国家发展改革委办公厅　关于做好 2016、2017 年度碳排放报告与核查及排放监测计划制定工作的通知》（发改办气候函〔2017〕1989 号）首次要求企业按照附件中的监测计划模板上报自身的碳排放数据质量控制计划，并要求企业在往后每年的温室气体排放报送中均按要求编制数据质量控制计划，并开展相关的数据监测。

依据生态环境部发布的环办气候函〔2023〕43 号文件和环办气候函〔2023〕332 号文件的要求，发电行业重点排放单位应按照《企业温室气体排放核算与报告指南　发电设施》（环办气候函〔2022〕485 号）的要求，于每年 12 月 31 日前通过管理平台完成下一年度数据质量控制计划制订工作；石化、化工、建材、钢铁、有色、造纸、民航等行业重点排放单位应在每年 3 月 31 日前通过管理平台完成温室气体排放报告和支撑材料（含数据质量控制计划）的报送工作。

二、数据质量控制计划涵盖的内容

重点排放单位应按照最新版技术文件中对各类数据监测与获取的要求，结合现有测量能力和条件，制订数据质量控制计划。其中，发电行业重点排放单位数据质量控制计划具体应包括以下内容。

（一）数据质量控制计划的版本及修订情况

数据质量控制计划的版本及修订情况包括版本号、制定（修订）时间、首次制定或修订原因与修订说明等内容。

（二）重点排放单位情况

重点排放单位情况包括重点排放单位基本信息、主营产品、生产工艺、组织机构图、厂区平面分布图、工艺流程图等内容。

（三）核算边界和主要排放设施描述

核算边界和主要排放设施描述包括对核算边界的描述、多台机组拆分与合并填报的描述以及主要排放设施等内容。

（四）数据的确定方式

数据的确定方式包括各机组二氧化碳排放量、所有活动数据、排放因子、生产数据与辅助参数的计算方法、数据获取方式、相关测量设备信息（如测量设备的名称、型号、位置、测量频次、精度和校准频次等）、数据缺失处理、数据记录及管理信息等内容。测量设备精度及设备校准频次要求应符合相应计量器具配备要求。

（五）煤炭元素碳含量、低位发热量等参数监测的采样方案、制样方案

煤炭元素碳含量、低位发热量等参数监测的采样方案应包括每台机组的采样依据、采样点、采样频次、采样方式、采样质量和记录等，煤炭元素碳含量、低位发热量等参数监测的制样方案应包括每台机组的制样方法、缩分方法、制样设施、煤样保存和记录等。

（六）数据内部质量控制和质量保证的相关规定

数据内部质量控制和质量保证的相关规定包括内部管理制度和质量保障体系（明确排放相关的计量、检测、核算、报告和管理工作的负责部门及其职责，以及具体工作要求、工作流程等，还应指定专职人员负责温室气体排放核算并报告工作等）、内审制度（确保提交的排放报告和支撑材料符合技术规范、内部管理制度和质量保障要求等）以及原始凭证和台账记录管理制度（规范排放报告和支撑材料的登记、保存和使用）。

除发电行业外，石化、化工、钢铁、有色、造纸、航空、建材等行业数据质量控制计划涵盖内容具体包括以下几个方面。

（一）数据质量控制计划的版本及修订情况

数据质量控制计划的版本及修订情况包括版本号、制定（修订）时间、首次制定或修订原因、修订说明等。

（二）重点排放单位情况

重点排放单位情况包括重点排放单位基本情况、主营产品、生产工艺介绍等。

（三）核算边界和主要排放设施描述

核算边界和主要排放设施描述包括企业层级（法人边界）的核算和报告范围描述、设施层级（生产工序）的核算和报告范围描述、补充数据表核算边界的描述和主要排放设施的描述。

（四）活动数据和排放因子的确定方式

活动数据和排放因子的确定方式包括最新版技术文件要求的燃料燃烧排放、过程排放、温室气体回收、固碳产品隐含的排放、净购入电力和热力等的活动数据和排放因子确定方式，以及生产数据与辅助参数等的确定方式。

（五）数据内部质量控制和质量保证的相关规定

数据内部质量控制和质量保证的相关规定包括数据质量控制计划的制订、修订以及执行等管理，人员指定情况，内部评估管理，数据文件归档管理等内容。

三、数据质量控制计划模板

（一）发电行业数据质量控制计划模板

数据质量控制计划

A　数据质量控制计划的版本及修订			
版本号	制定（修订）时间	首次制定或修订原因	修订说明

B　重点排放单位情况

1. 单位简介
（包括成立时间、所有权状况、法定代表人、组织机构图和厂区平面分布图等）

2. 主营产品及生产工艺
（包括主营产品的名称及产品代码，发电与供热工艺流程图及工艺流程描述，直接供热或间接供热方式，标明发电量、供热量和上网电量计量表安装位置等）

3. 排放设施信息
（列明核算边界内的机组和核算边界外的机组，包括在用、停用和未纳入碳排放核算边界内所有锅炉、汽轮机、燃气轮机、发电机等排放设施的名称、编号、位置等）

C　核算边界和主要排放设施描述

1. 核算边界的描述
（包括核算边界内的装置、所对应的地理边界、组织单元和生产过程等）

2. 多台机组拆分与合并填报描述
（包括多台机组的拆分情形、拆分方法、拆分后相关参数的获取方式：合并填报情形、单台机组信息等）

多于 1 台机组的，应对单台机组进行计量和填报。对于以下特殊情形，填报说明如下：

（1）无法分机组计量排放量或配额相关参数的拆分处理方式：

　　a）对于核算边界内机组与核算边界外机组无法分开的，应明确拆分方法并详细列明核算边界内机组的获取方式后单独填报；

　　b）对于入炉煤消耗量无法分机组计量但汽轮机进气量有单独计量的，应按照汽轮机进气量比例拆分各机组燃煤消耗量后单独填报；

　　c）机组辅助燃料量无法分机组计量的，应按照机组发电量比例拆分后单独填报。

（2）对于不属于上述拆分填报情形，可以按以下方式合并填报：

　　a）CCPP 机组视为一台机组进行填报；

　　b）对于锅炉直接供热且无法分机组单独计量供热量的；

　　c）对于无法分机组计量供热量需合并填报的，应逐一列明单台机组的类别、装机容量、汽轮机排气冷却方式等信息。
　　合并填报机组中，既有常规燃煤锅炉也有非常规燃煤锅炉通过母管制供气的，当非常规燃煤锅炉产热量为总产热量80% 及以上时可按照非常规燃煤机组填报。

3. 主要排放设施

机组名称	设施类别	设施编号	设施名称	排放设施安装位置	是否纳入核算边界	备注
（1# 机组）	（锅炉）	（MF143）	（煤粉锅炉）	（二厂区第三车间东）	（是）	

D　数据的确定方式

机组名称	参数名称	单位	数据的确定方法及获取方式*1		测量设备（适用于数据获取方式来源于实测值）					数据记录频次	数据缺失时的处理方式	数据获取负责部门
			获取方式 *2	确定方法	测量设备及型号	测量设备安装位置	测量频次	测量设备精度	规定的测量设备检定/校准频次			
1#机组	二氧化碳排放量	tCO_2	计算值									
	化石燃料燃烧排放量	tCO_2										
	燃煤品种 i 消耗量	t										
	燃煤品种 i 元素碳含量	tC/t										

（续）

机组名称	参数名称	单位	数据的确定方法及获取方式[1]		测量设备（适用于数据获取方式来源于实测值）					数据记录频次	数据缺失时的处理方式	数据获取负责部门
			获取方式[2]	确定方法	测量设备及型号	测量设备安装位置	测量频次	测量设备精度	规定的测量设备检定/校准频次			
1#机组	燃煤品种i低位发热量	GJ/t										
	燃煤品种i单位热值含碳量	tC/GJ	缺省值	—	—	—	—	—	—			
	燃煤品种i碳氧化率	%	缺省值	—	—	—	—	—	—			
	燃油品种i消耗量	t										
	燃油品种i元素碳含量	tC/t										
	燃油品种i低位发热量	GJ/t										
	燃油品种i单位热值含碳量	tC/GJ										
	燃油品种i碳氧化率	%	缺省值	—	—	—	—	—	—			
	燃气品种i消耗量	$10^4 Nm^3$										
	燃气品种i元素碳含量	$tC/10^4 Nm^3$										
	燃气品种i低位发热量	$GJ/10^4 Nm^3$										
	燃气品种i单位热值含碳量	tC/GJ										
	燃气品种i碳氧化率	%	缺省值	—	—	—	—	—	—			
	购入使用电力排放量	tCO_2	计算值									
	购入使用电量	MWh										
	电网排放因子	tCO_2/MWh	缺省值									
	发电量	MWh										
	供热量	GJ										
	运行小时数	h										
	负荷（出力）系数	%										
	全部机组二氧化碳排放总量	tCO_2										

E　煤炭元素碳含量、低位发热量等参数检测的采样方案、制样方案

1. 采样方案
（包括每台机组的采样依据、采样点、采样频次、采样方式、采样质量和记录等）

2. 制样方案
（包括每台机组的制样方法、缩分方法、制样设施、煤样保存和记录等）

F　数据内部质量控制和质量保证的相关规定

1. 内部管理制度和质量保障体系
（包括明确排放相关计量、检测、核算、报告和管理工作的负责部门及其职责，以及具体工作要求、工作流程等。指定专职人员负责温室气体排放核算和报告工作等）

2. 内审制度
（确保提交的排放报告和支撑材料符合技术规范、内部管理制度和质量保障要求等）

3. 原始凭证和台账记录管理制度
（规范排放报告和支撑材料的登记、保存和使用）

*1 如果报告数据是由若干个参数通过一定的计算方法计算得出，需要填写计算公式以及计算公式中的每一个参数的获取方式。

*2 方式类型包括：实测值、缺省值、计算值、其他。

（二）石化、化工、钢铁、有色、造纸、航空、建材等行业数据质量控制计划模板

数据质量控制计划

A 数据质量控制计划的版本及修订			
版本号	修订（发布）内容	修订（发布）时间	备注

B 报告主体描述			
企业（或者其他经济组织）名称			
地址			
统一社会信用代码（组织机构代码）		行业分类（按核算指南分类）	
法定代表人		电话：	
数据质量控制计划制订人		电话：	邮箱：

报告主体简介

1. 单位基本情况

2. 主营产品

3. 生产工艺

C 核算边界和主要排放设施描述

4. 法人边界的核算和报告范围描述 [1]

5. 补充数据表核算边界的描述 [2]

6. 主要排放设施 [3]

6.1 与燃料燃烧排放相关的排放设施

编号	排放设施名称	排放设施安装位置	排放过程及温室气体种类 [4]	是否纳入补充数据表核算边界范围

6.2 与工业生产产生的排放相关设施

编号	排放设施名称	排放设施安装位置	排放过程及温室气体种类	是否纳入补充数据表核算边界范围

6.3 主要耗电和耗热的设施

编号	设施名称	设施安装位置	是否纳入补充数据表核算边界范围

（续）

| D | 活动数据和排放因子的确定方式 |

D-1 燃料燃烧排放活动数据和排放因子的确定方式

燃料种类	单位	数据的计算方法及获取方式	测量设备					数据记录频次	数据缺失时的处理方式	数据获取负责部门
			监测设备及型号	监测设备安装位置	监测频次	监测设备精度	规定的监测设备校准频次			

D-2 过程排放活动数据和排放因子的确定方式

（行业核算指南中，除燃料燃烧、温室气体回收利用和固碳产品隐含的排放以及购入电力和热力隐含的二氧化碳排放外，其他排放均列入此表。）

过程参数	参数描述	单位	数据的计算方法及获取方式	测量设备					数据记录频次	数据缺失时的处理方式	数据获取负责部门
				监测设备及型号	监测设备安装位置	监测频次	监测设备精度	规定的监测设备校准频次			

D-3 温室气体回收、固碳产品隐含的排放等需要扣除的排放量

过程参数	参数描述	单位	数据的计算方法及获取方式	测量设备					数据记录频次	数据缺失时的处理方式	数据获取负责部门
				监测设备及型号	监测设备安装位置	监测频次	监测设备精度	规定的监测设备校准频次			

D-4 净购入电力和热力活动数据和排放因子的确定方式

过程参数	单位	数据的计算方法及获取方式	测量设备					数据记录频次	数据缺失时的处理方式	数据获取负责部门
			监测设备及型号	监测设备安装位置	监测频次	监测设备精度	规定的监测设备校准频次			

D-5 补充数据表中数据的确定方式

补充数据表中要求的相关数据	工序	种类	单位	数据的计算方法及获取方式	测量设备（适用于数据获取方式来源于实测值）					数据记录频次	数据缺失时的处理方式	数据获取负责部门
					监测设备及型号	监测设备安装位置	监测频次	监测设备精度	规定的监测设备校准频次			

| E | 数据内部质量控制和质量保证的相关规定 |

填报人：		填报时间：
内部审核人：		审核时间：
填报单位盖章：		

（续）

核查机构审核结论
一、审核依据：
二、审核结论：
审核组长：（签名）
核查机构负责人：（签名） 机构盖章

附：第三方核查机构对监测计划的审核报告

1 按行业核算方法和报告指南中的"核算边界"章节的要求具体描述。

2 对行业补充数据表覆盖范围具体描述。

3 对于同一设施同时涉及 6.1/6.2/6.3 类排放的，需要在各类排放设施中重复填写。

4 例如燃煤过程产生的二氧化碳排放。

四、碳排放相关数据的典型获取方法

（一）实测法

实测法指对某个参数在有资质的检测机构或实验室中进行检测，并出具加盖 CMA 资质认定标志章或 CNAS 认可标识章的检测报告。实测值最为接近企业实际生产情况，因此建议有能力的企业参考核算指南中的要求，对相关参数进行实测。

（二）缺省值法

缺省值法指企业本身由于成本等问题无法对碳排放相关的数据逐一进行实测的时候采用的替代数据。因此在核算指南附录中，对相关参数给出了缺省值的取值。

（三）计算法

计算法指通过计算公式得到的数据。

（四）结算凭证法

结算凭证法指通过支票单、收据、发票以及银行进账单等凭证获取数据的方法。

五、碳排放核算的相关名词释义

（1）购入量

购入量又称购进量，指能源、材料或原料使用单位在报告期内外购的、用于本企业消耗的各种能源、材料或原料。

（2）入厂量

入厂量指统计期内经过称重进入企业的能源、材料或原料量。

（3）消耗量

消耗量指统计期内，能源、材料或原料等被实际消耗的量。

（4）入炉量

入炉量指统计期内，通过各入炉称重装置称重、计量进入反应炉的能源、材料或原料量。

（5）库存量

库存量是指在某一时间点上，存在企业产（成）品仓库中暂未售出的产品实物数量，或存在企业原料仓库中暂未使用的能源、材料或原料实物数量。

（6）产品产量

产品产量指工业企业（单位）在一定时期内生产的符合产品质量要求的实物数量。

1.2.3 任务实施

一、认识版本及修订情况

在数据质量控制计划中，版本及修订情况部分需要根据企业数据质量控制计划编制实际情况，描述版本号、修订内容、日期等，注意保留所有修订的版本号及修改内容信息。企业 B 数据质量控制计划的版本及修订示例如图 1-2-1 所示。

A 数据质量控制计划的版本及修订			
版本号	修订（发布）内容	修订（发布）时间	备注
1.0	—	2018 年 5 月 2 日	—
2.0	—	2019 年 3 月 29 日	—
3.0	根据核查机构的修改意见进行修改	2019 年 7 月 26 日	—
4.0	根据最新版排放报告与核查工作的通知修改	2023 年 11 月 7 日	—

图 1-2-1 企业 B 数据质量控制计划的版本及修订示例

二、认识企业情况

企业情况具体应包含如下内容。

1）依据实际情况，填写企业（或者其他经济组织）名称、地址、统一社会信用代码、行业分类（按核算指南分类）、法定代表人姓名和电话、数据质量控制计划制订人姓名和联系方式。

2）对企业成立时间、所有权状况、法人代表、组织机构图和厂区平面分布图进行描述。

3）阐述主营产品的名称、产品代码及产能情况。

4）每种产品的生产工艺流程图及工艺流程描述，并在图中标明温室气体排放设施，对于涉及化学反应的工艺需写明化学反应方程式。

企业 B 部分情况描述如图 1-2-2 所示。

B　报告主体描述			
企业（或者其他经济组织）名称	企业 B		
地址	哈尔滨某街道		
统一社会信用代码 （组织机构代码）	9114**************6	行业分类 （按核算指南分类）	其他有色金属冶炼和 压延行业企业
法定代表人	姓名：王某	电话：0********0	
数据质量控制计划制订人	姓名：张某	电话：130****1111	邮箱：11111111@××.com

报告主体简介

1．单位简介

企业 B 成立于 1993 年，位于哈尔滨某街道，占地面积约 33 万平方米。企业 B 法人代表为王某，企业由 A 有色金属集团控股 51%，企业 B 控股 49%。企业 B 现有职工 2000 人，资产总额 26.0 亿元。企业采用先进的奥斯麦特炉熔炼、转炉吹炼、双转双吸加尾气处理制酸和电解精炼的生产工艺流程，现生产规模为年产高纯阴极铜 13 万吨，副产硫酸 46 万吨。组织机构图和厂区平面分布图如下所示：

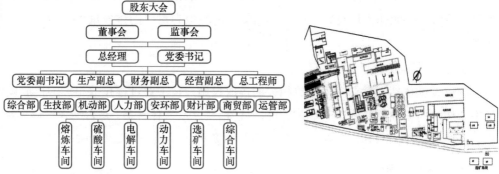

2．主营产品及工艺流程

产品名称	产品代码	产能	产能单位
阴极铜	331103	14	万吨 / 年

本公司主营产品为阴极铜，生产工艺如下。

1）火法冶炼：原矿和熔剂配料后直接输送至奥斯麦特熔炼炉进行熔炼，产出含铜 50% 的冰铜，通过溜槽流入贫化电炉；使用铜包将热冰铜运至转炉进行吹炼，得到含铜 93% 的粗铜，并将其送入火法反射式阳极炉进行火法精炼。得到含铜 99.5% 以上的合格阳极铜，通过双圆盘浇铸机浇铸成阳极板。烟气经余热锅炉冷却回收余热后，送至电除尘器净化除尘，然后送酸车间生产硫酸。

2）湿法电解：采用传统始极片制作，通过采用下进上出工艺的电解液，将阳极板电解成阴极板含铜率高达 99.99% 的阴极板。废电解液进入一次脱铜前液槽后，由一次脱铜前液泵送至板式换热器加热，后进入一次脱铜电解槽生产电积铜。一次脱铜终液部分返回电解车间，部分进入后续脱铜脱杂流程。采用蒸发釜蒸发的方式脱镍，经水冷结晶法产出粗硫酸镍产品。

3）熔炼炉产出的水淬渣外销，吹炼炉产出的吹炼渣送入缓冷场，经缓冷后送选矿处理，选矿过程包括将渣破碎、磨细后，浮选出铜精矿，再遴选出铁精矿和尾矿。

工艺流程图如下。

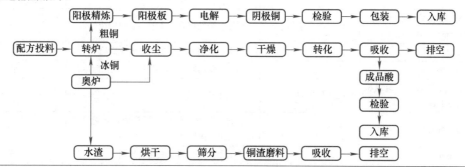

图 1-2-2　企业 B 部分情况描述

三、认识企业层级核算边界与主要排放设施

企业层级核算边界与主要排放设施部分具体应包含如下内容。

（1）描述企业层级（法人边界）的核算和报告范围

企业层级（法人边界）的核算与报告范围应按行业核算方法和报告指南中的"核算边界"章节的要求具体描述。例如，某企业的温室气体核算和报告范围为位于某厂区内的生产系统（包括直接生产系统、辅助生产系统以及直接为生产服务的附属生产系统）对应的化石燃料燃烧产生的二氧化碳排放、工业生产过程产生的二氧化碳排放以及净购入使用电力和热力产生的二氧化碳排放。

（2）描述设施层级（补充数据表）核算边界

设施层级（补充数据表）核算边界具体描述行业设施层级覆盖范围。例如，位于某厂区内的生产系统的能源作为原材料产生的排放量、消耗电力对应的排放量以及消耗热力对应的排放量。

（3）描述主要排放设施

主要排放设施包括与燃料燃烧排放相关的排放设施，与工业过程排放相关的排放设施，主要耗电和耗热的设施的名称、安装位置、排放过程及温室气体种类，是否纳入设施层级（补充数据表）核算边界范围等。企业 B 核算边界与主要排放设施描述如图 1-2-3 所示。

C	核算边界和主要排放设施描述

1. 法人边界的核算和报告范围描述

本企业的温室气体核算和报告范围位于哈尔滨某街道处的冶炼车间、电解车间、硫酸车间、渣选车间四个厂区内的生产系统（包括直接生产系统、辅助生产系统以及直接为生产服务的附属生产系统）对应的化石燃料燃烧排放、能源作为原材料用途的排放、过程排放、净购入电力产生的排放、净购入热力产生的排放。

其中，辅助生产系统包括动力、供电、供水、化验、机修、库房、运输；附属生产系统包括厂区内为生产服务的部门和单位（职工食堂、车间浴室等）。

2. 补充数据表核算边界的描述

本企业纳入全国碳排放交易体系（ETS）管控边界为：哈尔滨某街道处的冶炼车间、电解车间、硫酸车间、渣选车间四个厂区内的生产系统对应的化石燃料燃烧排放、净购入电力产生的排放、净购入热力产生的排放。

3. 主要排放设施

6.1 与燃料燃烧排放相关的排放设施

编号	排放设施名称	排放设施安装位置	排放过程及温室气体种类	是否纳入补充数据表核算边界范围
1	奥斯麦特熔炼炉（规格 ϕ4000mm×13000mm）	熔炼生产车间	烟煤、柴油燃烧产生的二氧化碳排放	是
2	反射精炼炉	熔炼生产车间	焦炭、烟煤燃烧产生的二氧化碳排放	是
3	沸腾炉	厂内	烟煤（低热值）燃烧产生的二氧化碳排放	是
4	叉车、挖掘机、装载机等运输工具	生产厂区内	二氧化碳	是
5	食堂灶具	食堂	液化天然气、烟煤（低热值）燃烧产生的二氧化碳排放	是
6	公务车辆	厂内	汽油燃烧产生的二氧化碳排放	是

图 1-2-3　企业 B 核算边界与主要排放设施描述

（续）

6.2 与工业过程排放相关的排放设施			
编号	排放设施名称	排放设施安装位置	排放过程及温室气体种类	是否纳入补充数据表核算边界范围
1	贫化电炉	熔炼车间	电极糊氧化产生的二氧化碳排放	否
2	反射精炼炉	熔炼车间	无烟煤作为还原剂消耗产生的二氧化碳	否

6.3 主要耗电和耗热的设施		
编号	设施名称	设施安装位置	是否纳入补充数据表核算边界范围
1	熔炼炉	熔炼生产车间	是
2	吹炼炉	吹炼生产车间	是
3	阳极炉	精炼生产车间	是
4	主要生产系统、辅助生产系统的耗电设施	电解生产车间、渣选生产车间	是
5	电解液换热器、电解液蒸发浓缩蒸发槽	电解生产车间	是

图1-2-3 企业B核算边界与主要排放设施描述（续）

四、认识企业活动数据和排放因子的确定方式

数据的确定方式指数据的计算方法、获取方式、测量设备、数据记录频次、数据缺失时的处理方式以及数据获取的负责部门。

首先，应明确所有监测的参数名称和单位。

其次，明确参数获取方式。数据获取方式包括实测值、缺省值、相关方结算凭证等。实测值具体填报时，采用在表下加备注的方式写明具体方法和标准；缺省值填写具体数值；相关方结算凭证具体填报时，采用在表下加备注的方式填写如何确保供应商数据质量；对委外实测的，应明确具体委托协议方式及相关参数的检测标准；若涉及其他方式，也需采用在表下加备注的方式详细描述。

当数据获取方式来源于实测值时，需填写监测设备及型号、监测设备安装位置、监测频次、监测设备精度、规定的监测设备校准频次等信息，并对数据记录频次、数据缺失时的处理方式、数据获取的负责部门进行描述。数据缺失的处理方式应基于审慎性原则且符合生态环境部相关规定，数据获取负责部门应明确各项数据监测、流转、记录、分析等环节的管理部门。

所需描述的活动水平和排放因子是指按照企业对应行业核算指南边界和补充数据表识别出来的与所有排放源信息有关的活动水平和排放因子。燃料燃烧排放活动水平和排放因子主要为各类燃料消耗量、低位发热量、单位热值含碳量、碳氧化率等参数；过程排放活动数据和排放因子包括原材料消耗量、含碳量、脱硫剂消耗量、碳酸盐含量、脱硫过程排放因子、转化率等；温室气体回收、固碳产品隐含排放的活动水平和排放因子包括产品产量、产品固碳量、温室气体回收量等；净购入电力和热力活动数据和排放因子包括净购入电量、电力排放因子，净购入热量、热力排放因子等；设施层级需要填写的数据应与发电、铝冶炼、水泥熟料以及钢铁生产的最新版技术文件要求的设施层级核算数据、其他行业补充

数据表中的第一列"补充数据"保持内容和格式完全一致，包括产品产量、化石燃料燃烧排放相关参数、购入电力和热力对应的排放相关参数等。企业 B 活动数据和排放因子的确定方式如表 1-2-1 所示。

表 1-2-1　企业 B 活动数据和排放因子的确定方式

D　活动数据和排放因子的确定方式									
D-1 燃料燃烧排放活动数据和排放因子的确定方式									
燃料种类	单位	数据的计算方法及获取方式 选取以下获取方式 ■实测值（如是，请具体填报时，采用在表下加备注的方式写明具体方法和标准） ■缺省值（如是，请填写具体数值） ■相关方结算凭证（如是，请具体填报时，采用在表下加备注的方式填写如何确保供应商数据质量） ■其他方式（如是，请具体填报时，采用在表下加备注的方式详细描述）	测量设备（适用于数据获取方式来源于实测值）				数据记录频次	数据缺失时的处理方式	数据获取负责部门
			监测设备及型号	监测设备安装位置	监测设备频次	监测设备精度	规定的监测设备校准频次			
燃料种类 A 焦炭										
消耗量	t	实测值：进场量每批次通过汽车衡计量，期初库存、期末库存每月盘点。 消耗量 = 期初库存 + 购入量 - 期末库存 参考标准：GB 17167—2006《用能单位能源计量器具配备和管理通则》	汽车衡（SCS-150和SCS-200）	泵房	每批次监测	Ⅲ级	每 6 个月校验一次	每批次记录，每月、每年汇总	参考其他相关生产数据和原始凭证	生产技术部
低位发热值	GJ/t	实测值：微机全自动量热仪每批次入厂监测，按月度、年度汇总数据 参考标准：GB/T 213—2008《煤的发热量测定方法》	微机全自动量热仪（HXHW-8000）	化验室	每批次监测	±100卡	内部维护	每批次记录，每月、每年汇总	参考缺省值	质计室
单位热值含碳量	tC/GJ	缺省值：0.0295								
碳氧化率	%	缺省值：93								
燃料种类 B 柴油										
消耗量	t	实测值：每批次加油通过加油机计量 参考标准：GB 17167—2006《用能单位能源计量器具配备和管理通则》	加油机	柴油库	每批次监测	±0.2%	每年校准一次	每天记录，每月、每年汇总	参考液位变化进行估算	物资部
低位发热值	GJ/t	缺省值：42.652								
单位热值含碳量	tC/GJ	缺省值：0.02020								
碳氧化率	%	缺省值：98								
燃料种类 C 一般烟煤										
消耗量	t	实测值：进场量每批次通过汽车衡计量，期初库存、期末库存每月盘点。 消耗量 = 期初库存 + 购入量 - 期末库存 参考标准：GB 17167—2006《用能单位能源计量器具配备和管理通则》	汽车衡（SCS-150和SCS-200）	泵房	每批次监测	Ⅲ级	每 6 个月校验一次	每批次记录，每月、每年汇总	参考其他相关生产数据和原始凭证	生产技术部
低位发热值	GJ/t	实测值：微机全自动量热仪每批次入厂监测，月度、年度汇总数据 参考标准：GB/T 213—2008《煤的发热量测定方法》	微机全自动量热仪（HXHW-8000）	化验室	每批次监测	±100卡	内部维护	每批次记录，每月、每年汇总	参考缺省值	质计室
单位热值含碳量	tC/GJ	缺省值：0.0261								
碳氧化率	%	缺省值：93								

（续）

燃料种类 D 一般烟煤（低热值）										
消耗量	t	实测值：进场量每批次通过汽车衡计量，期初库存、期末库存每月盘点 消耗量＝期初库存＋购入量－期末库存 参考标准：GB 17167—2006《用能单位能源计量器具配备和管理通则》	汽车衡（SCS-150和SCS-200）	泵房	每批次监测	Ⅲ级	每6个月校验一次	每批次记录，每月、每年汇总	参考其他相关生产数据和原始凭证	生产技术部
低位发热值	GJ/t	实测值：微机全自动量热仪每批次入厂监测，月度、年度汇总数据 参考标准：GB/T 213—2008《煤的发热量测定方法》	微机全自动量热仪（HXHW-8000）	化验室	每批次监测	±100卡	内部维护	每批次记录，每月、每年汇总	参考缺省值	质计室
单位热值含碳量	tC/GJ	缺省值：0.0261	—	—	—	—	—	—	—	—
碳氧化率	%	缺省值：93	—	—	—	—	—	—	—	—
燃料种类 E 汽油										
消耗量	t	相关方结算凭证：每次采购时记录，每月、每年汇总数据	—	—	—	—	—	每批次记录，每月、每年汇总	参考原始记录台账	财计部
低位发热值	GJ/t	缺省值：43.07	—	—	—	—	—	—	—	—
单位热值含碳量	tC/GJ	缺省值：0.0189	—	—	—	—	—	—	—	—
碳氧化率	%	缺省值：98	—	—	—	—	—	—	—	—
燃料种类 F 液化天然气										
消耗量	t	相关方结算凭证：每次采购时记录，每月盘存，每年汇总数据	—	—	—	—	—	每批次记录，每月、每年汇总	参考原始记录台账	食堂
低位发热值	GJ/t	缺省值：44.2	—	—	—	—	—	—	—	—
单位热值含碳量	tC/GJ	缺省值：0.0172	—	—	—	—	—	—	—	—
碳氧化率	%	缺省值：98	—	—	—	—	—	—	—	—

D-2 过程排放活动数据和排放因子的确定方式

（行业核算指南中，除燃料燃烧、温室气体回收利用和固碳产品隐含的排放以及购入电力和热力隐含的二氧化碳排放外，其他排放均列入此表）

过程参数	参数描述	单位	数据的计算方法及获取方式 选取以下获取方式 ■实测值（如是，请具体填报时，采用在表下加备注的方式写明具体方法和标准） ■缺省值（如是，请填写具体数值） ■相关方结算凭证（如是，请具体填报时，采用在表下加备注的方式填写如何确保供应商数据质量） ■其他方式（如是，请具体填报时，采用在表下加备注的方式详细描述）	测量设备（适用于数据获取方式来源于实测值）				数据记录频次	数据缺失时的处理方式	数据获取负责部门
				监测设备及型号	监测设备安装位置	监测频次	监测设备精度	规定的监测设备校准频次			
过程排放1：（按照相应行业核算方法与报告指南中的第五部分核算方法的排放种类填写）											
参数1	无烟煤消耗量	t	实测值：进场量每批次通过汽车衡计量，期初库存、期末库存每月盘点 消耗量＝期初库存＋购入量－期末库存 参考标准：GB 17167—2006《用能单位能源计量器具配备和管理通则》	汽车衡（SCS-150和SCS-200）	泵房	每批次监测	Ⅲ级	每6个月校验一次	每批次记录，每月、每年汇总	参考其他相关生产数据和原始凭证	生产技术部

（续）

过程参数	参数描述	单位	数据的计算方法及获取方式 选取以下获取方式 ■实测值（如是，请具体填报时，采用在表下加备注的方式写明具体方法和标准）■缺省值（如是，请填写具体数值）■相关方结算凭证（如是，请具体填报时，采用在表下加备注的方式填写如何确保供应商数据质量）■其他方式（如是，请具体填报时，采用在表下加备注的方式详细描述）	测量设备（适用于数据获取方式来源于实测值）					数据记录频次	数据缺失时的处理方式	数据获取负责部门
				监测设备及型号	监测设备安装位置	监测频次	监测设备精度	规定的监测设备校准频次			
过程排放1：（按照相应行业核算方法与报告指南中的第五部分核算方法的排放种类填写）											
参数2	无烟煤作为还原剂的排放因子	tCO_2/t	缺省值：1.924	—	—	—	—	—	—	—	—
参数3	电极糊消耗量	t	实测值：进场量每批次通过汽车衡计量，期初库存、期末库存每月盘点 消耗量＝期初库存＋购入量－期末库存 参考标准：GB 17167—2006《用能单位能源计量器具配备和管理通则》	汽车衡（SCS-150和SCS-200）	泵房	每批次监测	Ⅲ级	每6个月校验一次	每批次记录，每月、每年汇总	参考其他相关生产数据和原始凭证	生产技术部
参数4	电极糊作为还原剂的排放因子	tCO_2/t	计算值：3.667，电极糊含碳量取100%	—	—	—	—	—	—	—	—
D-3 温室气体回收、固碳产品隐含的排放等需要扣除的排放量											
过程参数	参数描述	单位	数据的计算方法及获取方式 选取以下获取方式 ■实测值（如是，请具体填报时，采用在表下加备注的方式写明具体方法和标准）■缺省值（如是，请填写具体数值）■相关方结算凭证（如是，请具体填报时，采用在表下加备注的方式填写如何确保供应商数据质量）■其他方式（如是，请具体填报时，采用在表下加备注的方式详细描述）	测量设备（适用于数据获取方式来源于实测值）					数据记录频次	数据缺失时的处理方式	数据获取负责部门
				监测设备及型号	监测设备安装位置	监测频次	监测设备精度	规定的监测设备校准频次			
CO_2 回收											
参数1											
参数2											
……											
CH_4 回收											
参数1											
参数2											
……											
固碳产品隐含的排放											
参数1											
参数2											
……											
其他排放（按照相应行业核算方法与报告指南中的第五部分核算方法的排放种类填写）											
参数1											
……											

（续）

D-4 净购入电力和热力活动数据和排放因子的确定方式									
过程参数	单位	数据的计算方法及获取方式 选取以下获取方式 ■实测值（如是，请具体填报时，采用在表下加备注的方式写明具体方法和标准） ■缺省值（如是，请填写具体数值） ■相关方结算凭证（如是，请具体填报时，采用在表下加备注的方式填写如何确保供应商数据质量） ■其他方式（如是，请具体填报时，采用在表下加备注的方式详细描述）	监测设备及型号	监测设备安装位置	监测频次	监测设备精度	规定的监测设备校准频次	数据记录频次	数据缺失时的处理方式	数据获取负责部门
净购入电量	MWh	实测值：供电公司每月抄表 参考标准：GB 17167—2006《用能单位能源计量器具配备和管理通则》	三相四线智能电能表（DTSDI88）	变电站配电室	连续计量	0.5s	每年校验一次	每月记录、每年汇总	参考内部抄表记录	机动能源部
使用的非化石能源电量	MWh	0	—	—	—	—	—	—	—	—
市场化交易购入使用非化石能源电量	MWh	0	—	—	—	—	—	—	—	—
净购入电力排放因子	tCO₂/MWh	缺省值：0.5703	—	—	—	—	—	—	—	—
净购入热量	GJ	实测值＋计算值： 净购入热量＝0－外供热量 外供热量用蒸汽流量计连续计量 参考标准：GB 17167—2006《用能单位能源计量器具配备和管理通则》	蒸汽流量计（LGBK-150）	厂内	连续计量	1.14%	购入热量单位维护	每次结算记录、每年汇总	参考结算凭证	机动能源部
净购入热力排放因子	tCO₂/GJ	缺省值：0.11	—	—	—	—	—	—	—	—
D-5 补充数据表中数据的确定方式									
铜冶炼补充数据表									
补充数据表中要求的相关数据	单位	数据的计算方法及获取方式 选取以下获取方式 ■实测值（如是，请具体填报时，采用在表下加备注的方式写明具体方法和标准） ■缺省值（如是，请填写具体数值） ■相关方结算凭证（如是，请具体填报时，采用在表下加备注的方式填写如何确保供应商数据质量） ■其他方式（如是，请具体填报时，采用在表下加备注的方式详细描述）	监测设备及型号	监测设备安装位置	监测频次	监测设备精度	规定的监测设备校准频次	数据记录频次	数据缺失时的处理方式	数据获取负责部门
1 二氧化碳排放总量	tCO₂	计算值：等于 1.1+1.2+1.3	—	—	—	—	—	—	—	—

（续）

补充数据表中要求的相关数据	单位	数据的计算方法及获取方式 选取以下获取方式 ■实测值（如是，请具体填报时，采用在表下加备注的方式写明具体方法和标准） ■缺省值（如是，填写具体数值） ■相关方结算凭证（如是，请具体填报时，采用在表下加备注的方式填写如何确保供应商数据质量） ■其他方式（如是，请具体填报时，采用在表下加备注的方式详细描述）	测量设备（适用于数据获取方式来源于实测值）					数据记录频次	数据缺失时的处理方式	数据获取负责部门
			监测设备及型号	监测设备安装位置	监测频次	监测设备精度	规定的监测设备校准频次			
1.1 化石燃料燃烧排放量	tCO_2	计算值，等于全厂化石燃料燃烧排放量	—	—	—	—	—	—	—	—
1.2 净购入电力对应的排放量	tCO_2	计算值：净购入电力对应的排放量＝铜冶炼消耗净购入电力×对应的排放因子 铜冶炼消耗净购入电力为扣除硫酸车间消耗的净外购电量后的净外购电力量 硫酸车间净外购电力量根据硫酸工序用电量进行全厂（全厂外购电力＋余热电量）拆分计算得到；铜冶炼消耗的净外购电量＝拆分的外购电量－外供电量 计算得到的相关电量均为实测值，采用电表计量 电力排放因子为缺省值：选取生态环境部网站发布的全国电网平均排放因子，2022年度全国电网平均碳排放因子为0.5703tCO_2/MWh	三相四线智能电能表（DTSDI88）	变电站配电室	连续计量	0.5s	每年校验一次	每月记录、每年汇总	参考内部抄表记录	机动能源部
1.3 净购入热力对应的排放量	tCO_2	计算值，等于全厂净外购热力排放量	—	—	—	—	—	—	—	—
2 主产品产量	t	计算值：阴极铜产量＋阳极铜产量＋粗铜产量	—	—	—	—	—	—	—	—
阴极铜产量	t	实测值：生产入库量每批次通过汽车衡计量，期初库存、期末库存每月盘点 参考标准：GB 17167—2006《用能单位能源计量器具配备和管理通则》	汽车衡（SCS-150t）	泵房	每批次监测	Ⅲ级	每6个月校验一次	每批次记录，每月、每年汇总	参考其他相关生产数据和原始凭证	生产技术部
阳极铜产量	t	不涉及	—	—	—	—	—	—	—	—
粗铜产量	t	不涉及	—	—	—	—	—	—	—	—
硫酸生产（其他化工产品）补充数据表										
1 主营产品名称		硫酸（折100%）	—	—	—	—	—	—	—	—
2 主营产品代码		根据《国家统计局统计用产品分类目录》，产品代码为2601010101	—	—	—	—	—	—	—	—
3 主营产品产量	t	实测值：生产入库量每批次通过汽车衡计量，期初库存、期末库存每月盘点 参考标准：GB 17167—2006《用能单位能源计量器具配备和管理通则》	汽车衡（SCS-150和SCS-200）	磅房	每批次检测	Ⅲ级	每年	每批次记录，每月、每年汇总	参考原始记录台账	财计部
4 二氧化碳排放总量	tCO_2	计算值：二氧化碳排放总量＝化石燃料燃烧排放量＋消耗电力对应的排放量＋消耗热力对应的排放量	—	—	—	—	—	—	—	—

（续）

硫酸生产（其他化工产品）补充数据表										
4.1 化石燃料燃烧排放总量	tCO_2	不涉及	—	—	—	—	—	—	—	—
4.1.1 消耗量	t	不涉及	—	—	—	—	—	—	—	—
4.1.2 低位发热量	GJ/t	不涉及	—	—	—	—	—	—	—	—
4.1.3 单位热值含碳量	tC/GJ	不涉及	—	—	—	—	—	—	—	—
4.1.4 碳氧化率	%	不涉及	—	—	—	—	—	—	—	—
4.2 能源作为原材料产生的排放量	tCO_2	不涉及	—	—	—	—	—	—	—	—
4.2.1 能源作为原材料的投入量	t 或万 Nm^3	不涉及	—	—	—	—	—	—	—	—
4.2.2 能源中含碳量	C/t 或 tC/ 万 Nm^3	不涉及	—	—	—	—	—	—	—	—
4.2.3 碳产品或其他含碳输出物的产量	t 或万 Nm^3	不涉及	—	—	—	—	—	—	—	—
4.2.4 碳产品或其他含碳输出物含碳量	C/t 或 tC/ 万 Nm^3	不涉及	—	—	—	—	—	—	—	—
4.3 消耗电力对应排放量	tCO_2	计算值：消耗电力对应的排放量＝电力消耗量×电力消耗排放因子	—	—	—	—	—	—	—	—
4.3.1 消耗电量	MWh	实测值采用电表计量 参考标准：GB 17167—2006《用能单位能源计量器具配备和管理通则》	电表，型号DS862-4，1.0	厂内配电室	连续监测	不详	内部维护	每月记录，年度汇总	参考抄表记录	财计部
4.3.1.1 电网电量	MWh	计算值 硫酸车间电网电力量根据硫酸工序用电量进行测量 全厂外购电力/(全厂外购电力+余热电量) 拆分计算得到电网电量和余热电量均为实测值，采用电表计量	电表若干 (DTS858等)	厂内配电室	连续监测	不详	内部维护	每月记录，年度汇总	参考抄表记录	财计部

（续）

硫酸生产（其他化工产品）补充数据表										
4.3.1.2 自备电厂电量	MWh	不涉及	—	—	—	—	—	—	—	—
4.3.1.3 可再生能源电量	MWh	不涉及	—	—	—	—	—	—	—	—
4.3.1.4 余热电量	MWh	计算值：硫酸车间电网电力量根据硫酸工序用电量进行测量 全厂余热电量/（全厂外购电力＋余热电量）拆分计算得到电网电量和余热电量均为实测值，采用电表计量	电表若干（DTS858等）	厂内配电室	连续监测	不详	内部维护	每月记录，年度汇总	参考抄表记录	财计部
4.3.2 对应的排放因子	tCO₂/MWh	加权计算值：电网购入电力对应的排放因子采用2022年全国电网平均排放因子0.5703 tCO₂/MWh，余热发电排放因子为0	—	—	—	—	—	—	—	—
4.4 消耗热力对应的排放量	tCO₂	不涉及	—	—	—	—	—	—	—	—
4.4.1 消耗热量	GJ	不涉及	—	—	—	—	—	—	—	—
4.4.2 对应的排放因子	tCO₂/GJ	不涉及	—	—	—	—	—	—	—	—
5 二氧化碳排放总量	tCO₂	计算值：二氧化碳排放总量为硫酸生产车间排放总量	—	—	—	—	—	—	—	—

五、数据内部质量控制和质量保证相关规定

数据内部质量控制和质量保证相关规定包括数据质量控制计划的制定、修订以及执行等管理程序，人员指定情况，内部评估管理，数据文件归档管理程序等内容。具体包括以下内容。

1）建立内部管理制度和质量保障体系，包括明确排放相关计量、检测、核算、报告和管理工作的负责部门及其职责、具体工作要求、工作流程等。指定专职人员负责温室气体排放核算和报告工作。

2）建立内审制度，确保提交的排放报告和支撑材料符合技术规范、内部管理制度和质量保障要求。

3）建立原始凭证和台账记录管理制度，规范排放报告和支撑材料的登记、保存和使用。

企业 B 数据内部质量控制和质量保证相关规定如图 1-2-4 所示。

E 数据内部质量控制和质量保证相关规定

　　企业 B 温室气体数据质量控制计划（3.0 版）由机动能源部制订，该计划对企业各部门与温室气体监测相关的职责和权限做出明确规定，形成文件并进行传达宣贯。企业 B 的碳排放监测将主要由机动能源部专人负责执行和实施，监测人员将根据需要，记录监测数据并存档，生产运行部同时指定数据管理员负责数据的审核等相关工作。

　　数据质量控制计划由机动能源部根据《其他有色金属冶炼和压延加工企业温室气体排放核算方法与报告指南（试行）》《其他有色金属冶炼和压延加工业企业（铜冶炼）2022 年温室气体排放报告补充数据表》以及国家相关的法律法规文件制订，数据质量控制计划中详细描述了所有活动水平数据和排放因子的确定方式，包括数据来源、数据获取方式、监测设备详细信息、数据缺失处理方法等内容。若《其他有色金属冶炼和压延加工企业温室气体排放核算方法与报告指南（试行）》《其他有色金属冶炼和压延加工业企业（铜冶炼）2022 年温室气体排放报告补充数据表》以及国家相关的法律法规文件发生变化，企业自身的组织机构发生重大变化，企业的生产或者监测设备发生重大变化，机动能源部会负责对数据质量控制计划进行修订，并报送总经理批准。

　　机动能源部根据监测结果完成年度温室气体排放报告，并由机动能源部指派专门人员完成内部审核，最终报送总经理批准。

　　机动能源部指定数据管理人员负责数据的收集和记录，所有的检测数据都按月记录，所有的电子或者纸质材料将保存至少三年。

填报人：张某	填报时间：2023 年 11 月 7 日
内部审核人：刘某	审核时间：2023 年 11 月 7 日
填报单位盖章	

图 1-2-4　企业 B 数据内部质量控制和质量保证相关规定

六、数据质量控制计划修订

　　当已编制的数据质量控制计划与最新的核算要求不符合，或与企业实际的碳排放核算工作不符合时，需要对既有的数据质量控制计划进行修订，具体情况如下。

　　1）排放设施发生变化或使用计划中未包括的新燃料、物料而产生的排放。

　　2）采用新的测量仪器和方法，使数据的准确度提高。

　　3）发现之前采用的测量方法所产生的数据不准确。

　　4）发现更改计划可提高报告数据的准确度。

　　5）发现计划不符合相应核算方法与报告指南的要求。

　　6）生态环境部明确的其他需要修订的情况。

1.2.4　职业判断与业务操作

　　根据任务描述，帮助企业 B 编制数据质量控制计划。

　　1）一个完整的数据质量控制计划应包括哪些内容？

　　答：根据数据质量控制计划模板，完整的数据质量控制计划包括数据质量控制计划的版本及修订、报告主体描述、核算边界和主要排放设施描述、活动数据和排放因子的确定方式、数据内部质量控制和质量保证相关规定五部分内容。

　　2）企业 B 编制或修订数据质量控制计划的依据有哪些？

　　答：从具体要求的角度出发，根据行业代码 331103 可知，企业 B 为有色行业中的铜冶炼企业，另外，硫酸生产属于化工生产中的无机酸制造（2611），需要填写其他化工补充数据表的内容。依据最新版技术文件要求，编写或修订的企业 B 数据质量控制计划，需符合《其他有色金属冶炼和压延加工企业温室气体排放核算方法与报告指南（试行）》、其他有色金属冶炼和压延加工业企业（铜冶炼）与化工生产企业（其他化工产品生产）温室气体排放报告补充数据表、数据质量控制计划模板、最新的核算通知等要求。

从企业自身情况的角度出发，编制或修订数据质量控制计划的依据还包括企业营业执照、排污许可证、企业简介、组织机构图、工艺流程图、厂区平面图、产品产值表、主要耗能设备清单、能源消耗计量方式、主要计量设备清单、主要计量设备校验记录、温室气体排放管理制度等。

3）结合本任务中任务实施的内容，编制企业 B 的 2022 年度的数据质量控制计划。

企业 B

温室气体排放数据质量控制计划

A 数据质量控制计划的版本及修订			
版本号	修订（发布）内容	修订（发布）时间	备注
1.0	—	2018 年 5 月 2 日	—
2.0	—	2019 年 3 月 29 日	—
3.0	根据核查机构的修改意见进行修改	2019 年 7 月 26 日	—
4.0	根据最新版排放报告与核查工作的通知修改	2023 年 11 月 7 日	—

B 报告主体描述			
企业（或者其他经济组织）名称	企业 B		
地址	哈尔滨某街道		
统一社会信用代码（组织机构代码）	9114*************6	行业分类（按核算指南分类）	其他有色金属冶炼和压延行业企业
法定代表人	姓名：王某	电话：0*********0	
数据质量控制计划制定人	姓名：张某	电话：130****1111	邮箱：11111111@××.com

报告主体简介

1. 单位简介

企业 B 成立于 1993 年，位于哈尔滨某街道，占地面积约 33 万平方米。企业 B 法人代表为王某，企业由 A 有色金属集团控股 51%，企业 B 控股 49%。企业 B 现有职工 2000 人，资产总额 26.0 亿元。企业采用先进的奥斯麦特炉熔炼、转炉吹炼、双转双吸加尾气处理制酸和电解精炼的生产工艺流程，现生产规模为年产高纯阴极铜 13 万吨，副产硫酸 46 万吨。组织机构图和厂区平面分布图如下所示。

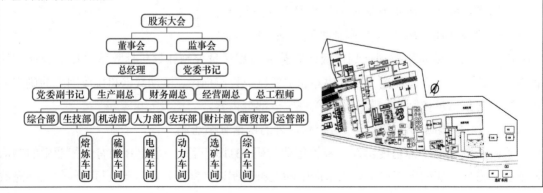

（续）

B　报告主体描述

2. 主营产品及工艺流程

产品名称	产品代码	产能	产能单位
阴极铜	331103	14	万吨/年

产品及生产工艺

本公司主营产品为阴极铜，生产工艺如下。

1）火法冶炼：原矿和熔剂配料后直接输送至奥斯麦特熔炼炉进行熔炼，产出含铜50%的冰铜，通过溜槽流入贫化电炉；使用铜包将热冰铜运至转炉进行吹炼，得到含铜93%的粗铜，并将其送入火法反射式阳极炉进行火法精炼。得到含铜99.5%以上的合格阳极铜，通过双圆盘浇铸机浇铸成阳极板。烟气经余热锅炉冷却回收余热后，送至电除尘器净化除尘，然后送制酸车间生产硫酸。

2）湿法电解：采用传统始极片制作，通过采用下进上出工艺的电解液，将阳极板电解成阴极板含铜率高达99.99%的阴极板。废电解液进入一次脱铜前液槽中，由一次脱铜前液泵送至板式换热器加热后，进入一次脱铜电解槽生产电积铜。一次脱铜终液部分返回电解车间，部分进入后续脱铜脱杂流程。采用蒸发釜蒸发的方式脱镍，经水冷结晶法产出粗硫酸镍产品。

3）熔炼炉产出的水淬渣外销，吹炼炉产出的吹炼渣送入缓冷场，经缓冷后送选矿处理，选矿过程包括将渣破碎、磨细后，浮选出铜精矿，再遴选出铁精矿和尾矿。

工艺流程图如下。

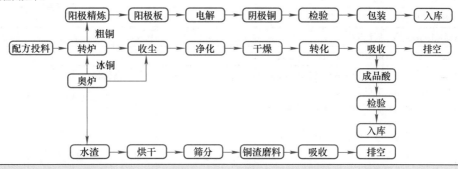

C　核算边界和主要排放设施描述

1. 法人边界的核算和报告范围描述[1]

本企业的温室气体核算和报告范围位于哈尔滨某街道处的冶炼车间、电解车间、硫酸车间、渣选车间四个厂区内的生产系统（包括直接生产系统、辅助生产系统以及直接为生产服务的附属生产系统）对应的化石燃料燃烧排放、能源作为原材料用途的排放、过程排放、净购入电力产生的排放、净购入热力产生的排放。

其中，辅助生产系统包括动力、供电、供水、化验、机修、库房、运输；附属生产系统包括厂区内为生产服务的部门和单位（职工食堂、车间浴室等）。

2. 补充数据表核算边界的描述[2]

本企业纳入全国碳排放交易体系（ETS）管控边界为：哈尔滨某街道处的冶炼车间、电解车间、硫酸车间、渣选车间四个厂区内的生产系统对应的化石燃料燃烧排放、净购入电力产生的排放、净购入热力产生的排放。

3. 主要排放设施[3]

6.1 与燃料燃烧排放相关的排放设施

编号	排放设施名称	排放设施安装位置	排放过程及温室气体种类[4]	是否纳入补充数据表核算边界范围
1	奥斯麦特熔炼炉（规格ϕ4000mm×13000mm）	熔炼生产车间	烟煤、柴油燃烧产生的二氧化碳排放	是
2	反射精炼炉	熔炼生产车间	焦炭、烟煤燃烧产生的二氧化碳排放	是
3	沸腾炉	厂内	烟煤（低热值）燃烧产生的二氧化碳排放	是
4	叉车、挖掘机、装载机等运输工具	生产厂区内	二氧化碳	是
5	食堂灶具	食堂	液化天然气、烟煤（低热值）燃烧产生的二氧化碳排放	是
6	公务车辆	厂内	汽油燃烧产生的二氧化碳排放	是

（续）

			6.2 与工业过程排放相关的排放设施		

编号	排放设施名称	排放设施安装位置	排放过程及温室气体种类 [5]	是否纳入补充数据表核算边界范围
1	贫化电炉	熔炼车间	电极糊氧化产生的二氧化碳排放	否
2	反射精炼炉	熔炼车间	无烟煤作为还原剂消耗产生的二氧化碳	否

		6.3 主要耗电和耗热的设施 [6]	

编号	设施名称	设施安装位置	是否纳入补充数据表核算边界范围
1	熔炼炉	熔炼生产车间	是
2	吹炼炉	吹炼生产车间	是
3	阳极炉	精炼生产车间	是
4	主要生产系统、辅助生产系统的耗电设施	电解生产车间、渣选生产车间	是
5	电解液换热器、电解液蒸发浓缩蒸发槽	电解生产车间	是

D 活动数据和排放因子的确定方式

D-1 燃料燃烧排放活动数据和排放因子的确定方式

燃料种类	单位	数据的计算方法及获取方式 [7] 选取以下获取方式： ■ 实测值（如是，请具体填报时，采用在表下加备注的方式写明具体方法和标准）； ■ 缺省值（如是，请填写具体数值）； ■ 相关方结算凭证（如是，请具体填报时，采用在表下加备注的方式填写如何确保供应商数据质量）； ■ 其他方式（如是，请具体填报时，采用在表下加备注的方式详细描述）	监测设备及型号	监测设备安装位置	监测频次	监测设备精度	规定的监测设备校准频次	数据记录频次	数据缺失时的处理方式	数据获取负责部门
			\multicolumn{8}{测量设备（适用于数据获取方式来源于实测值）}							
燃料种类 [8] A 焦炭										
消耗量	t	实测值：进场量每批次通过汽车衡计量，期初库存、期末库存每月盘点。 消耗量＝期初库存＋购入量－期末库存 参考标准：GB 17167—2006《用能单位能源计量器具配备和管理通则》	汽车衡（SCS-150 和 SCS-200）	泵房	每批次监测	Ⅲ级	每 6 个月校验一次	每批次记录每月、每年汇总	参考其他相关生产数据和原始凭证	生产技术部
低位发热值	GJ/t	实测值：微机全自动量热仪每批次入厂监测，月度、年度汇总数据 参考标准：GB/T 213—2008《煤的发热量测定方法》	微机全自动量热仪（HXHW-8000）	化验室	每批次监测	±100 卡	内部维护	每批次记录，每月、每年汇总	参考缺省值	质计室
单位热值含碳量	tC/GJ	缺省值：0.0295	—	—	—	—	—	—	—	—
碳氧化率	%	缺省值：93	—	—	—	—	—	—	—	—
燃料种类 B 柴油										
消耗量	t	实测值：每批次加油通过加油机计量 参考标准：GB 17167—2006《用能单位能源计量器具配备和管理通则》	加油机	柴油库	每批次监测	±0.2%	每年校准一次	每天记录每月、每年汇总	参考液位变化进行估算	物资部
低位发热值	GJ/t	缺省值：42.652	—	—	—	—	—	—	—	—

（续）

D 活动数据和排放因子的确定方式										
单位热值含碳量	tC/GJ	缺省值：0.02020	—	—	—	—	—	—	—	—
碳氧化率	%	缺省值：98	—	—	—	—	—	—	—	—
燃料种类 C 一般烟煤										
消耗量	t	实测值：进场量每批次通过汽车衡计量，期初库存、期末库存每月盘点。消耗量＝期初库存＋购入量－期末库存 参考标准：GB 17167—2006《用能单位能源计量器具配备和管理通则》	汽车衡（SCS-150和SCS-200）	泵房	每批次监测	Ⅲ级	每6个月校验一次	每批次记录，每月、每年汇总	参考其他相关生产数据和原始凭证	生产技术部
低位发热值	GJ/t	实测值：微机全自动量热仪每批次入厂监测，月度、年度汇总数据 参考标准：GB/T 213—2008《煤的发热量测定方法》	微机全自动量热仪（HXHW-8000）	化验室	每批次监测	±100卡	内部维护	每批次记录，每月、每年汇总	参考缺省值	质计室
单位热值含碳量	tC/GJ	缺省值：0.0261	—	—	—	—	—	—	—	—
碳氧化率	%	缺省值：93	—	—	—	—	—	—	—	—
燃料种类 D 一般烟煤（低热值）										
消耗量	t	实测值：进场量每批次通过汽车衡计量，期初库存、期末库存每月盘点。消耗量＝期初库存＋购入量－期末库存 参考标准：GB 17167—2006《用能单位能源计量器具配备和管理通则》	汽车衡（SCS-150和SCS-200）	泵房	每批次监测	Ⅲ级	每6个月校验一次	每批次记录、每月、每年汇总	参考其他相关生产数据和原始凭证	生产技术部
低位发热值	GJ/t	实测值：微机全自动量热仪每批次入厂监测，月度、年度汇总数据 参考标准：GB/T 213—2008《煤的发热量测定方法》	微机全自动量热仪（HXHW-8000）	化验室	每批次监测	±100卡	内部维护	每批次记录，每月、每年汇总	参考缺省值	质计室
单位热值含碳量	tC/GJ	缺省值：0.0261	—	—	—	—	—	—	—	—
碳氧化率	%	缺省值：93	—	—	—	—	—	—	—	—
燃料种类 E 汽油										
消耗量	t	相关方结算凭证：每次采购时记录，每月、每年汇总数据	—	—	—	—	—	每批次记录，每月、每年汇总	参考原始记录台账	财计部
低位发热值	GJ/t	缺省值：43.07	—	—	—	—	—	—	—	—
单位热值含碳量	tC/GJ	缺省值：0.0189	—	—	—	—	—	—	—	—
碳氧化率	%	缺省值：98	—	—	—	—	—	—	—	—
燃料种类 F 液化天然气										
消耗量	t	相关方结算凭证：每次采购时记录，每月盘存，每年汇总数据	—	—	—	—	—	每批次记录，每月、每年汇总	参考原始记录台账	食堂
低位发热值	GJ/t	缺省值：44.2	—	—	—	—	—	—	—	—
单位热值含碳量	tC/GJ	缺省值：0.0172	—	—	—	—	—	—	—	—
碳氧化率	%	缺省值：98	—	—	—	—	—	—	—	—
D-2 过程排放活动数据和排放因子的确定方式 （行业核算指南中，除燃料燃烧、温室气体回收利用和固碳产品隐含的排放以及购入电力和热力隐含的二氧化碳排放外，其他排放均列入此表）										

（续）

过程参数	参数描述	单位	数据的计算方法及获取方式 [9] 选取以下获取方式： ■ 实测值（如是，请具体填报时，采用在表下加备注的方式写明具体方法和标准）； ■ 缺省值（如是，请填写具体数值）； ■ 相关方结算凭证（如是，请具体填报时，采用在表下加备注的方式填写如何确保供应商数据质量）； ■ 其他方式（如是，请具体填报时，采用在表下加备注的方式详细描述）	测量设备（适用于数据获取方式来源于实测值）					数据记录频次	数据缺失时的处理方式	数据获取负责部门
				监测设备及型号	监测设备安装位置	监测频次	监测设备精度	规定的监测设备校准频次			
过程排放1：（按照相应行业核算方法与报告指南中的第五部分核算方法的排放种类填写）											
参数1	无烟煤消耗量	t	实测值：进场量每批次通过汽车衡计量，期初库存、期末库存每月盘点。 消耗量＝期初库存＋购入量－期末库存 参考标准：GB 17167—2006《用能单位能源计量器具配备和管理通则》	汽车衡（SCS-150和SCS-200）	泵房	每批次监测	Ⅲ级	每6个月校验一次	每批次记录，每月、每年汇总	参考其他相关生产数据和原始凭证	生产技术部
参数2	无烟煤作为还原剂的排放因子	tCO_2/t	缺省值：1.924	—	—	—	—	—	—	—	—
参数3	电极糊消耗量	t	实测值：进场量每批次通过汽车衡计量，期初库存、期末库存每月盘点。 消耗量＝期初库存＋购入量－期末库存 参考标准：GB 17167—2006《用能单位能源计量器具配备和管理通则》	汽车衡（SCS-150和SCS-200）	泵房	每批次监测	Ⅲ级	每6个月校验一次	每批次记录，每月、每年汇总	参考其他相关生产数据和原始凭证	生产技术部
参数4	电极糊作为还原剂的排放因子	tCO_2/t	计算值：3.667，电极糊含碳量取100%	—	—	—	—	—	—	—	—
D-3 温室气体回收、固碳产品隐含的排放等需要扣除的排放量											
过程参数	参数描述	单位	数据的计算方法及获取方式 [10] 选取以下获取方式： ■ 实测值（如是，请具体填报时，采用在表下加备注的方式写明具体方法和标准）； ■ 缺省值（如是，请填写具体数值）； ■ 相关方结算凭证（如是，请具体填报时，采用在表下加备注的方式填写如何确保供应商数据质量）； ■ 其他方式（如是，请具体填报时，采用在表下加备注的方式详细描述）	测量设备（适用于数据获取方式来源于实测值）					数据记录频次	数据缺失时的处理方式	数据获取负责部门
				监测设备及型号	监测设备安装位置	监测频次	监测设备精度	规定的监测设备校准频次			
CO_2 回收											
参数1											
参数2											
……											
CH_4 回收											
参数1											
参数2											
……											

（续）

固碳产品隐含的排放											
参数 1											
参数 2											
……											

其他排放（按照相应行业核算方法与报告指南中的第五部分核算方法的排放种类填写）											
参数 1											
……											

D-4 净购入电力和热力活动数据和排放因子的确定方式

过程参数	单位	数据的计算方法及获取方式[11] 选取以下获取方式： ■ 实测值（如是，请具体填报时，采用在表下加备注的方式写明具体方法和标准）； ■ 缺省值（如是，请填写具体数值）； ■ 相关方结算凭证（如是，请具体填报时，采用在表下加备注的方式填写如何确保供应商数据质量）； ■ 其他方式（如是，请具体填报时，采用在表下加备注的方式详细描述）	测量设备（适用于数据获取方式来源于实测值）					数据记录频次	数据缺失时的处理方式	数据获取负责部门
			监测设备及型号	监测设备安装位置	监测频次	监测设备精度	规定的监测设备校准频次			
净购入电量	MWh	实测值：供电公司每月抄表 参考标准：GB 17167—2006《用能单位能源计量器具配备和管理通则》	三相四线智能电能表（DTSDI88）	变电站配电室	连续计量	0.5s	每年校验一次	每月记录、每年汇总	参考内部抄表记录	机动能源部
使用的非化石能源电量	MWh	0	—	—	—	—	—	—	—	—
市场化交易购入使用非化石能源电量	MWh	0	—	—	—	—	—	—	—	—
净购入电力排放因子	tCO$_2$/MWh	缺省值：0.5703	—	—	—	—	—	—	—	—
净购入热量	GJ	实测值＋计算值： 　净购入热量＝0－外供热量 外供热量用蒸汽流量计连续计量 参考标准：GB 17167—2006《用能单位能源计量器具配备和管理通则》	蒸汽流量计（LGBK-150）	厂内	连续计量	1.14%	购入热力单位维护	每次结算记录、每年汇总	参考结算凭证	机动能源部
净购入热力排放因子	tCO$_2$/GJ	缺省值：0.11	—	—	—	—	—	—	—	—

（续）

D-5 补充数据表中数据的确定方式										
铜冶炼补充数据表										
补充数据表中要求的相关数据[12]	单位	数据的计算方法及获取方式[13]，选取以下获取方式： ■ 实测值（如是，请具体填报时，采用在表下加备注的方式写明具体方法和标准）； ■ 缺省值（如是，填写具体数值）； ■ 相关方结算凭证（如是，请具体填报时，采用在表下加备注的方式填写如何确保供应商数据质量）； ■ 其他方式（如是，请具体填报时，采用在表下加备注的方式详细描述）	测量设备（适用于数据获取方式来源于实测值）							数据获取负责部门
			监测设备及型号	监测设备安装位置	监测频次	监测设备精度	规定的监测设备校准频次	数据记录频次	数据缺失时的处理方式	
1 二氧化碳排放总量	tCO$_2$	计算值：等于 1.1+1.2+1.3	—	—	—	—	—	—	—	—
1.1 化石燃料燃烧排放量	tCO$_2$	计算值，等于全厂化石燃料燃烧排放量	—	—	—	—	—	—	—	—
1.2 净购入电力对应的排放量	tCO$_2$	计算值：净购入电力对应的排放量 = 铜冶炼消耗净购入电力 × 对应的排放因子 铜冶炼消耗净购入电力为扣除硫酸车间消耗的净外购电量后的净外购电力量 硫酸车间净外购电力量根据硫酸工序用电量进行全厂（全厂外购电力 + 余热电量）拆分计算得到；铜冶炼消耗的净外购电力量 = 拆分的外购电量 - 外供电量 计算得到的相关电量均为实测值，采用电表计量 电力排放因子为缺省值：选取生态环境部网站发布的全国电网平均排放因子，2022 年度全国电网平均碳排放因子为 0.5703tCO$_2$/MWh	三相四线智能电能表（DTSDI88）	变电站配电室	连续计量	0.5s	每年校验一次	每月记录、每年汇总	参考内部抄表记录	机动能源部
1.3 净购入热力对应的排放量	tCO$_2$	计算值，等于全厂净外购热力排放量	—	—	—	—	—	—	—	—
2 主产品产量	t	计算值：阴极铜产量 + 阳极铜产量 + 粗铜产量	—	—	—	—	—	—	—	—
阴极铜产量	t	实测值：生产入库量每批次通过汽车衡计量，期初库存、期末库存每月盘点。 参考标准：GB 17167—2006《用能单位能源计量器具配备和管理通则》	汽车衡（SCS-150t）	泵房	每批次监测	III级	每 6 个月校验一次	每批次记录，每月、每年汇总	参考其他相关生产数据和原始凭证	生产技术部
阳极铜产量	t	不涉及	—	—	—	—	—	—	—	—
粗铜产量	t	不涉及	—	—	—	—	—	—	—	—
硫酸生产（其他化工产品）补充数据表										
1 主营产品名称		硫酸（折 100%）	—	—	—	—	—	—	—	—
2 主营产品代码		根据《国家统计局统计用产品分类目录》，产品代码为 2601010101	—	—	—	—	—	—	—	—
3 主营产品产量	t	实测值：生产入库量每批次通过汽车衡计量，期初库存、期末库存每月盘点 参考标准：GB 17167—2006《用能单位能源计量器具配备和管理通则》	汽车衡（SCS-150 和 SCS-200）	磅房	每批次检测	III级	每年	每批次记录，每月、每年汇总	参考原始记录台账	财计部

（续）

名称	单位	数据及计算方法								
4 二氧化碳排放总量	tCO_2	计算值：二氧化碳排放总量 = 化石燃料燃烧排放量 + 消耗电力对应的排放量 + 消耗热力对应的排放量	—	—	—	—	—	—	—	—
4.1 化石燃料燃烧排放总量	tCO_2	不涉及	—	—	—	—	—	—	—	—
4.1.1 消耗量	t	不涉及	—	—	—	—	—	—	—	—
4.1.2 低位发热量	GJ/t	不涉及	—	—	—	—	—	—	—	—
4.1.3 单位热值含碳量	tC/GJ	不涉及	—	—	—	—	—	—	—	—
4.1.4 碳氧化率	%	不涉及	—	—	—	—	—	—	—	—
4.2 能源作为原材料产生的排放量	tCO_2	不涉及	—	—	—	—	—	—	—	—
4.2.1 能源作为原材料的投入量	t 或万 Nm^3	不涉及	—	—	—	—	—	—	—	—
4.2.2 能源中含碳量	C/t 或 tC/万 Nm^3	不涉及	—	—	—	—	—	—	—	—
4.2.3 碳产品或其他含碳输出物的产量	t 或万 Nm^3	不涉及	—	—	—	—	—	—	—	—
4.2.4 碳产品或其他含碳输出物含碳量	C/t 或 tC/万 Nm^3	不涉及	—	—	—	—	—	—	—	—
4.3 消耗电力对应排放量	tCO_2	计算值：消耗电力对应的排放量 = 电力消耗量 × 电力消耗排放因子	—	—	—	—	—	—	—	—
4.3.1 消耗电量	MWh	实测值采用电表计量 参考标准：GB 17167—2006《用能单位能源计量器具配备和管理通则》	电表，型号 DS862-4，1.0	厂内配电室	连续监测	不详	内部维护	每月记录，年度汇总	参考抄表记录	财计部
4.3.1.1 电网电量	MWh	计算值： 硫酸车间电网电力量为根据硫酸工序用电量进行测量 全厂外购电力/（全厂外购电力 + 余热电量） 拆分计算得到电网电量和余热电量均为实测值，采用电表计量	电表若干（DTS858 等）	厂内配电室	连续监测	不详	内部维护	每月记录，年度汇总	参考抄表记录	财计部
4.3.1.2 自备电厂电量	MWh	不涉及	—	—	—	—	—	—	—	—
4.3.1.3 可再生能源电量	MWh	不涉及	—	—	—	—	—	—	—	—

（续）

4.3.1.4 余热电量	MWh	计算值：硫酸车间电网电力量根据硫酸上序用电量进行测量 全厂余热电量/（全厂外购电力＋余热电量）拆分计算得到电网电量和余热电量均为实测值，采用电表计量	电表若干（DTS858等）	厂内配电室	连续监测	不详	内部维护	每月记录，年度汇总	参考抄表记录	财计部
4.3.2 对应的排放因子	tCO₂/MWh	加权计算值：电网购入电力对应的排放因子采用2022年全国电网平均排放因子0.5703 tCO₂/MWh，余热发电排放因子为0	—	—	—	—	—	—	—	—
4.4 消耗热力对应的排放量	tCO₂	不涉及	—	—	—	—	—	—	—	—
4.4.1 消耗热量	GJ	不涉及	—	—	—	—	—	—	—	—
4.4.2 对应的排放因子	tCO₂/GJ	不涉及	—	—	—	—	—	—	—	—
5 二氧化碳排放总量	tCO₂	计算值：二氧化碳排放总量为硫酸生产车间排放总量	—	—	—	—	—	—	—	—

E 数据内部质量控制和质量保证相关规定

企业B温室气体数据质量控制计划（3.0版）由机动能源部制订，该计划对企业各部门与温室气体监测相关的职责和权限做出明确规定，形成文件并进行传达宣贯。企业B的碳排放监测将主要由机动能源部专人负责执行和实施，监测人员将根据需要，记录监测数据并存档，生产运行部同时指定数据管理员负责数据的审核等相关工作。

数据质量控制计划由机动能源部根据《其他有色金属冶炼和压延加工企业温室气体排放核算方法与报告指南（试行）》《其他有色金属冶炼和压延加工业企业（铜冶炼）2022年温室气体排放报告补充数据表》以及国家相关的法律法规文件制订，数据质量控制计划中详细描述了所有活动水平数据和排放因子的确定方式，包括数据来源、数据获取方式、监测设备详细信息、数据缺失处理方法等内容。若《其他有色金属冶炼和压延加工企业温室气体排放核算方法与报告指南（试行）》《其他有色金属冶炼和压延加工业企业（铜冶炼）2022年温室气体排放报告补充数据表》以及国家相关的法律法规文件发生变化，企业自身的组织机构发生重大变化，企业的生产或者监测设备发生重大变化，机动能源部会负责对数据质量控制计划进行修订，并报送总经理批准。

机动能源部根据监测结果完成年度温室气体排放报告，并由机动能源部指派专门人员完成内部审核，最终报送总经理批准。

机动能源部指定数据管理人员负责数据的收集和记录，所有的检测数据都按月记录，所有的电子或者纸质材料将保存至少三年。

填报人：张某	填报时间：2023年11月7日
内部审核人：刘某	审核时间：2023年11月7日
填报单位盖章	

1 按行业核算方法和报告指南中的"核算边界"章节的要求具体描述。

2 对行业补充数据表覆盖范围具体描述。

3 对于同一设施同时涉及6.1/6.2/6.3类排放的，需要在各类排放设施中重复填写。

4 例如燃煤过程产生的二氧化碳排放。

5 例如脱硫过程产生的二氧化碳排放。

6 该类设施，特别是耗电设施，只需填写主要设施即可，例如耗电量较小的照明设施可不填写。

7 如果报告数据是由若干个参数通过一定的计算方法计算得出，需要填写计算公式以及计算公式中的每一个参数的获取方式。

8 填报时请列明具体的燃料名称，同一燃料品种仅需填报一次；如果有多个设施消耗同一种燃料，请在"数据的计算方法及获取方式"中对"消耗量""低位发热量""单位热值含碳量""含碳量""碳氧化率"等参数进行详细描述，不同设施的同一燃料相关信息应分别列明。

9 如果报告数据是由若干个参数通过一定的计算方法计算得出，需要填写计算公式以及计算公式中的每一个参数的获取方式。

10 如果报告数据是由若干个参数通过一定的计算方法计算得出，需要填写计算公式以及计算公式中的每一个参数的获取方式。

11 如果报告数据是由若干个参数通过一定的计算方法计算得出，需要填写计算公式以及计算公式中的每一个参数的获取方式。

12 此列需要填写的数据应与行业补充数据表中的第一列"补充数据"保持内容和格式完全一致；对航空公司，该列数据包括燃油消耗量（t）、航空器飞行活动二氧化碳排放量（tCO₂）、运输周转量（万 t·km）。

13 如果报告数据是由若干个参数通过一定的计算方法计算得出，需要填写计算公式以及计算公式中的每一个参数的获取方式。如果数据的计算方法及获取方式与D-1～D-3部分的内容相同，可在表中直接说明。

1.3.1　任务描述

企业 C 是化工类电石生产企业，行业代码为 26（行业子类代码为 2613，类别名称为无机盐制造）。企业用于生产的原料为兰炭和石灰石，外购的兰炭经筛分后输送至回转式干燥筒烘干，再经筛分后输送至配料站；外购石灰石经筛分后输送至石灰窑煅烧，生产出的成品石灰再经筛分输送至配料站；干焦炭和石灰在配料站经配料系统调至合适配比后输送至密闭电石炉内，在电阻、电弧产生的 2000 ～ 2200℃高温下反应生成电石（使用外购炭电极、电极糊作电极）。生产出的电石在冷却厂房自然冷却后外运出厂；电石反应产生的电石炉气因含一氧化碳气体（60% ～ 80%），经炉气干法净化、水洗塔水洗、炉气气柜缓存后，可输送至气烧石灰窑作为煅烧石灰石的燃料。除尘后的粉尘及固体废料可作为炭材烘干原料使用。企业 C 生产工艺流程如图 1-3-1 所示。

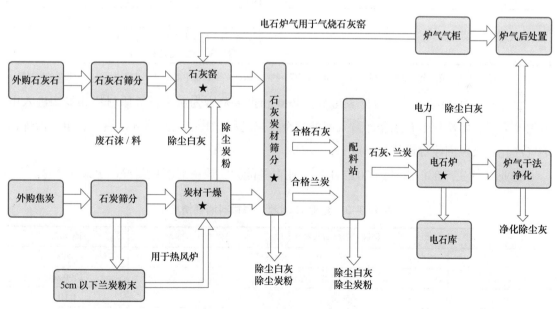

图 1-3-1　企业 C 生产工艺流程

其主要耗能设备和能源见表 1-3-1。

企业 C 企业层级（法人边界）核算和报告范围包括化石燃料燃烧排放、工业生产过程产生的直接排放以及净购入电力产生的间接排放，不涉及净购入热力产生的间接排放。企业 C 主要排放源见表 1-3-2。

表 1-3-1　企业 C 主要耗能设备和能源

序号	名称	能源品种
1	双梁式石灰窑	电石炉气、电能、柴油（点火用油）
2	回转式石灰窑	电石炉气、兰炭、电能
3	炭材干燥窑	兰炭、电能
4	电石炉	兰炭、电极糊、炭电极、电能
5	通勤车辆	汽油
6	厂内运输车辆	柴油

表 1-3-2　企业 C 主要排放源

排放种类		能源/原材料/含碳产品品种	排放设施	是否纳入补充数据表边界
化石燃料燃烧排放		电石炉气、兰炭	5 台石灰窑炉	否
		兰炭	4 台转筒干燥机石灰窑炉	否
		柴油	5 台石灰窑炉（点火）、厂内运输车辆	否
		汽油	通勤车	否
工业生产过程产生的直接排放	原材料消耗产生的排放	兰炭、电极糊、炭电极，电石、除尘灰	8 台电石炉	是
	碳酸盐分解产生的排放	石灰石	5 台石灰窑炉	否
净购入电力产生的间接排放		外购电力	电石炉	是
			泵、办公楼及非办公区（食堂、澡堂等）的用电设备	否

注：电石及除尘灰为流出企业边界的含碳产品、副产品、废弃物等，表格中梳理的其余燃料与原材料为流入企业边界的原材料。

企业 C 设施层级（补充数据表边界）核算和报告范围为从炭材等原材料和能源进入电石生产界区开始，到电石成品计量入库的整个生产过程，其中包括筛分、烘干、电石冶炼、炉气净化、余热回收等设施的排放。

企业 C 的生产部门统计的 2022 年度企业内各能源、原材料消耗情况，见表 1-3-3。

表 1-3-3　企业 C 能源、原材料消耗情况

能源、原材料品种		消耗量
兰炭	作为燃料燃烧量	7800t
	作为原材料消耗量	219000t
柴油		1.31t
汽油		5.25t
石灰石		633000t
电极糊		6086t
炭电极		228t
净购入电力	企业总用电量（全部来自市政电网）	1095000 MWh
	电石生产系统用电量（全部来自市政电网）	1045000 MWh

企业 C 生产的电石全部外销，依据财务部门统计，2022 年全年企业销售的电石折合标准电石为 336300t。电石炉净化除尘灰（含除尘黑灰）全部外销，财务部门统计的电石炉净化除尘灰（含除尘黑灰）产量为 6320t，其余灰尘未统计。生产部门统计的电石炉气产量为 13450 万 Nm³。

企业 C 化验科定期监测兰炭和电极糊的元素碳含量，并由此推算兰炭和电极糊的含碳量；其 2022 年全年加权平均兰炭含碳量为 0.8398tC/t、全年加权电极糊含碳量 0.8439tC/t。化验科测定的石灰石纯度为 95%。电石炉净化除尘灰（含除尘黑灰）含碳量测定结果为 0.1830tC/t。化验科根据电石炉气组分核算的电石炉气的含碳量为 3.779 tC/万 Nm³。

请根据案例描述，回答下列问题。

1）企业 C 企业层级（法人边界）涉及的活动水平具体包含哪些内容？

2）企业 C 企业层级（法人边界）涉及各活动水平对应的排放因子分别有哪些？

3）企业 C 设施层级（补充数据表边界）活动水平、排放因子包含哪些内容？

4）企业 C 的活动水平和排放因子数据应从哪些部门获取？

5）请指出 2022 年度企业 C 企业层级（法人边界）的外购电力活动水平和排放因子。

6）请指出 2022 年度企业 C 设施层级（补充数据表边界）的外购电力活动水平和排放因子。

1.3.2　知识准备

一、活动水平

活动水平是导致温室气体排放或清除的生产或消费活动量的表征，如每种燃料的消耗量、原料的消耗量、购入的电量、购入的蒸汽量等。

由于核算方法与报告指南编制单位的不同，部分核算方法与报告指南中化石燃料燃烧的活动水平是指化石燃料的消耗量与平均低位发热量的乘积，如发电设施指南，有色、钢铁、造纸、建材、民航行业核算报告指南；而石化、化工等行业核算报告指南中则仅指化石燃料的消耗量。各核算方法与报告指南中通用的活动水平如下。

（一）化石燃料消耗量

化石燃料消耗量通常根据核算和报告期内各种化石燃料消耗的计量数据来确定。

燃煤消耗量应优先采用经校验合格后的皮带秤或耐压式计量给煤机的测量结果，或采用生产系统记录的计量数据。不具备入炉煤测量条件的，根据每日或每批次入厂煤盘存测量数值统计，采用购销存台账中的消耗量数据。

燃油、燃气消耗量优先采用每月连续测量结果。不具备连续测量条件的，通过盘存测量得到购销存台账中月度消耗量数据。

（二）低位发热量

低位发热量指燃料完全燃烧的产物中的水以气态存在时的发热量，也称低位热值。

化石燃料的低位发热量可自行检测、委托检测、由供应商提供或采用指南缺省值。当企业实测低位发热量采用的方法遵循 GB/T 213—2008《煤的发热量测定方法》、GB 384—1981《石油产品热值测定法》、GB/T 22723—2008《天然气能量的测定》等相关标准，并且符合与企业对应的行业核算报告指南要求，则采用实测值进行计算；若无实测值或实测值不符合指南要求，则需采用指南约定的缺省值。

（三）原料消耗量

原料消耗量指原材料的投入量。企业应结合碳源流的识别和划分情况，以企业台账、统计报表、采购单等结算凭证为依据，分别确定原材料投入量、含碳产品产量以及其他含碳输出物的活动水平数据。

（四）购入电量

购入电量指企业购入使用的电量，包括购入的电网电量和购入的未并入市政电网的余热余压电量、化石能源电量和非化石能源电量，其总量优先根据电表记录的读数统计，其次采用供应商提供的电费结算凭证上的数据统计。

（五）购入非化石能源电量

购入非化石能源电量指购入的总电量中包括的直供企业使用且未并入市政电网的非化石能源电量。购入非化石能源电量数据应优先根据电表记录的读数统计，其次采用供应商提供的电费结算凭证上的数据统计，并提供相关证明材料。

（六）输出电量

输出电量指输出的总电量，不包括自发自用非化石能源发电电量。输出电量数据应优先根据电表记录的读数统计，其次采用供应商提供的电费结算凭证上的数据统计。

（七）输出非化石能源电量

输出非化石能源电量指输出的总电量中包括的直供企业使用且未并入市政电网的非化石能源电量，优先根据电表记录的读数统计，其次采用供应商提供的电费结算凭证上的数据统计，并提供相关证明材料。

（八）净购入使用电量

针对除发电行业以外的其他行业企业，指核算和报告年度内的净外购电量，是企业扣减购入非化石能源电量后的购入电量与扣减输出非化石能源电量后的输出电量之间的差值。

活动数据以企业电表记录的读数为准，也可采用供应商提供的电费发票或者结算单等结算凭证上的数据统计。

（九）净购入热量

净购入热量指核算和报告年度内净购入使用热力，是企业购入的总热量扣减企业外销后的总热量，等于购入蒸汽、热水的总热量与外供蒸汽、热水的总热量之差。

一般以企业的热力表记录的读数为准，也可采用供应商提供的热力费发票或者结算单等结算凭证上的数据统计。

（十）其他活动水平数据

根据各行业生产及排放特点，一些差异性活动水平数据需要收集获取，如造纸企业废水厌氧处理去除的有机物总量、以污泥方式清除掉的有机物总量以及甲烷回收量等。

二、排放因子

排放因子是表征单位生产或消费活动量的温室气体排放系数。例如，每单位化石燃料燃烧所产生的二氧化碳排放量、每单位购入电量所对应的二氧化碳排放量等。排放因子通常基于抽样测量或统计分析获得，表示在给定操作条件下某一活动水平的代表性排放率。各核算方法与报告指南中通用的排放因子如下。

（一）单位热值含碳量

单位热值含碳量指单位发热量中的碳含量。

当企业实测单位热值含碳量采用的方法遵循 GB/T 476—2008《煤中碳和氢的测定方法》、SH/T 0656—2017《石油产品及润滑剂中碳、氢、氮的测定　元素分析仪法》、GB/T 13610—2020《天然气的组成分析　气相色谱法》以及 GB/T 8984—2008《气体中一氧化碳、二氧化碳和碳氢化合物的测定　气相色谱法》等相关标准，可采用实测值进行计算；若无实测值或实测值不符合核算方法与报告指南要求，则需采用核算方法与报告指南约定的缺省值。

（二）碳氧化率

碳氧化率指燃料中的碳在燃烧过程中被氧化的百分比，通常取相应核算指南中提供的缺省值。化工行业缺省值示例见表 1-3-4。

表 1-3-4　化工行业缺省值示例

燃料品种		低位发热量	热值单位	单位热值含碳量（tC/GJ）	燃料碳氧化率
固体燃料	无烟煤	20.304	GJ/t	27.49×10^{-3}	94%
	烟煤	19.570	GJ/t	26.18×10^{-3}	93%
	褐煤	14.080	GJ/t	28.00×10^{-3}	96%
	洗精煤	26.334	GJ/t	25.40×10^{-3}	93%
	其他洗煤	8.363	GJ/t	25.40×10^{-3}	90%
	煤制品	17.460	GJ/t	33.60×10^{-3}	90%
	焦炭	28.447	GJ/t	29.40×10^{-3}	93%

（三）电力排放因子

电力排放因子选用国家主管部门最新公布的全国电网排放因子。全国电网平均排放因子见表 1-3-5。

表 1-3-5　全国电网平均排放因子

名称	单位	二氧化碳排放因子
2015 年全国电网平均排放因子	tCO_2/MWh	0.6101
《关于做好 2022 年企业温室气体排放报告管理相关重点工作的通知》	tCO_2/MWh	0.5810
2022 年全国电网平均排放因子	tCO_2/MWh	0.5703

（四）热力排放因子

目前常规情况下，热力排放因子取核算方法与报告指南的推荐值 $0.11tCO_2$/GJ，并根据主管部门发布的官方数据保持更新。

（五）其他排放因子

根据各行业生产及排放特点，一些差异性排放因子也需要同时收集获取，如进行平板玻璃企业的碳排放核算时还需收集碳粉的含碳量及碳酸盐排放因子等。

三、通用计量设备

合格的计量设备是保证企业温室气体排放数据真实可信的基本条件，常见的测量设备包括衡器、电能表、流量计等。

（一）衡器

1. 汽车衡

汽车衡也称地磅，是企业用于大宗货物计量的主要称重设备。汽车衡由承重传力机构（秤体）、高精度称重传感器、称重显示仪表三大主件组成；除了可完成汽车衡基础称重功能的基本配置外，也可根据不同用户的要求，为汽车衡选配打印机、大屏幕显示器、计算机管理系统等辅助配件，以满足更高层次的数据管理及传输的需要。

2. 电子皮带秤

电子皮带秤是对包括 ICS 电子皮带（又名通过式皮带秤）、定量给料机、DGP 吊挂式皮带秤等在内的所有皮带秤的总称，多用于企业内部对燃料消耗量的计量统计。ICS 电子皮带是指安装在长输送皮带架上的单独称重装置，它由称重架、传感器和仪表组成，没有驱动电机等级的动力装置；它只累计称重输送皮带上通过的物料，但不控制物料流量的大小。定量给料机是由环形皮带、秤架、电机、称重和测速传感器等组成的一个整体，它是集称重计量与流量控制于一体的连续称重设备，也叫调速秤。DGP吊挂式皮带秤是指用称重传感器把整个（包括环形皮带、秤架、电机、传感器等）秤体吊挂起来的一种连续称量装置，它的特点是整个称体吊挂不受其他因素影响，所以计量精度高，还可根据流量控制给料装置的给料速度以达到定量给料的目的。

（二）电能表

按照工作原理，常用电能表可分为感应式和静止式。

1. 感应式电能表

感应式电能表是利用固定交流磁场与该磁场在可动部分的导体所感应的电流之间的作用力工作的仪表。

2. 静止式电能表

静止式电能表又称为电子式电能表，是电流和电压作用于固态（电子）器件上产生与被测有功电能量成比例的输出量的仪表。

（三）流量计

1. 涡轮流量计

涡轮流量计是利用置于流体中的叶轮感受流体平均速度来测量流体流量的流量计，与流量成正比的叶轮转速通常由安装在管道外的检出装置检测。涡轮流量计由涡轮流量传感器和显示仪表组成。

2. 涡街流量计

涡街流量计的工作原理是在流体中安放非流线型漩涡发生体，流体在发生体两侧交替地分离释放出两列规则的、交错排列的漩涡涡街，在一定速度范围内漩涡的分离频率与流量呈正比；此频率由检测元件检出。涡街流量计由涡街流量传感器和显示仪表组成。

3. 电磁流量计

电磁流量计是利用导电流体在磁场中流动所产生的感应电动势推算并显示流量的流量计，通常由电磁流量传感器、转化器以及显示仪表组成。

4. 超声波流量计

超声波流量计是利用超声波在流体中的传播特性来测量流量的流量计。

5. 插入式流量计

插入式流量计是通过测量管道内部特定位置的局部流速，确定管道流量的流量计。它由测量头、插入杆、插入机构、转化器和测量管道组成。

1.3.3　任务实施

一、确定涉及的数据，形成数据收集清单

依据各行业最新版技术文件要求，结合企业生产工艺流程，参考企业制订的数据质量控制计划，梳理所有排放核算与报告涉及的活动水平数据及排放因子数据，并形成数据收集清单或文件清单。

二、按照清单进行数据收集

依照数据收集清单或文件清单及数据质量控制计划，与各参数的数据获取部门沟通，逐项收集相关数据。

三、分类统计并确定选用数据

整理收集到的数据，按照最新版技术文件要求进行分类、计算，确定符合要求的活动水平数据及排放因子数据。

1.3.4　职业判断与业务操作

根据任务描述，筛选并获取企业 C 的活动水平数据及排放因子。

1）企业 C 企业层级（法人边界）涉及的活动水平具体包含哪些内容？

答：企业层级（法人边界）的核算内容包括燃料燃烧排放、工业生产过程排放（原材料消耗产生的排放及碳酸盐分解产生的排放）以及净购入电力消费引起的排放。燃料燃烧排放计算涉及的活动水平包括兰炭作为燃料的燃烧量、柴油消耗量以及汽油消耗量；原材料消耗产生的排放涉及的活动水平包括兰炭作为原材料的消耗量、电极糊消耗量、炭电极消耗量、电石产量以及电石炉净化除尘灰产量；碳酸盐分解产生的排放涉及的活动水平包括石灰石消耗量；净购入电力消费引起的排放涉及的活动水平包括全厂总外购电量、外购的非化石能源电量、通过市场化交易购入使用的非化石能源电力、输出的总电量、输出的非化石能源电量等。

电石炉气由企业 C 电石反应产生，并全部在企业 C 的石灰窑中燃烧。从企业 C 的地理边界看，电石炉气仅在企业 C 内部产生并完成消耗，而不是企业 C 地理边界范围内的碳流入或碳流出；因此，企业 C 法人边界涉及的活动水平不包括电石炉气。

2）企业 C 企业层级（法人边界）涉及的各活动水平对应的排放因子分别有哪些？

答：依据化工行业核算指南，梳理企业 C 企业层级（法人边界）涉及的每项活动水平对应的排放因子，具体如下。

兰炭作为燃料的燃烧量对应的排放因子包括兰炭的含碳量和兰炭的碳氧化率，其中兰炭的含碳量通过兰炭的低位发热量和单位热值含碳量计算。

柴油消耗量对应的排放因子包括柴油的含碳量和柴油的碳氧化率，其中柴油的含碳量通过柴油的低位发热量和单位热值含碳量计算。

汽油消耗量对应的排放因子包括汽油的含碳量和汽油的碳氧化率，其中汽油的含碳量通过汽油的低位发热量和单位热值含碳量计算。

兰炭作为原材料的消耗量对应的排放因子为兰炭的含碳量，它通过兰炭的低位发热量和单位热值含碳量计算。

电极糊消耗量对应的排放因子为电极糊的含碳量。

炭电极消耗量对应的排放因子为炭电极的含碳量。

石灰石消耗量对应的排放因子包括石灰石的二氧化碳排放量和石灰石的纯度。

全厂净外购电力对应的排放因子为主管部门最新公布的全国电网排放因子。

电石产量对应的排放因子为电石的含碳量。

电石炉净化除尘灰产量对应的排放因子为电石炉净化除尘灰的含碳量。

3）企业C设施层级（补充数据表边界）活动水平、排放因子包含哪些内容？

答：根据补充数据表，电石生产企业的核算边界为从炭材等原材料和能源进入电石生产界区开始，到电石成品计量入库的整个生产过程，包括炭材破碎、筛分、烘干、整流、电石冶炼、炉气净化、余热回收等设施。

通过补充数据表确认其涉及的排放包括能源作为原材料产生的排放量、消耗电力对应的排放量和消耗热力对应的排放量。能源作为原材料产生的排放量可通过能源作为原材料的投入量、能源中含碳量、碳产品和其他含碳输出物的产量、碳产品和其他含碳输出物含碳量计算。消耗电力对应的排放量可通过电网电量、自备电厂电量、可再生能源电量、余热电量及其对应的排放因子计算。消耗热力对应的排放量可通过消耗热量与对应的排放因子计算。

企业C电石炉中，能源作为原材料的有兰炭、电极糊和炭电极，碳产品为电石，其他含碳输出物包括电石炉气和电石炉净化除尘灰。消耗电力仅包括电网电量，无外购热力。

因此，企业C补充数据表边界的活动水平和排放因子包括兰炭、电极糊、炭电极作为原材料的投入量和其含碳量；电石、电石炉气、电石炉净化除尘灰的产量和其含碳量；消耗电网的电量和其补充数据表边界下的电力排放因子。

4）企业C的活动水平和排放因子数据应从哪些部门获取？

答：根据化工行业核算指南和补充数据表要求，当企业活动水平和排放因子有符合要求的实测值时，应采用实测值；当无实测值或者实测值不符合要求时，需要用指南推荐的缺省值。

根据企业C情况介绍，其活动水平数据由生产部门（原料燃烧或消耗量数据、电石炉气产量数据、电量数据）和财务部门（产品和副产品产量）统计，部分排放因子（兰炭含碳量、电极糊含碳量、石灰石纯度、电石炉净化除尘灰含碳量、电石炉气的含碳量）由化验科检测，其余排放因子则需通过化工行业核算指南和补充数据表、生态环境部最新发布的数值等获取。

5）请指出 2022 年度企业 C 企业层级（法人边界）的外购电力活动水平和排放因子。

答：2022 年度企业 C 法人边界的外购电力活动水平为 1095000MWh，排放因子为 2022 年的全国电网排放因子，即 0.5703tCO$_2$/MWh。

6）请指出 2022 年度企业 C 设施层级（补充数据表边界）的外购电力活动水平和排放因子。

答：2022 年度企业 C 补充数据表边界的外购电力活动水平为 1045000MWh，根据环办气候函〔2023〕332 号文件，2022 年度排放量核算过程中的补充数据表电网排放因子为 0.5703tCO$_2$/MWh。

任务 1.4　计算排放量

1.4.1　任务描述

企业 D 是某省一家以平板玻璃为主营产品的企业，厂区内现有 6 条浮法玻璃生产线，同时配有变电站、水泵房、气保车间与库房用于辅助生产。厂区内主要消耗的能源包括天然气（浮法玻璃生产线及食堂）、柴油（厂内车辆运输）和电力（厂内所有用电设备），没有外购、外供热力，没有使用可再生能源发电及余热发电。企业玻璃生产过程中涉及的碳酸盐种类包括石灰石、白云石和纯碱；主要生产工艺流程为：配料—熔化—成形和镀膜—退火—切割—包装。企业 D 主要耗能设备见表 1-4-1，企业 D 2022 年度企业层级（法人边界）最终确认的活动水平数据及排放因子见表 1-4-2。

表 1-4-1　企业 D 主要耗能设备

工序名称	设备名称	消耗能源类别	数量
配料	投料机	电力	6 台
熔化	辊道窑	天然气	6 条
成形	拉边机	电力	6 台
退火	退火炉	电力	6 座
退火、成形	风机	电力	24 台
切割	切割机	电力	6 台
包装	包装机	电力	6 台
辅助	铲车	柴油	8 辆
辅助	叉车	柴油	6 辆

表 1-4-2　企业层级的活动水平数据及排放因子

参数种类	参数名称	计量单位	数据	来源
化石燃料燃烧排放	柴油消耗量	t	4.96	实测值
	柴油低位热值	MJ/kg	42.652	缺省值
	柴油单位热值含碳量	tC/TJ	20.20	缺省值
	柴油碳氧化率	%	99	缺省值
	天然气消耗量（含食堂消耗）	万 Nm³	1206.29	实测值
	天然气活动数据（不含食堂消耗）	万 Nm³	1203.39	实测值
	天然气低位热值	MJ/m³	38.931	缺省值
	天然气单位热值含碳量	tC/TJ	15.32	缺省值
	天然气碳氧化率	%	99.5	缺省值
工业生产过程排放	碳粉消耗量	t	2	实测值
	碳粉含碳量	%	100	实测值
	石灰石碳酸盐消耗量	t	489.6	实测值
	石灰石排放因子（碳酸盐）	tCO_2/t	0.43971	缺省值
	石灰石煅烧比例	%	100	缺省值
	白云石碳酸盐消耗量	t	1919.4	实测值
	白云石排放因子（碳酸盐）	$t\ CO_2/t$	0.47732	缺省值
	白云石煅烧比例	%	100	缺省值
	纯碱碳酸盐消耗量	t	2475	实测值
	纯碱排放因子（碳酸盐）	tCO_2/t	0.41492	缺省值
	纯碱煅烧比例	%	100	缺省值
净购入电力对应排放	净购入电量（含辅助生产设施用电）	MWh	50285	实测值
	净购入电量（不含辅助生产设施用电）	MWh	49275	实测值
	2022 年全国电网平均排放因子	tCO_2/MWh	0.5703	缺省值

请根据案例描述，计算以下排放量。

1）企业 D 企业层级（法人边界）化石燃料燃烧排放量。

2）企业 D 企业层级（法人边界）工业生产过程排放量。

3）企业 D 企业层级（法人边界）净购入电力对应排放量。

4）企业 D 企业层级（法人边界）总排放量。

1.4.2　知识准备

企业温室气体排放量指企业层级核算边界和设施层级（生产工序）核算边界的温室气

体排放的具体数量。企业温室气体排放情况可通过直接监测二氧化碳排放量或计算涉碳相关数据的方法获得。

连续排放监测系统（CEMS）可直接监测二氧化碳排放量，其原理是通过直接测量烟气流速和烟气中二氧化碳浓度来计算温室气体的排放量。该方法在国际上的应用较成熟，但国内的应用尚在摸索阶段。

计算涉碳数据的基本原理是将企业经济活动中消耗的化石燃料、原料等信息，通过对应的排放因子换算成相应的温室气体排放，再将经过各燃料、原料转化后的排放量进行汇总计算。和连续监测相比，基于核算的数据获得方式具有成本低、适用分散污染源的优势，但是也存在需人工处理大量数据、标准难以统一、需要较高采样分析成本等问题。我国碳市场重点排放单位的排放量目前通过涉碳数据核算的方法获得。

一、核算方法分类

根据计算原理的不同，核算方法可分为排放因子法和质量守恒法。

（一）排放因子法

排放因子法也称为标准法，排放因子法的计算原理见式（1）。

$$温室气体排放 = 活动数据 \times 排放因子 \tag{1}$$

（二）质量守恒法

质量守恒法也称碳平衡法或黑箱法，此种方法可以用来计算排放源多、反应过程复杂的排放类型。黑箱法仅关注输入核算边界的碳质量（如原材料中的碳）及输出核算边界的碳质量（如主营产品、副产品、废弃物中的碳），即认为黑箱中减少的碳质量全部转化为二氧化碳排放。黑箱法的计算原理见式（2）。

$$温室气体排放 = （进入核算边界的碳质量 - 离开核算边界的碳质量）\times 44/12 \tag{2}$$

二、核算内容分类

一般而言，基于核算的方法需要分别核算以下五个方面的排放。

（一）化石燃料燃烧排放

化石燃料燃烧产生的排放量采用典型的排放因子法进行计算。某种化石燃料的燃烧排放量可通过该化石燃料的消耗量、平均低位发热量、单位热值含碳量、碳氧化率及二氧化碳与碳的摩尔质量比相乘得到。

（二）工业生产过程排放

虽然各行业（航空除外）工业生产过程涉及排放种类繁多，如镁冶炼企业能源作为原材料的排放、电解铝企业阳极效应排放、化工企业过程排放等，但核算方法主要有排放因子法和质量守恒法两类。排放因子法通过活动水平数据与排放因子相乘得到，而质量守恒法通过输入原料与输出产品、废弃物中含碳量之差，乘以二氧化碳与碳的摩尔质量比得到。

（三）废弃物处理排放

纸浆造纸、食品、烟草及酒、饮料和精制茶企业生产过程产生的排放，需通过采用厌氧技术处理高浓度有机废水而产生的甲烷排放量，乘以相应的全球增温潜势（GWP）得到。

（四）净购入电力与热力排放

净购入电力与热力引起的排放的计算主要取决于电力消费量和热力消费量及相应的排放因子，需要注意的是电力消费量和热力消费量以净购入电力和热力为准。

（五）二氧化碳回收利用

部分行业存在二氧化碳回收利用的情况，如化工行业。由于该部分二氧化碳未直接排放到大气中，核算时应扣除该部分排放，具体计算时应将企业边界回收且外供的二氧化碳气体体积、气体纯度及二氧化碳气体密度相乘以得到该部分排放量。

三、八大行业排放量计算公式

重点行业设施
层级核算边界
排放量计算公式

正确收集、获取企业层级核算边界和设施层级（生产工序）核算边界的活动水平数据、排放因子数据后，根据各个行业最新版技术文件要求中的计算公式，分别计算企业层级核算边界和设施层级（生产工序）核算边界的化石燃料燃烧排放、工业生产过程排放、废弃物处理产生的排放、（净）购入电力和热力排放、二氧化碳回收利用等，最后汇总加和，可分别得到企业层级核算边界和设施层级（生产工序）核算边界的温室气体排放量。八大行业排放量计算公式见表1-4-3。

表1-4-3　八大行业排放量计算公式

行业		计算公式
发电		设施层级：二氧化碳排放量 = 化石燃料燃烧排放量 + 购入电力对应的排放量
石化		企业层级：二氧化碳排放量 = 燃料燃烧排放量 + 火炬燃烧排放量[1] + 工业生产过程排放量[2] – 二氧化碳回收利用量 + 净购入电力和热力对应的排放量
		设施层级（补充数据表）：二氧化碳排放量 = 燃料燃烧排放量 + 消耗电力和热力对应的排放量
化工		企业层级：二氧化碳排放量 = 化石燃料燃烧排放量 + 工业生产过程排放量[3] – 二氧化碳回收和外供量 + 净购入电力和热力对应的排放量
		设施层级（补充数据表）：二氧化碳排放量 = 化石燃料燃烧排放量 + 能源作为原材料产生的排放量 + 消耗电力和热力对应的排放量
建材	水泥	企业层级：二氧化碳排放量 = 燃料燃烧排放量[4] + 工业生产过程排放量[5] + 净购入电力和热力对应的排放量
		设施层级：二氧化碳排放量 = 燃料燃烧排放量 + 过程排放量 + 消耗电力对应的排放量
	平板玻璃	企业层级：二氧化碳排放量 = 化石燃料燃烧排放量 + 工业生产过程排放量[6] + 净购入电力和热力对应的排放量
		设施层级（补充数据表）：二氧化碳排放量 = 化石燃料燃烧排放量 + 消耗电力和热力对应的排放量

（续）

行业		计算公式
钢铁		企业层级：二氧化碳排放量 = 化石燃料燃烧排放量 + 工业生产过程排放量[7] + 净购入电力和热力对应的排放量 − 固碳产品隐含的排放量
		设施层级：二氧化碳排放量 = 化石燃料燃烧排放量 + 消耗电力和热力对应的排放量
有色	电解铝	企业层级：二氧化碳排放量 = 化石燃料燃烧排放量 + 工业过程排放量[8] + 净购入电力和热力产生的排放量
		电解铝工序：二氧化碳排放量 = 能源作为原材料用途的排放量 + 阳极效应全氟化碳排放量 + 电解铝工序消耗交流电导致的二氧化碳排放量
	其他有色金属	铜冶炼（补充数据表）：二氧化碳排放量 = 化石燃料燃烧排放量 + 净购入电力和热力对应的排放量
造纸		企业层级：二氧化碳排放量 = 化石燃料燃烧排放量 + 过程排放量[9] + 净购入电力和热力对应的排放量 + 废水厌氧处理产生的排放量
		设施层级（补充数据表）：二氧化碳排放量 = 化石燃料燃烧排放量 + 净购入电力和热力对应的排放量
航空		企业层级：二氧化碳排放量 = 燃料燃烧排放量 + 净购入电力和热力对应的排放量
		机场航站楼（补充数据表）：二氧化碳排放量 = 化石燃料燃烧排放量 + 消耗电力和热力对应的排放量

1　火炬燃烧排放量 = 正常工况下火炬气燃烧产生的排放量 + 由于事故导致的火炬气燃烧产生的排放量。

2　工业生产过程二氧化碳排放量应等于各装置的工业生产过程二氧化碳排放量之和（石油化工企业生产运营边界内涉及的工业生产过程排放装置主要包括催化裂化装置、催化重整装置、制氢装置、焦化装置、石油焦煅烧装置、氧化沥青装置、乙烯裂解装置、乙二醇/环氧乙烷生产装置等）。

3　工业生产过程排放量 = 原材料消耗产生的二氧化碳排放量 + 碳酸盐使用过程产生的排放量 + 硝酸生产过程的氧化亚氮排放量 + 己二酸生产过程的氧化亚氮排放量。

4　燃料燃烧排放量 = 化石燃料燃烧排放量 + 替代燃料或废弃物燃烧产生的排放量。

5　工业生产过程排放量 = 原料碳酸盐分解产生的排放量 + 生料中的非燃料碳煅烧产生的排放量 + 其他产品生产的过程排放量。

6　工业生产过程排放量 = 原配料中碳粉氧化的排放量 + 原料碳酸盐分解产生的排放量。

7　工业生产过程排放量 = 溶剂消耗产生的排放量 + 电极消耗产生的排放量 + 外购生铁等含碳原料消耗而产生的排放量。

8　工业过程排放（电解铝）量 = 能源作为原材料用途的排放量 + 阳极效应全氟化碳排放量 + 碳酸盐分解排放量。

　　工业过程排放（其他有色金属）量 = 草酸分解所导致的过程排放量 + 酸盐分解所导致的过程排放量。

9　过程排放量 = 外购并消耗的石灰石发生分解反应导致的排放。

1.4.3　任务实施

一、计算企业化石燃料燃烧排放量

计算企业化石燃料燃烧排放量时，应依据企业层级核算边界和设施层级（生产工序）核算边界梳理化石燃料燃烧排放的活动水平和排放因子，利用最新版技术文件要求给出的计算公式，分别计算两个边界每种化石燃料的排放量，并将各自边界的所有化石燃料排放量相加，得到企业层级核算边界和设施层级（生产工序）核算边界企业化石燃料燃烧排放总量。

碳排放计算中用到的平均值

二、计算企业工业生产过程排放量

计算企业层级核算边界和设施层级（生产工序）核算边界企业工业生产过程排放总量时，应依据企业层级核算边界和设施层级（生产工序）核算边界梳理工业生产过程排放的活动水平和排放因子，利用最新版技术文件要求给出的计算公式，分别计算两个边界每种工业生产过程排放量，并将各自边界的所有工业生产过程排放量相加得到总排放量。

三、计算废弃物处理排放量

计算废弃物处理排放量应依据企业层级核算边界梳理的废弃物处理排放活动水平和排放因子，利用最新版技术文件要求给出的计算公式，计算废弃物处理产生的排放量。

四、计算净购入电力与热力排放量

计算净购入电力与热力排放量应依据企业层级核算边界和设施层级（生产工序）核算边界梳理净购入电力和热力排放的活动水平和排放因子，利用最新版技术文件要求给出的计算公式，分别计算两个边界净购入电力和热力排放量。

五、计算企业总排放量

计算企业总排放量应依据企业对应行业最新版技术文件要求的企业排放量总体计算公式，汇总计算企业层级核算边界和设施层级（生产工序）核算边界的排放量。

1.4.4　职业判断与业务操作

根据任务描述，计算以下排放量。

1）企业 D 企业层级（法人边界）化石燃料燃烧排放量。

答：化石燃料燃烧排放量 = 活动数据 × 排放因子

在报告期内，企业 D 的燃料包括柴油和天然气，化石燃料燃烧排放量计算见表 1-4-4。

单位换算

表 1-4-4　企业层级下企业 D 化石燃料燃烧排放量计算

燃料种类	活动水平		排放因子			排放量（tCO_2）	总排放量（tCO_2）
	消耗量（t，万 Nm³）	低位发热量（GJ/t，GJ/万 Nm³）	单位热值含碳量（tC/GJ）	碳氧化率（%）	折算因子		
	A	B	C	D	E	F=A×B×C×D×E/100	
柴油	4.96	42.652	0.02020	99	44/12	15.51	26263.77
天然气	1206.29	389.31	0.01532	99.5	44/12	26248.26	

2）企业 D 企业层级（法人边界）工业生产过程排放量。

答：平板玻璃企业工业生产过程排放包括原料配料中碳粉氧化的排放量以及原料分解产生的排放量。

①原料配料中碳粉氧化的排放量 = 碳粉消耗量 × 碳粉含碳量 ×44/12

报告期内，企业 D 原料配料中碳粉氧化的排放量计算见表 1-4-5。

表 1-4-5　企业层级下企业 D 原料配料中碳粉氧化的排放量计算

碳粉消耗量（t）	碳粉含碳量（%）	折算因子	原料配料中碳粉氧化的排放量（tCO$_2$）
A	B	C	D=A×B×C/100
2	100	44/12	7.33

②原料分解产生的排放量 = Σ 各类碳酸盐消耗量 × 各类碳酸盐对应的排放因子 × 各类碳酸盐煅烧比例

报告期内，企业原料分解产生的排放量计算见表 1-4-6。

表 1-4-6　企业层级下企业 D 原料分解产生的排放量计算

碳酸盐类别	消耗量（t）	排放因子（碳酸盐）（tCO$_2$/t）	煅烧比例（%）	原料分解产生的排放量（tCO$_2$）	原料分解排放总量（tCO$_2$）
	A	B	C	D=A×B×C/100	
石灰石	489.6	0.43971	100	215.28	
白云石	1919.4	0.47732	100	916.17	2158.38
纯碱	2475	0.41492	100	1026.93	

③工业生产过程排放量 = 原料配料中碳粉氧化的排放量 + 原料分解产生的排放量 = 7.33 + 2158.38 = 2165.71（tCO$_2$）

3）企业 D 企业层级（法人边界）净购入电力对应排放量。

报告期内企业 D 没有净购入热力消耗，只有净购入电力消耗，其排放量计算见表 1-4-7。

表 1-4-7　企业层级下企业 D 净购入电力对应的排放量计算

净购入电量（MWh）	排放因子（tCO$_2$/MWh）	净购入电力对应的排放量（tCO$_2$）
A	B	C=A×B
50285	0.5703	28677.54

4）企业 D 企业层级（法人边界）总排放量。

企业 D 法人边界下的二氧化碳排放总量 = 化石燃料燃烧排放量 + 工业生产过程排放量 + 净购入电力对应排放量 = 26263.77 + 2165.71 + 28677.54 = 57107.02（tCO$_2$）

任务 1.5　识别生产信息

1.5.1　任务描述

电厂 E 成立于 2010 年，拥有一台 320MW 的热电联产机组，是全国碳市场管控企业之一。

电厂 E 生产部 2023 年度直接计量的机组发电量为 1865180MWh，供电量为 1760653.796MWh，上网电量为 1045389.35MWh，供热量为 2222730GJ（全部为直接供热，不存在间接供热），全年机组运行小时数为 7719 小时，负荷（出力）系数为 75.51%，机组耗用总标准煤量为 845935.84tce；根据《企业温室气体排放核算与报告指南　发电设施》（环办气候函〔2022〕485 号）计算的全年温室气体排放量为 1782887tCO$_2$。根据 GB/T 10184—2015《电站锅炉性能试验规程》确定的机组锅炉效率为 92%。

请根据案例描述，回答以下问题。

1）电厂 E 2023 年度的生产数据与辅助参数包括哪些内容？

2）电厂 E 2023 年度的各生产数据及辅助参数具体数值是多少？

1.5.2 知识准备

为什么要核算生产数据

电力行业生产数据核算要点解读

电力行业排放报告辅助参数计算方法

辨析发电行业电量相关参数

一、生产数据与辅助参数

在温室气体核算工作中，企业不仅需要核算、报告与温室气体排放量有关的各项活动水平及排放因子数据，还需依据各行业核算报告指南及补充数据表等最新版技术文件的要求，获取、计算并报告企业相应的生产数据与辅助参数。各行业所需核算、报告的生产数据与辅助参数见表 1-5-1。

表 1-5-1　各行业所需核算、报告的生产数据与辅助参数

行业		所需核算、报告的生产数据与辅助参数
发电		核算项：发电量、供热量、运行小时数、负荷（出力）系数 排放报告辅助参数：供电量、供热比、供电煤（气）耗、供热煤（气）耗、供电碳排放强度、供热碳排放强度、上网电量
石化	原油加工	原油及原料油加工量、炼厂开工率、炼油能量因数（包括炼油生产装置能量因数、储运系统能量因数、污水处理场能量因数、热力损失能量因数、输变电损失能量因数、其他辅助系统能量因数、温度校正因子）、炼油装置处理量、炼油装置能量系数
	乙烯生产	乙烯产量、丙烯产量、双烯产量、乙烯装置规模
化工	电石生产	电石产量、电石炉气产量与含碳量
	合成氨生产	合成氨产量，合成氨分厂边界的二氧化碳回收利用量、二氧化碳回收利用去向、原料类型、生产工艺
	甲醇生产	甲醇产量，甲醇分厂边界的二氧化碳回收利用量、二氧化碳回收利用去向、原料类型、生产工艺
	尿素生产	尿素产量
	纯碱生产	轻质纯碱产量、重质纯碱产量、总纯碱产量、生产工艺
	烧碱生产	≥30% 烧碱出槽量、≥30% 烧碱实际产品标号、≥45% 烧碱出槽量、≥45% 烧碱实际产品标号、片碱产量、片碱实际产品标号、总出槽量、总产量

（续）

行业		所需核算、报告的生产数据与辅助参数
化工	电石法通用聚氯乙烯树脂生产	聚氯乙烯产量
	硝酸生产	硝酸产量（原始产量、折百产量）、硝酸生产装置规模、硝酸生产工艺
	HCFC-22生产	HCFC-22产量、HFC-23回收量、HFC-23销毁量、HFC-23存储量、HFC-23销售量
	其他化工产品生产	主营产品产量
建材	水泥	水泥窑运转小时数，熟料产量，碳排放强度，替代燃料种类、消耗量、低位发热量、热量替代率，市场化交易购入使用非化石能源电力的供电方及其所在地、消纳周期、电量类型、消纳电量、消纳总电量
	平板玻璃	平板玻璃产量（超白玻璃、本体着色玻璃、无色玻璃、超薄玻璃等）、设计产能
钢铁		分工序的产品产量，市场化交易购入使用非化石能源电力的供电方及其所在地、消纳周期、电量类型、消纳电量、消纳总电量
有色	电解铝	铝液产量，市场化交易购入使用非化石能源电力的供电方及其所在地、消纳周期、电量类型、消纳电量、消纳总电量
	铜冶炼	铜产量（粗铜产量、阳极铜产量、阴极铜产量）
造纸		纸浆（木浆、非木浆、废纸浆）产量 纸和纸板（机制纸及纸板、其他纸和纸板）产量
航空（机场航站楼）		旅客吞吐量

二、生产数据选取原则

生产数据应优先选用企业计量数据，如生产日志或月度、年度统计报表；其次选用报送统计局数据。

1.5.3 任务实施

一、确定收集的生产数据

依据各行业最新版核算报告指南和技术文件要求，同时参考企业制定的数据质量控制计划，梳理企业需要报告的生产数据，并形成数据收集清单或文件清单。

二、按照清单收集数据

依照数据收集清单或文件清单及数据质量控制计划，与各生产数据的获取负责部门进行沟通并收集相关数据。

三、统计并确定选用数据

整理收集到的数据，按照最新版技术文件要求进行筛选、分类和计算，确定符合要求的生产数据。

1.5.4　职业判断与业务操作

根据任务描述，分析电厂 E 的生产数据。

1）电厂 E 2023 年度生产数据与辅助参数包括哪些内容？

答：依据《企业温室气体排放核算与报告指南　发电设施》（环办气候函〔2022〕485 号），电厂 E 2023 年度的生产数据核算项包括发电量、供热量、运行小时数、负荷（出力）系数；同时，需要上报供热比、发电煤（气）耗、供热煤（气）耗、发电碳排放强度、供热碳排放强度、上网电量等辅助参数。

2）电厂 E 2023 年度的各生产数据及辅助参数具体数值是多少？

答：电厂 E 2023 年度的各生产数据及辅助参数见表 1-5-2。

表 1-5-2　电厂 E 2023 年度的各生产数据及辅助参数

数据名称		数据来源 / 计算公式	数据取值
核算项	发电量	生产部计量	1865180MWh
	供热量		2222730GJ
	运行小时数		7719h
	负荷（出力）系数		75.51%
辅助参数	供热煤耗	供热煤耗 = 0.03412/（管道效率 × 锅炉效率 × 换热器效率）= 0.03412/（92% × 99% × 100%）= 0.03746tce/GJ。其中管道效率和换热器效率为指南缺省值	0.03746tce/GJ
	发电煤耗	发电煤耗 =（机组耗用总标准煤量 – 机组单位供热量所消耗的标准煤量 × 供热量）/ 发电量 =（845935.84 – 0.03746 × 2222730)/1865180 = 0.40890 tce/MWh	0.40890 tce/MWh
	供热比	供热比 =（机组单位供热量所消耗的标准煤量 × 供热量）/ 机组耗用总标准煤量 =（0.03746×2222730）/ 845935.84 = 9.84%	9.84%
	发电碳排放强度	发电碳排放强度 = 统计期内机组发电所产生的二氧化碳排放量 / 发电量 =（1– 供热比）× 二氧化碳排放量 / 发电量 =（1–9.84%）×1782887/ 1865180 = 0.8618 tCO_2/ MWh	0.8618 tCO_2/ MWh
	供热碳排放强度	供热碳排放强度 = 统计期内机组供热所产生的二氧化碳排放量 / 发电量 = 供热比 × 二氧化碳排放量 / 供热量 = 9.84% × 1782887/2222730 = 0.0789 tCO_2/GJ	0.0789 tCO_2/GJ
	上网电量	生产部计量	1045389.35MWh

任务 1.6　定期报告

1.6.1　任务描述

电厂 F 是纳入全国碳排放权交易市场的年度重点排放单位之一，年综合能耗为 20 万吨标准煤。

请根据案例描述，回答以下问题。

1）电厂 F 的 2022 年度温室气体排放报告包括哪些基本内容？

2）电厂 F 的 2022 年度温室气体排放报告中具体涉及哪些表格？

1.6.2 知识准备

一、温室气体排放报告的方式

2016 年八大行业启动温室气体排放报送之初，重点排放单位以编制纸质版温室气体排放报告的形式上报企业温室气体排放情况。随着全国碳排放交易市场各项制度与基础保障的不断完善，根据生态环境部发布的《关于做好 2023—2025 年发电行业企业温室气体排放报告管理有关工作的通知》《关于做好 2023—2025 年部分重点行业企业温室气体排放报告与核查工作的通知》要求，发电、石化、化工、建材、钢铁、有色、造纸、民航等行业重点排放单位需要在全国碳市场管理平台报送上一年度温室气体排放报告和相关支撑材料。实际工作中，由于历史年份的温室气体排放报告多用纸质版形式报送，且温室气体排放报送平台仍在不断深化完善，企业温室气体排放报告既可通过信息化平台报送，也可通过纸质版排放报告报送。

二、温室气体排放报告的基本内容

（一）发电企业

发电企业排放报告需包含以下基本内容。

1. 重点排放单位基本信息

单位名称、统一社会信用代码、排污许可证编号等基本信息。

2. 机组及生产设施信息

每台机组的燃料类型、燃料名称、机组类别、装机容量、汽轮机排气冷却方式，以及锅炉、汽轮机、发电机、燃气轮机等主要生产设施的名称、编号、型号等相关信息。

3. 活动数据和排放因子

化石燃料消耗量、元素碳含量、低位发热量、单位热值含碳量、机组购入使用电量和电网排放因子数据。

4. 生产相关信息

发电量、供热量、运行小时数、负荷（出力）系数等数据。

（二）水泥熟料生产企业

水泥熟料生产企业排放报告包括以下基本内容。

1. 重点排放单位基本信息

重点排放单位名称、统一社会信用代码、企业类型、法定代表人、注册资本、成立日期、生产经营场所、生产许可证编号、生产许可证产品名称、企业主营业务所属行业、行业分类及代码、产品名称及代码等。

2. 熟料生产线信息

各生产线对应的批复设计能力、窑规格、海拔高度、熟料类别、批复的以电石渣为主要原料的生产线、批复的替代燃料处理能力、批复的替代燃料种类、批复的协同处置能力、批复的协同处置废物种类等。

3. 熟料生产化石燃料燃烧排放表

各生产线对应的化石燃料种类及消耗量、低位发热量、单位热值含碳量、碳氧化率、化石燃料燃烧排放量等。

4. 熟料生产过程排放表

各生产线对应的熟料类别及产量、氧化钙和氧化镁的含量，各类非碳酸盐替代原料消耗量、氧化钙和氧化镁的含量、生料配料中该原料掺加比例，熟料中不是来源于碳酸盐分解的氧化钙和氧化镁的含量、过程排放量、原料替代率等。

5. 熟料生产消耗电力排放表

各生产线对应的熟料生产消耗电量、熟料生产线总消耗电量、熟料生产线总消耗电量中包括该生产线分摊的直供企业使用且未并入市政电网的非化石能源电量、熟料生产线总消耗电量中包括该生产线分摊的企业自发自用非化石能源电量、熟料生产线核算边界内自产发电量、电网电力排放因子、消耗电力产生的排放量等数据。

6. 熟料生产辅助参数报告表

各生产线对应的替代燃料种类、消耗量、低位发热量、热量替代率等。

7. 熟料生产数据及排放量汇总表

各生产线对应的水泥窑运转小时数、生料消耗量、碳排放量、碳排放强度，以及全部生产线的熟料总产量、碳排放总量、碳排放强度等。

8. 不同类别熟料生产线数据汇总表

企业生产两种或两种以上不同类别的熟料时，按照硅酸盐水泥熟料生产线、铝酸盐水泥熟料生产线、硫（铁）铝酸盐水泥熟料生产线、白色硅酸盐水泥熟料生产线、批复的以电石渣为主要原料的生产线分别汇总计算的熟料总产量、化石燃烧燃料排放总量、过程排放总量、消耗电力产生的排放总量、碳排放总量、碳排放强度等汇总计算数据。

9. 企业层级排放量汇总表

企业层级的燃料燃烧排放、过程排放、净购入使用电力对应的排放、净购入使用热力对应的排放、自备电厂排放量、企业层级碳排放总量等。

10. 企业层级辅助参数报告表

企业通过市场化交易购入使用非化石能源电力的供电方及其所在地、消纳周期、电量类型、消纳电量、消纳总电量。

（三）钢铁生产企业

钢铁生产企业排放报告包括以下基本内容。

1. 重点排放单位基本信息

单位名称、统一社会信用代码、排污许可证编号等基本信息。

2. 钢铁生产工序设施信息

每个工序的生产产品名称、代码、设计产能、主要生产设施等相关信息。

3. 工序化石燃料燃烧排放

各工序化石燃料消耗量、元素碳含量、低位发热量、单位热值含碳量、碳氧化率数据。

4. 工序消耗电力排放

各工序使用电量和电力排放因子数据。

5. 工序消耗热力排放

各工序使用热量和热力排放因子数据。

6. 工序生产数据及排放量汇总

各工序合格产品产量和各类排放量计算和汇总。

7. 企业层级排放量汇总

钢铁生产企业层级排放类型、活动数据和排放因子、排放量计算和汇总等相关信息。

8. 企业层级辅助参数报告项

企业通过市场化交易购入使用非化石能源电力消费量。

（四）铝冶炼企业

铝冶炼企业排放报告包括以下基本内容。

1．重点排放单位基本信息

单位名称、统一社会信用代码等基本信息。

2．生产设施信息

企业层级生产设施信息包括各种产品产能信息。

电解铝工序生产设施信息包括每个电解铝工序的设计电流、设计电压、电解槽数量和产能等信息。

3．活动数据、排放因子和排放量信息

企业层级为化石燃料燃烧排放、能源作为原材料用途的排放、阳极效应排放、碳酸盐分解排放、净购入使用电力和净购入使用热力排放所对应的活动数据、排放因子和排放量信息。

电解铝工序为能源作为原材料用途的排放、阳极效应排放和电解工序交流电耗排放所对应的活动数据、排放因子和排放量信息。

4．生产相关信息

企业层级为各产品产量数据，电解铝工序为铝液产量数据。

5．辅助参数报告项

企业通过市场化交易购入使用非化石能源电力消费量。

（五）发电、水泥、铝冶炼、钢铁企业以外的其他行业企业

1．企业温室气体排放报告

1）报告主体基本信息。报告主体基本信息应包括报告主体名称、单位性质、报告年度、所属行业、组织机构代码、法定代表人、填报负责人和联系人等信息。

2）温室气体排放量。报告主体应以二氧化碳当量的形式报告年度温室气体排放总量，并分别报告燃料燃烧排放量、工业过程排放量、废弃物处理排放量、净购入电力和热力消费所对应的排放量、二氧化碳回收利用量等排放量信息。

3）活动水平及其来源。报告主体应报告企业在报告年度内所核算的各个排放源的活动水平数据，并说明数据来源或资料凭据、监测方法、记录频率等。

4）排放因子及其来源。报告主体应分别报告各项活动水平数据所对应的含碳量或其他排放因子计算参数，并说明数据来源、参考出处、相关假设及其理由等。

5）其他希望说明的情况。分条阐述企业希望在报告中说明的其他问题或对指南的修改建议。

2．企业产品对应的补充数据表

企业产品对应的补充数据表应包括产品对应补充数据表所规定的所有内容。

三、温室气体排放报告的内容格式

各个行业温室气体排放报告的最新版技术文件均给出对应行业排放报告的模板，企业可根据自身所属的行业，参考最新版技术文件的模板编制温室气体排放报告。涉及补充数据表的，还需严格按照补充数据表的格式要求，编制并提交相应的数据。

1.6.3 任务实施

一、明确报告内容

依据各行业最新版技术文件要求，梳理企业需要报告的具体内容，并形成数据收集清单或文件清单。

二、收集各项报告信息

依照数据收集清单或文件清单，与各部门沟通，收集相关信息。

三、定期编制排放报告

按照国家主管部门的要求，定期通过信息化平台或以纸质版形式，编制、上报温室气体排放报告及补充数据表。

1.6.4 职业判断与业务操作

根据任务描述，明确电厂 F 排放报告的基本内容与格式要求。

1）电厂 F 的 2022 年度温室气体排放报告包括哪些基本内容？

答：发电企业仅有设施排放报告，具体内容包括重点排放单位基本信息、机组及生产设施信息、活动数据和排放因子、生产相关信息等。

2）电厂 F 的 2022 年度温室气体排放报告中具体涉及哪些表格？

答：根据发电设施排放报告模板，电厂 F 2022 年度温室气体排放报告应核算并填写重点排放单位基本信息、机组及生产设施信息、化石燃料燃烧排放表、购入使用电力排放表、生产数据及排放量汇总表、元素碳含量和低位发热量的确定方式、辅助参数报告项，并对报告的真实性进行承诺。

項目 2

直接排放核算

 知识目标

○ 了解发电、水泥、钢铁、电解铝、造纸、石化等重点控排
  行业的发展现状与工艺流程。

○ 掌握典型行业化石燃料燃烧、工业生产过程排放、废弃物
  处理、二氧化碳回收利用等直接排放的核算方法。

○ 了解重点行业降碳技术以及 CCUS 技术的发展现状及应用
  前景。

 能力目标

○ 能够准确确定重点行业的企业边界与设施边界 / 补充数据
  表边界。

○ 能够准确识别重点行业的直接排放源。

○ 能够准确获取重点行业直接排放核算有关的活动水平数
  据、生产数据、排放因子数据。

○ 能够正确核算重点行业的直接碳排放量。

任务 2.1 化石燃料燃烧排放核算（发电行业）

2.1.1 任务描述

某市热电厂 A 成立于 2005 年，注册资金 3000 万元。该厂共有锅炉 12 台、机组 8 台，锅炉小时总蒸发量 1495t，机组总容量 161MW，承担该市某酒精生产企业的生产供汽、供电及该市部分城区供热任务。

该热电厂的核算边界为位于该市某主街道的热电厂 A 厂区边界内发电供热设施的化石燃料燃烧产生的排放及购入电力对应的排放。

2022 年，该市热电厂 A 全年生产日报统计的机组原煤总消耗量为 1103241.13t；依据 GB/T 213—2008《煤的发热量测定方法》，对原煤的收到基低位发热量进行每日测定，每日数据加权平均得到月度数据，月度数据加权平均得到年度数据 13.237GJ/t；企业按照 GB/T 476—2008《煤中碳和氢的测定方法》测定的原煤单位热值含碳量为 0.02777tC/GJ。

热电厂 A 消耗的柴油全部用于锅炉点火，2022 年生产日报记录统计的全年柴油消耗数据为 51.5t，全年平均收到基低位发热量为 42.652GJ/t；企业暂不具备自测柴油单位热值含碳量、碳氧化率的条件，也未委托检测机构进行测定。

请根据上述案例，计算热电厂 A 2022 年的化石燃料燃烧排放量。

2.1.2 知识准备

一、发电行业发展及排放现状

发电行业是将自然界中蕴藏的各类一次能源转换为电能的行业。按照 GB/T 4754—2017《国民经济行业分类》，电力生产包括火力发电、热电联产、水力发电、核力发电、风力发电、太阳能发电、生物质能发电以及其他电力生产等。根据生态环境部《关于做好 2023—2025 年发电行业企业温室气体排放报告管理有关工作的通知》，全国碳市场覆盖的发电行业类别及对应国民经济行业分类代码见表 2-1-1。

表 2-1-1 纳入全国碳市场的发电行业类别及对应国民经济行业分类代码

国民经济行业分类代码（GB/T 4754—2017）	类别名称
4411	火力发电
4412	热电联产
4417	生物质能发电

为满足国内工业迅猛发展下社会和经济的进步，我国发电装机容量和发电量都快速上升。截至 2023 年底，全国累计发电装机容量约 29.2 亿 kW，同比增长 13.9%。其中，水电装机容量 4.2 亿 kW，同比增长 1.8%；火电装机容量 13.9 亿 kW，同比增长 4.1%；核电装机容量 0.6 亿 kW，同比增长 2.4%；风电装机容量 4.4 亿 kW，同比增长 20.7%；太阳能发电装机容量 6.1 亿 kW，同比增长 55.2%。尽管目前风电、太阳能等新能源发电增速迅猛，但由于其用电和发电的不稳定性，火力发电仍承担着能源保供的责任，是我国主要的发电形式。

据统计，发电行业排放占我国重点行业排放的比例最高，约为 43.6%，其次为水泥和钢铁行业[⊖]。发电行业中，火力发电厂化石燃料燃烧产生的排放是整个行业温室气体排放的最主要来源。本节以火力发电为例，介绍发电行业化石燃料燃烧排放的核算方法。

二、发电基本原理

按照原动机类型，火力发电可分为汽轮机发电、内燃机发电和柴油机发电；按照燃料种类，火力发电可分为燃煤发电、燃气发电、燃油发电、其他燃料发电（如垃圾发电、沼气发电、生物质能发电等）以及利用工业锅炉余热发电等。

火力发电的发电原理是化石燃料在锅炉内充分燃烧时，利用煤炭、石油、天然气等燃料燃烧，将锅炉内的水烧成高温高压的蒸汽，再由水蒸气推动汽轮机转动使与它连轴的发电机旋转发电，完成由化学能、热能到电能的转换过程。典型火力发电厂工艺流程如图 2-1-1 所示。

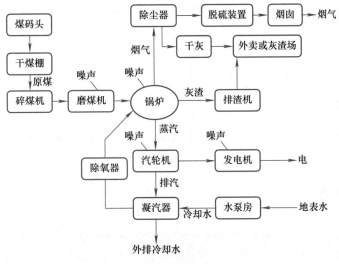

图 2-1-1　典型火力发电厂工艺流程

⊖　《财经》杂志《中国百家上市公司碳排放排行榜（2023）》。

三、发电行业基本概念

（一）发电设施

发电设施是存在于某一地理边界、属于某一组织单元或生产过程的电力生产装置集合。

（二）纯凝发电机组

纯凝发电机组的工作原理是蒸汽进入汽轮发电机组的汽轮机，通过其中各级叶片做功后，乏汽全部进入凝结器凝结为液体并返回热源循环；在《发电设施指南》中指核准批复或备案文件中明确为纯凝发电机组，并且仅对外供电的发电机组。

（三）热电联产机组

热电联产机组可同时向用户供给电能和热能。《发电设施指南》中热电联产机组指具备发电能力，同时对外供热的发电机组。

（四）母管制系统

母管制系统指多台过热蒸汽参数相同的机组分别用公用管道将过热蒸汽连在一起的发电系统。

（五）收到基

收到基以实际收到原料煤的初始状态为基准进行计算，其符号为 ar（as received）。

（六）空气干燥基

空气干燥基以常温常湿条件空气干燥后的状态为基准，其符号为 ad（air dry basis）。

（七）干燥基

干燥基以假设除去水分的煤为基准，其符号为 d（dry basis）。

（八）干燥无灰基

干燥无灰基以假想无水、无灰状态的煤为基准，其符号为 daf（dry ash free）。

2.1.3 任务实施

电厂 B 成立于 2009 年，是某区三大火力发电厂之一，为该区提供了 20% 的工业和居民用电，是该区保障生产生活的重要基础设施。电厂 B 配有两台 390MW 发电机组，仅向外供电。发电设施化石能源包括烟煤和助燃柴油，厂内其他化石能源消耗包括车用汽油、柴油和食堂用液化石油气。电厂 B 厂区内的物质流与能量流示意如图 2-1-2 所示，其中 E、E_1、E_2、E_3、E_4 表示电量，Q 表示企业外供蒸汽量。

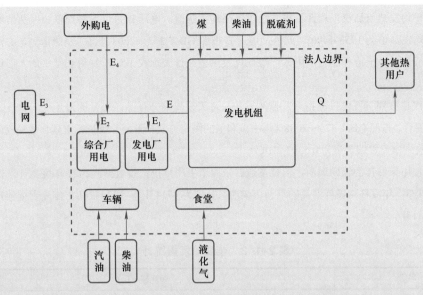

图 2-1-2　电厂 B 厂区内的物质流与能量流示意

电厂 B 由燃料部统一负责燃煤的采购与管理，不存在煤种掺烧情况，1#、2# 机组入炉煤量通过一条皮带秤称量。2022 年，电厂 B 不同统计口径的年度煤耗数据包括以下内容。

1）入炉煤记录中月度统计数据得到的全年合计数据为 2421786.88t 煤（见表 2-1-2）。

2）入炉煤记录中年度统计数据为 2421537.97t 煤。

表 2-1-2　2022 年电厂月度统计入炉煤记录　　　　　　（单位：t）

月份	入炉煤量
1	278928.21
2	244143.46
3	272221.78
4	161335.03
5	160223.37
6	137458.72
7	167188.43
8	180988.31
9	154582.84
10	184254.57
11	232658.19
12	247803.97
合计	2421786.88

电厂 B 按照 GB/T 213—2008《煤的发热量测定方法》的规定，每天早晚各测量 #1、#2 机组燃煤的收到基低位发热值一次，由日平均发热值加权平均计算得到燃煤月平均发热值，其权重是日燃煤消耗量；

再由燃煤月平均发热值加权平均计算得到燃煤年平均发热值。电厂 B 月度入炉煤低位发热值统计表统计的燃煤年平均发热值为 19534kJ/kg。此外，电厂 B 按照 GB/T 213—2008《煤的发热量测定方法》，对入厂煤收到基低位发热值进行测定，由入厂煤低位发热值统计表加权平均计算得到年平均入厂煤低位发热值为 19437kJ/kg。

电厂 B 严格按照《发电设施指南》监测方法，每天采集缩分样品，每月的最后一天将该月每天获得的缩分样品混合，按照 GB/T 476—2008《煤中碳和氢的测定方法》测量干燥基元素碳含量和收到基水分，计算得到的收到基元素碳含量为 0.5303481tC/t。

电厂 B 使用柴油作为辅助燃油，消耗量数据来源于生产月报记录数据，2022 年度累计消耗辅助燃油统计见表 2-1-3；年度移动设施消耗的汽油、柴油量分别为 47142L 和 1224428L；年度食堂消耗的液化石油气量为 25715L。

表 2-1-3 柴油消耗量统计

月份	消耗量（L）
1	14853
2	14899
3	14900
4	14784
5	14602
6	14810
7	14750
8	14799
9	14902
10	14623
11	14898
12	14801
总计	177621

一、确定核算边界

依据《发电设施指南》和《关于做好 2023—2025 年发电行业企业温室气体排放报告管理有关工作的通知》要求，发电行业的核算边界为发电设施边界。

发电行业核算指南核算边界与核算内容

在《发电设施指南》中，发电设施指存在于某一地理边界、属于某一组织单元或生产过程的电力生产装置集合。核算边界为发电设施，主要包括燃烧系统、汽水系统、电气系统、控制系统和脱硫脱硝等装置的集合，不包括厂区内其他辅助生产系统以及附属生产系统，发电设施核算边界如图 2-1-3 中虚线框内所示。

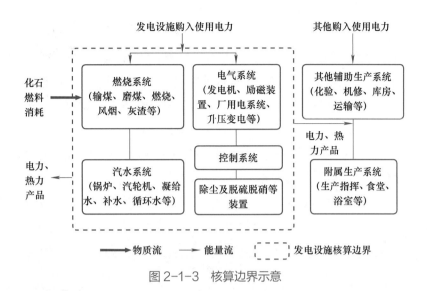

图 2-1-3　核算边界示意

二、识别化石能源燃烧排放源

发电设施二氧化碳排放一般包括发电锅炉（含启动锅炉）、燃气轮机等主要生产系统消耗的化石燃料燃烧产生的二氧化碳排放，以及脱硫脱硝等装置使用化石燃料加热烟气产生的二氧化碳排放，不包括应急柴油发电机组、移动源、食堂等其他设施消耗化石燃料产生的二氧化碳排放。对于掺烧化石燃料的生物质发电机组、垃圾（含污泥）焚烧发电机组等产生的二氧化碳排放，仅统计化石燃料的二氧化碳排放。对于掺烧生物质（含垃圾、污泥）的化石燃料发电机组，应计算掺烧生物质热量占比。

按照《发电设施指南》的要求，电厂 B 的排放源包括（　　　）。
A．机组燃煤　　　　　　　B．机组燃油　　　　　　　C．车辆用汽油
D．车辆用柴油　　　　　　E．食堂用液化气　　　　　F．脱硫剂
G．机组外购电　　　　　　H．其他
答：ABG
购入使用电力排放源：机组外购电。
化石燃料燃烧排放源：依据图 2-1-3，企业用化石燃料燃烧有发电设施用煤和柴油、车辆用汽油柴油、食堂用液化石油气。根据《发电设施指南》所明确的排放核算和报告范围，车辆和食堂属于辅助生产系统和附属生产系统，不在核算范围内。F 选项脱硫剂具有迷惑性，《发电设施指南》中提到排放包括"脱硫脱硝等装置使用化石燃料加热烟气的二氧化碳排放"，这是指装置使用化石燃料导致的排放，而不是使用脱硫剂或脱硝剂产生的过程排放，因此脱硫剂使用排放并不在核算和报告范围内。

三、化石燃料燃烧排放计算相关数据收集与获取

化石燃料燃烧数据包括活动水平数据及排放因子数据。其中，活动水平数据为化石燃料消耗量、收到基元素碳含量和低位发热量，排放因子数据为化石燃料单位热值含碳量和碳氧化率。

（一）化石燃料消耗量获取

燃煤消耗量应优先采用经校验合格后的皮带秤或耐压式计量给煤机的入炉煤测量结果，采用生产系统记录的计量数据。皮带秤需每月采用皮带秤实煤或循环链码校验一次，或至少每季度对皮带秤进行实煤计量比对。不具备入炉煤测量条件的，根据每日或每批次入厂煤盘存测量数值统计，或采用购销存台账中的消耗量数据统计。

燃油、燃气消耗量应优先采用每月连续测量结果；不具备连续测量条件的，通过盘存测量得到购销存台账中月度消耗量数据。

在数据选取中，除了考虑数据选取优先级外，还应交叉核对数据以保障数据的可靠性。

1. 确定电厂 B 燃煤消耗量数据

由于燃煤消耗量应优先采用经校验合格后的皮带秤或耐压式计量给煤机的入炉煤测量结果，采用生产系统记录的计量数据，电厂 B 的燃煤消耗量应为入炉煤数据。本案例中有两组入炉煤数据，一个是电厂 B 严格按照《发电设施指南》监测方法每月统计的入炉煤数据，并得到入炉煤全年合计数据为 2421786.88t；另一个是年度统计入炉数据为 2421537.97t，两个入炉煤数据不一致。

因此，需要寻找数据不一致的原因，原因可能有多种，如月度记录中某月数据记录错误导致全年合计数据存在偏差；或在进行月度数据加和汇总过程中出现计算问题导致数据不一致。在实际工作中，需要与企业数据提供部门进行沟通，以确认数据不一致的原因，并选择更符合指南要求的数据。

如果出现了数据不一致且企业也无法解释的情况，则需要采用最不利原则进行数据筛选和处理。最不利原则即算出来的二氧化碳排放量对企业最不利，以计算出来最大数值排放量作为数据源；或在涉及配额情况下，选取算出来配额分配的少的数据。

在本案例中，不一致的原因未知，则按照最不利原则，选取入炉煤消耗量大的数值，即选取月度统计数据汇总的全年合计 2421786.88t 为核算的入炉煤数据。

2. 确定电厂 B 燃油消耗量数据

电厂 B 提供的汽油、柴油消耗量统计单位为体积单位，而其消耗数据需要按照质量单位来进行计算，可通过《陆上交通运输指南》中提供的汽/柴油密度缺省值（汽油为 0.73kg/L，柴油为 0.84kg/L）与汽/柴油消耗体积相乘，得到质量单位下的汽/柴油消耗量。柴油消耗量数据具体计算见表 2-1-4。

表 2-1-4　电厂 B 柴油消耗量数据计算

月份	消耗量（L）	密度（kg/L）	消耗量（t）
1	14853	0.84	12.48
2	14899	0.84	12.52
3	14900	0.84	12.52
4	14784	0.84	12.42
5	14602	0.84	12.27
6	14810	0.84	12.44
7	14750	0.84	12.39
8	14799	0.84	12.43
9	14902	0.84	12.52
10	14623	0.84	12.28
11	14898	0.84	12.51
12	14801	0.84	12.43
总计	177621	0.84	149.20

（二）收到基元素碳含量获取

收到基元素碳含量获取方法可对照以下四种情况得到。

1）燃煤元素碳含量等相关参数按照《发电设施指南》中规定的采样、制样、化验和换算方法标准进行测定（见表 2-1-5），主要有以下方式。

每日检测采用每日入炉煤测量数据加权计算，得到月度平均收到基元素碳含量，权重为每日入炉煤消耗量。

每批次检测采用每月各批次入厂煤测量数据加权计算，得到入厂煤月度平均收到基元素碳含量，权重为每批次入厂煤接收量。

每月缩分样检测需每日采集入炉煤样品，每月将获得的日样品混合，用于测量收到基元素碳含量。混合前，每日样品的质量应与该日入炉煤消耗量成正比且基准保持一致。

表 2-1-5　燃煤相关项目 / 参数的检测方法标准

序号	项目 / 参数		标准名称	标准编号
1	采样	人工采样	商品煤样人工采取方法	GB/T 475—2008
		机械采样	煤炭机械化采样 第 1 部分：采样方法	GB/T 19494.1—2023
2	制样	人工制样	煤样的制备方法	GB/T 474—2008
		机械制样	煤炭机械化采样 第 2 部分：煤样的制备	GB/T 19494.2—2023
3	化验	全水分	煤中全水分的测定方法	GB/T 211—2017
			煤中全水分测定自动仪器法	DL/T 2029—2019
		水分、灰分、挥发分	煤的工业分析方法	GB/T 212—2008
			煤的工业分析方法　仪器法	GB/T 30732—2014
			煤的工业分析　自动仪器法	DL/T 1030—2006
		发热量	煤的发热量测定方法	GB/T 213—2008
		全硫	煤中全硫的测定方法	GB/T 214—2007
			煤中全硫测定　红外光谱法	GB/T 25214—2010
		碳	煤中碳和氢的测定方法	GB/T 476—2008
			煤中碳氢氮的测定　仪器法	GB/T 30733—2014
			燃料元素的快速分析方法	DL/T 568—2013
			煤的元素分析	GB/T 31391—2015
4	基准换算	—	煤炭分析试验方法一般规定	GB/T 483—2007
		—	煤炭分析结果基的换算	GB/T 35985—2018

注：发热量应优先采用恒容低位发热量，并在各统计期保持一致。

开展燃煤元素碳实测时，其收到基元素碳含量可通过空干基元素碳含量或干燥基元素碳含量、收到基水分和空干基水分计算得出，具体计算方式参照《发电设施指南》。

如报告值为干燥基或空气干燥基分析结果，应采用式（3）转换为收到基元素碳含量。重点排放单位应保存不同基转换涉及水分等数据的原始记录。

$$C_{ar} = C_{ad} \times \frac{100 - M_{ar}}{100 - M_{ad}} \quad \text{或} \quad C_{ar} = C_d \times \frac{100 - M_{ar}}{100} \tag{3}$$

式中：

C_{ar}——收到基元素碳含量，单位为吨碳 / 吨（tC/t）；

C_{ad}——空干基元素碳含量，单位为吨碳 / 吨（tC/t）；

C_d——干燥基元素碳含量，单位为吨碳 / 吨（tC/t）；

M_{ar}——收到基水分，可采用企业每日测量值的月度加权平均值，以 % 表示；

M_{ad}——空气干燥基水分，采用企业每日测量值的月度加权平均值，以 % 表示。

式（3）中使用的收到基水分与空干基水分优先使用企业每日实测水分；无实测值或实测值不符合标准才可以使用缩分样的水分数据。

2）燃油、燃气的元素碳含量至少每月检测一次，可自行检测、委托检测或由供应商提供。对于天然气等气体燃料，元素碳含量的测定应遵循 GB/T 13610—1991《轻水堆核电厂辐射屏蔽检测大纲》和 GB/T 8984—2008《气体中一氧化碳、二氧化碳和碳氢化合物的测定 气相色谱法》等相关标准，根据每种气体组分的体积浓度及该组分化学分子式中碳原子的数目计算元素碳含量。若某月有多于一次的元素碳含量实测数据，宜取算术平均值计算该月数值。

3）对于未开展元素碳实测或实测值不符合要求的，其收到基元素碳含量按式（4）计算。

$$C_{ar,i} = NCV_{ar,i} \times CC_i \tag{4}$$

式中：

$C_{ar,i}$——第 i 种化石燃料的收到基元素碳含量，对固体和液体燃料，单位为吨碳 / 吨（tC/t）；对气体燃料，单位为吨碳 / 万标准立方米（tC/10⁴Nm³）；

$NCV_{ar,i}$——第 i 种化石燃料的收到基低位发热量，对固体和液体燃料，单位为吉焦 / 吨（GJ/t）；对气体燃料，单位为吉焦 / 万标准立方米（GJ/10⁴Nm³）；

CC_i——第 i 种化石燃料的单位热值含碳量，单位为吨碳 / 吉焦（tC/GJ）。

燃煤低位发热量应采用《发电设施指南》中规定的方法标准进行测定，并应与燃煤消耗量数据获取状态（入炉煤或入厂煤）一致。应优先采用每日入炉煤检测数值，不具备入炉煤检测条件的，可采用每日或每批次入厂煤检测数值。当某日或某批次燃煤收到基低位发热量无实测时，或测定方法不符合要求时，该日或该批次的燃煤收到基低位发热量按照《发电设施指南》取 26.7GJ/t。

对于燃油和燃气的低位发热量应至少每月检测，其年度平均低位发热量由每月平均低位发热量加权平均计算得到，其权重为每月燃油、燃气消耗量。某月有多于一次实测数据时，取算术平均值为该月数值。无实测时采用《发电设施指南》附录 A 规定的各燃料品种对应的缺省值。

活动水平计算过程中需注意单位换算。热量常用单位包括 kJ，MJ，GJ，TJ，1MJ=1000KJ；1GJ=1000M；1TJ=1000GJ。

4）对于掺烧生物质（含垃圾、污泥）的，其热量占比采用式（5）计算。

$$P_{biomass} = \frac{Q_{cr} \div \eta_{gl} - \sum_{i=1}^{n} (FC_i \times NCV_{ar,i})}{Q_{cr} \div \eta_{gl}} \times 100\% \qquad (5)$$

式中：

$P_{biomass}$——机组的生物质掺烧热量占机组总燃料热量的比例，以 % 表示；

　Q_{cr}——锅炉产热量，单位为吉焦（GJ）；

　η_{gl}——锅炉效率，以 % 表示；

　FC_i——第 i 种化石燃料的消耗量，对固体或液体燃料，单位为吨（t）；对气体燃料，单位为万标准立方米（$10^4 Nm^3$）；

$NCV_{ar,i}$——第 i 种化石燃料的收到基低位发热量，对固体或液体燃料，单位为吉焦 / 吨（GJ/t）；对气体燃料，单位为吉焦 / 万标准立方米（GJ/$10^4 Nm^3$）。

收到基低位发热量即收到基低位热值。电厂 B 提供的烟煤收到基低位发热量数据有两个，一是严格按照规定统计的入炉煤年平均收到基低位发热量，数值为 19534kJ/kg；二是按照规定统计的入厂煤年平均收到基低位发热量，数值为 19437kJ/kg。由于烟煤消耗量选取入炉煤数据，按照对应关系，电厂 B 烟煤收到基低位发热量也应选取入炉煤数据，即 19534kJ/kg。

电厂 B 的柴油收到基平均低位发热值取《发电设施指南》中提供的缺省值，即 42652kJ/kg。

（三）单位热值含碳量获取

单位热值含碳量的取值应遵循《发电设施指南》中规定的方法。燃煤某日或某月度单位热值含碳量无实测值或测定方法不符合要求时，取《发电设施指南》提供的缺省值 0.03356tC/GJ。未开展燃油、燃气元素碳实测或实测不符合要求的，单位热值含碳量采用《发电设施指南》附录 A 规定的各燃料品种对应的缺省值。

截至 2023 年底，生态环境部先后颁布或修订了 3 版《企业温室气体排放核算与报告指南　发电设施》，分别是《企业温室气体排放核算方法与报告指南　发电设施》（环办气候函〔2021〕9 号）、《企业温室气体排放核算方法与报告指南　发电设施（2022 年修订版）》（环办气候函〔2022〕111 号）和《企业温室气体排放核算与报告指南　发电设施》（环办气候函〔2022〕485 号）。三个版本核算指南的适用时间及提供的缺省值不同，汇总见表 2-1-6。应根据适用时间及依据的核算指南选取数据。

表 2-1-6　不同版本核算指南的适用时间及燃煤单位热值含碳量缺省值

核算指南	适用时间	单位热值含碳量缺省值
《企业温室气体排放核算方法与报告指南　发电设施》（环办气候函〔2021〕9号）	核算2020、2021年度温室气体排放情况	燃煤单位热值含碳量取0.03365tC/GJ
《企业温室气体排放核算方法与报告指南　发电设施（2022年修订版）》（环办气候函〔2022〕111号）	核算2022年度温室气体排放情况	指南中燃煤单位热值含碳量为0.03365tC/GJ。但依据环办气候函〔2022〕229号文件，元素碳含量年度实测月份不足3个月的，缺失月份燃煤单位热值含碳量使用缺省值，该缺省值由0.03356tC/GJ调整为不区分煤种的0.03085tC/GJ 因此，2022年度缺省值以0.03085tC/GJ为准
《企业温室气体排放核算与报告指南　发电设施》（环办气候函〔2022〕485号）	核算2023年度及以后的温室气体排放情况	燃煤单位热值含碳量取0.03085tC/GJ（不含非常规燃煤机组）；非常规燃煤机组，单位热值含碳量取0.02858tC/GJ

1. 电厂B烟煤收到基元素碳含量计算

电厂B严格按照《发电设施指南》要求，根据GB/T 476—2008《煤中碳和氢的测定方法》测量得到的收到基元素碳含量为0.5303481tC/t。

2. 电厂B助燃柴油收到基元素碳含量计算

电厂B的柴油单位热值含碳量取《发电设施指南》提供的缺省值，即20.20tC/TJ。

收到基元素碳含量＝收到基低位发热量×单位热值含碳量

柴油收到基低位发热量为42652kJ/kg，单位热值含碳量为20.20tC/TJ，计算得到收到基元素碳含量为0.8615704tC/t。

（四）碳氧化率获取

依照《发电设施指南》的规定，燃煤的碳氧化率取99%，燃油和燃气的碳氧化率取指南中提供的对应缺省值。

根据《发电设施指南》，电厂B不区分煤种的燃煤碳氧化率取99%，辅助柴油碳氧化率取98%。

四、化石燃料燃烧排放核算

化石燃料燃烧排放量是统计期内发电设施各种化石燃料燃烧产生的二氧化碳排放量的加和，采用式（6）进行计算。

$$E_{燃烧} = \sum_{i=1}^{n}\left(FC_i \times C_{ar,i} \times OF_i \times \frac{44}{12} \right) \tag{6}$$

式中：

$E_{燃烧}$——化石燃料燃烧的排放量，单位为吨二氧化碳（tCO$_2$）；

FC_i——第i种化石燃料的消耗量，对固体或液体燃料，单位为吨（t）；

$C_{ar,i}$——第i种化石燃料的收到基元素碳含量，对固体和液体燃料，单位为吨碳/吨（tC/t）；对气体燃料，单位为吨碳/万标准立方米（tC/10^{4}Nm^3）；

OF_i——第 i 种化石燃料的碳氧化率，以 % 表示；

$\dfrac{44}{12}$——二氧化碳与碳的相对分子质量之比；

i——化石燃料种类代号。

电厂 B 化石燃料燃烧排放量包括烟煤燃烧排放量及辅助燃油燃烧排放量两部分。

排放量 = 燃料消耗量 × 收到基元素碳含量 × 碳氧化率 ×44/12

烟煤燃烧排放量 =2421786.88t×0.5303481tC/t×99%×44/12=4662335.96tCO$_2$

辅助燃油燃烧排放量 =149.20t×0.8615704tC/t×98%×44/12=461.91tCO$_2$

电厂 B 化石燃料燃烧排放量 = 烟煤燃烧排放量 + 辅助燃油燃烧排放量 =4662335.96+461.91=4662798 (tCO$_2$)

2.1.4　职业判断与业务操作

根据任务描述，核算某市热电厂 A 的化石燃料燃烧排放量。

答：

1）确定排放边界和排放源。对于某市热电厂 A 而言，化石燃料燃烧排放的核算边界为位于该市某主街道的热电厂 A 厂区边界内，发电供热设施化石燃料燃烧产生的排放，排放源包括发电设施用原煤和助燃柴油。

2）确定活动水平数据及排放因子。原煤的消耗量为 1103241.13t；收到基低位发热量为 13.237GJ/t；单位热值含碳量为 0.02777tC/GJ；原煤碳氧化率按照《发电设施指南》取 99%；收到基元素碳含量为计算值，计算如下：

原煤收到基元素碳含量 = 收到基低位发热量 × 单位热值含碳量

=13.237GJ/t×0.02777tC/GJ=0.36759149tC/t

助燃柴油的消耗量为 51.5t；收到基低位发热量为 42.652GJ/t；单位热值含碳量及碳氧化率由于缺少实测值，选取《发电设施指南》提供的缺省值，分别为 0.0202tC/GJ 和 98%；收到基元素碳含量为计算值，计算如下：

柴油收到基元素碳含量 = 收到基低位发热量 × 单位热值含碳量

=42.652GJ/t×0.0202tC/GJ=0.8615704tC/t

3）计算排放量。

排放量 = 燃料消耗量 × 收到基元素碳含量 × 碳氧化率 ×44/12

原煤燃烧排放量 =1103241.13t×0.36759149tC/t×99%×44/12=1472117.64tCO$_2$

辅助燃油燃烧排放量 =51.5t×0.8615704tC/t×98%×44/12=159.44tCO$_2$

热电厂 A 化石燃料燃烧排放量 = 烟煤燃烧排放量 + 辅助燃油燃烧排放量

=1472117.64+159.44=1472277.08 (tCO$_2$)

2.1.5 拓展延伸

一、替代燃料中非生物质碳燃烧产生的排放计算

除化石燃料燃烧外，水泥行业还涉及替代燃料中非生物质碳燃烧产生的排放。水泥行业熟料生产核算边界排放源不包括替代燃料燃烧产生的二氧化碳排放，而企业层级核算边界排放源包含此部分排放。在核算替代燃料燃烧产生的二氧化碳排放时，需先明确"替代燃料"及"热量替代率"两个概念。

替代燃料指水泥窑熟料生产过程中被用作热源，但不属于化石燃料的可燃废物。主要来源为城市固体废物、工业废物及副产物、生物质等，包括但不限于废油、废轮胎、塑料、废溶剂、废皮革、废玻璃钢、生活垃圾预处理可燃物（CMSW）、生物质燃料等。煤矸石用作生料配料时作为原料，用作燃料入窑时作为化石燃料。

热量替代率指熟料煅烧过程中消耗的替代燃料热量占窑炉内燃料总热量的比例。

（一）数据获取

1. 替代燃料消耗量的计量与监测频次

月度替代燃料消耗量应根据每批次进厂量和库存变化确定，采用"进厂量＋期初库存－期末库存"核算。每批次替代燃料进厂量应采用地磅、汽车衡等衡器计量。库存量应每月实际盘存。

存在多条生产线共用替代燃料储存仓的，各生产线的月度替代燃料消耗量根据生产线的入窑替代燃料量使用比例分摊计算。

2. 替代燃料低位发热量的检测标准与频次

每批次进厂替代燃料的低位发热量应采用 GB/T 213、GB/T 34615 等规定的方法进行检测。

替代燃料的年度平均收到基低位发热量由月度平均收到基低位发热量加权平均计算得到，其权重是替代燃料月度消耗量；月度平均收到基低位发热量由每批次进厂替代燃料的收到基低位发热量加权平均计算得到，其权重是该月每批次替代燃料进厂量。

当某月无替代燃料进厂仅消耗库存时，该月替代燃料的收到基低位发热量应取历史最近一个月度的平均收到基低位发热量。

低位发热量无实测时，采用《钢铁生产核算报告说明》附录 B 给出的缺省值，附录中未包含的替代燃料可按工业废料处理。替代燃料单位热值碳排放因子、单位质量碳排放因子及非生物质碳含量采用《钢铁生产核算报告说明》附录 B 给出的缺省值。

（二）排放量计算

1）熟料生产的热量替代率需要在报告熟料生产辅助参数时填报，获取方式见式（7）。

$$\varphi_f = \frac{\sum (FC_{aj} \times NCV_{aj})}{\sum (FC_{cki} \times NCV_{ar,i} + FC_{aj} \times NCV_{aj})} \tag{7}$$

式中：

φ_f——统计期内，热量替代率（%）；

FC_{aj}——统计期内，第 j 种替代燃料消耗量，单位为吨（t）；

NCV_{aj}——统计期内，第 j 种替代燃料的收到基低位发热量，单位为吉焦每吨（GJ/t）；

FC_{cki}——统计期内，熟料生产第 i 种化石燃料的消耗量。对于固体或液体燃料，单位为吨（t）；对于气体燃料，单位为万标立方米（$10^4 Nm^3$）；

$NCV_{ar,i}$——第 i 种化石燃料的收到基低位发热量，对于固体或液体燃料，单位为吉焦每吨（GJ/t）；对气体燃料，单位为吉焦每万标立方米（$GJ/10^4 Nm^3$）。

2）水泥行业的替代燃料中非生物质碳燃烧产生的排放计算见式（8）和式（9）。

$$E_{燃烧2} = \sum_{i=1}^{n} (FC_{aj} \times NCV_{aj} \times EF_{1j} \times \alpha_j) \tag{8}$$

$$E_{燃烧2} = \sum_{j=1}^{n} (FC_{aj} \times EF_{2j} \times \alpha_j) \tag{9}$$

式中：

$E_{燃烧2}$——核算期内替代燃料中非生物质碳燃烧所产生的二氧化碳排放量，单位为吨二氧化碳（tCO_2）；

FC_{aj}——统计期内，第 j 种替代燃料消耗量，单位为吨（t）；

NCV_{aj}——统计期内，第 j 种替代燃料收到基低位发热量，单位为吉焦每吨（GJ/t）；

EF_{1j}——第 j 种替代燃料燃烧的单位热值碳排放因子，单位为吨二氧化碳每吉焦（tCO_2/GJ）；

α_j——第 j 种替代燃料中非生物质碳的含量（%）；

EF_{2j}——第 j 种替代燃料燃烧的单位质量碳排放因子，单位为吨二氧化碳每吨（tCO_2/t）。

二、航空行业排放计算

民用航空飞行活动的二氧化碳监测报告核算方法

航空行业作为交通运输业的重要组成部分，与铁路、公路等交通运输方式有着巨大不同。航空行业涉及大量跨国客货运输，导致其碳排放的影响是世界范围的，因此国际民用航空组织（ICAO）通过了"国际航空业空碳抵消与减排机制"（CORSIA），对民用航空飞行活动二氧化碳排放进行约束。目前，航空行业已作为重点排放行业，纳入全国碳市场强制管控。

2016～2018 年，民用航空企业按照《民航指南》对排放量进行核算和报告；2018 年后，由于国际上对航空业的碳排放数据监测、报告、核查要求（CORSIA），所有飞机的飞行活动需要按照《民用航空飞行活动二氧化碳排放监测、报告和核查管理暂行办法》进行排放量核算和报告。但对于机场的排放情况则需要按照《民航指南》进行核算与报告。航空行业涉及的排放类型仅包括化石燃料燃烧和净购入电力和热力产生的排放。

任务 2.2 工业生产过程排放核算（水泥行业）

2.2.1 任务描述

水泥厂 A 成立于 2001 年，水泥和水泥熟料为其主营产品，主要的水泥品种有 P.Ⅱ 52.5R、P.O42.5R、P.Ⅱ 42.5R、P.F32.5R 等。公司建有一套日产 4000t/d 的水泥生产线，直接生产系统主要由石灰石矿山、原料堆场、原料磨、烧成系统、水泥磨以及包装系统组成。其辅助生产系统包括负责全厂电气供电、维护修理等业务的电气科，负责全厂生产设备的维护修理以及供水等业务的设备科；负责生产化验以及质量控制的质量科，负责生产使用的原燃材料的进厂运输的运输部，负责全公司的采购及物品存储的供应部，库房的管理等。附属生产系统包括厂区内集中管理生产、生活的办公地点，管理职工食堂、浴室的总务部等。水泥产品年产能为 155 万 t，水泥熟料年产能 131 万 t。

2022 年，水泥厂 A 生产配料采用高碳粉煤灰；全年熟料产量由生产部统计，为 668864.13t；窑头粉尘重量数据由外委进行监测，监测数据为 2.77t；没有监测旁路放风粉尘；生料重量经生产部每月一次测量计算后进行汇总，计算得到的全年生料重量为 1032371.78t。

熟料中氧化钙和氧化镁含量由化验部每四小时一次进行实测，按照规定方法测得的数值分别为 64.7% 和 3.41%；非来源于碳酸盐分解的氧化钙和氧化镁的含量为每批次进行实测，分别为 0.3% 和 0.06%。

请分别计算水泥厂 A 2022 年在企业层级核算边界和熟料生产核算边界下的工业生产过程产生的排放量。

2.2.2 知识准备

一、水泥行业发展及排放现状

水泥行业的碳排放量占全球碳排放总量的 7%。我国水泥产量占全球总产量的近六成，水泥行业碳排放量超过全球水泥产业碳排放总量的一半。

1985 年以来，我国水泥产量已连续 38 年稳居世界第一，目前产量约占世界水泥总产量的 55%。2014 年，我国水泥产量达到阶段性高点 24.8 亿 t；2015—2022 年，全国水泥产量波动基本在 22 亿～ 24 亿 t 之间。但是，由于近年水泥产品结构变化，高标号水泥使用比例增长，在水泥消费量进入平台期的同时，水泥熟料消费量仍有小幅增加。

受市场因素影响，2022 年全国水泥产量 21.18 亿 t，降至近十年以来的最低值，创下自

1969 年以来最大降幅，同比降幅首次达到两位数水平。但是人均水泥消费量约 1500kg，依然远高于发达国家人均 220 ～ 500kg 的水泥消费峰值。

　　"十四五"时期，我国仍然在继续压减产能、淘汰落后产能和巩固去产能的成果。水泥行业碳排放已经在 2020 年达峰后开始下降，开启了碳中和的漫长历史进程。

二、水泥生产工艺

　　按照生料的制备方法不同，水泥生产工艺流程分为湿法和干法两大类。根据烧窑结构不同，还可以分为立窑和回转窑，水泥生产工艺分类见表 2-2-1。

表 2-2-1　水泥生产工艺分类

分类标准	分类	具体种类
生料制备方法	湿法	将原料加水粉磨成生料浆（含水 33% ～ 40%）后喂入湿法回转窑烧成熟料，称为湿法；将湿法制备的生料浆脱水后，制成生料块入窑煅烧，称为半湿法亦归入湿法
	干法	将原料同时烘干与粉磨或先烘干粉磨成生料粉，而后喂入干法窑内煅烧成熟料，称为干法生产；将生料粉加入适量水分制成生料球，而后喂入立窑或立波尔窑内煅烧成熟料的方法叫半干法亦归入干法
煅烧窑结构	立窑	普通立窑和机械化立窑（优点是投资小、生产快；就地取材，可充分利用地方资源；缺点是生产规模小，熟料质量差，单产低，环保达标难）
	回转窑	湿法回转窑（生产热耗高，但电耗较低，生料易于均化，成分均匀，熟料质量较高且输送方便，粉尘少）
		干法回转窑（优点是节能、产量高、质量稳定、环保、生产率高）
		半干法回转窑（立波尔窑）

　　近 30 年来，以悬浮预热和预分解技术为核心的新型干法水泥生产方式是国内外广泛采用的水泥生产工艺，以下就以典型干法水泥生产工艺为例对水泥生产的主要工艺流程进行描述，主要工艺流程如图 2-2-1 所示。

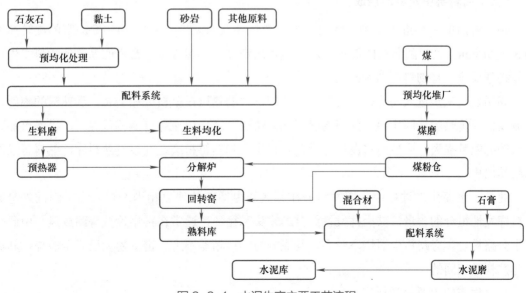

图 2-2-1　水泥生产主要工艺流程

（一）原料破碎及均化

水泥生产过程中，大部分原料（如石灰石、黏土等）要进行破碎。在原料进入粉磨设备之前应尽可能将大块的原料破碎至细小、均匀的粒度以利于后续的生产过程。原料预均化就是在原料存、取过程中实现原料的初步均化以达到要求的化学成分，使得原料堆场同时具备贮存与均化的功能。

（二）生料制备及均化

生料制备是指将混合后的原料经过粉磨后制备成生料的过程。在新型干法水泥生产过程中，稳定入窑的生料成分是稳定熟料烧成的前提。均化一般指采用空气搅拌产生"漏斗效应"，使生料粉在卸落时切割出尽量多层的料面，以实现充分混合。

（三）预热及分解

生料的预热和部分分解由预热器完成，使用预热器代替回转窑的部分功能可以有效缩短回转窑的长度，同时提高窑系统生成效率、降低熟料烧成的能耗。预热器由一系列垂直旋风筒组成，生料在通过旋风筒时与筒内相反方向的窑尾热气流接触，这些旋风筒的热能来自对窑尾热废气的回收利用，生料在入窑前进行预热，可以使化学反应更快更有效地发生。根据生料中水分含量的不同，一个窑最多可以有 6 级旋风预热器，预热器每多一级热交换效率就更高。

预分解是在预热器和回转窑之间增设分解炉，将原来在回转窑内进行的碳酸盐分解任务移到分解炉内进行。大部分燃料从分解炉内加入，少部分从窑头加入，减轻了窑内燃烧带来的热负荷，延长了材料的寿命，有利于生产的大型化。

（四）回转窑中熟料的烧成

预分解后的生料进入窑中，燃料在窑内燃烧使窑内温度达到约 1450℃。窑的旋转速度为 3 ～ 5r/min，物料随着窑的旋转，逐渐由预热带移动至燃烧带。窑内的高温使物料发生化学与物理反应，将物料烧结为熟料。

高温熟料从窑进入篦冷机，与篦床上冷却熟料的热风在落料处相会合，受熟料的辐射、对流及传导传热的共同作用，熟料温度在此处快速下降，快速越过液相量温度，以尽可能减少系统的能量损失。典型的水泥厂通常在熟料生产和熟料粉磨之间设有熟料库，熟料可以作为商品出售。

此外，水泥生产过程中，挥发组分在预热器内循环的现象相当严重，为了降低入窑热生料挥发性组分的含量，减少挥发性组分的富集和循环，通常在窑尾设置旁路放风，由此会产生旁路粉尘。旁路粉尘煅烧率较高，其成分与熟料相差不大。窑头粉尘已完全煅烧，其成分与熟料是相同的。

水泥生产的主要化学反应为：

$$CaCO_3 \xrightarrow{\text{高温}} CaO + CO_2\uparrow$$

（五）复合水泥

将熟料与其他混合材料及石膏进行混合粉磨形成灰色的粉末，即为复合水泥。

（六）水泥库储存

水泥产品最终均化并储存在水泥库中，然后分配到包装站生产袋装水泥或者用罐装车（散装水泥）进行运输。

三、基本概念

（一）水泥生料

由石灰质原料、黏土质原料及少量校正原料（有时还需加入矿化剂、晶种等，立窑生产时还要加煤）按比例配合，粉磨到一定细度的物料，称为水泥生料。

（二）水泥熟料

将生料进行煅烧，煅烧后的产物为熟料。

（三）水泥

在熟料中按一定比例加入石膏后进行粉磨，得到的产物为水泥。

（四）窑炉排气筒（窑头）粉尘

水泥窑通过窑头排气筒排到大气中的粉尘称为窑炉排气筒（窑头）粉尘。

（五）窑炉旁路放风粉尘

窑炉旁路放风粉尘是水泥窑通过旁路放风排气筒排到大气中的粉尘。在指南中为简化报告，将旁路粉尘的煅烧率缺省为与熟料的煅烧率相同。

（六）非碳酸盐替代原料

在熟料生产中替代天然碳酸盐矿石原料的非碳酸盐废物，主要为工业废渣、经过高温煅烧的废渣或明确不含碳酸钙或碳酸镁的原料。

注：包括但不限于电石渣、镁渣、钢渣、黄磷渣、磷渣、矿渣、钒钛渣、硅钙渣、铜渣、硫酸渣、铅锌渣、镍渣、铁合金渣、赤泥、转炉渣、气化炉渣、煤渣（电厂及其他行业煤燃烧后的炉渣）、脱硫石膏、磷石膏、钛石膏、氟石膏、硼石膏、柠檬酸渣、模型石膏、烟尘灰、造纸白泥、污泥、萤石等。

（七）非碳酸盐原料替代率

指熟料中不是来源于碳酸盐分解的氧化钙含量与熟料中氧化钙含量的比例，简称原料替代率。

2.2.3 任务实施

　　水泥厂 B 成立于 2008 年，所在地海拔不超过 1000m，属于水泥生产行业，行业代码为 3011。公司建有一条 4500t/d 的大型熟料生产线，经营范围为水泥和水泥熟料生产。水泥生产以石灰石、工业废渣（主要为钢渣，含氧化钙、氧化镁、氢氧化钙等）等生料为原料。燃料为烟煤，不涉及替代燃料和协同处置的废弃物的燃烧，生产工艺流程如下。

　　石灰石矿山开采出原料石灰石，经过破碎均化后和废渣混合，并与砂岩、黏土、铁矿等配料混合，进入原料辊磨，粉磨成的生料粉进一步均化后进入分解炉预热分解，随后进入回转窑煅烧，煅烧形成的熟料经过篦冷机冷却，由拉链斗提送入熟料库。水泥厂的生产工艺流程如图 2-2-2 所示。

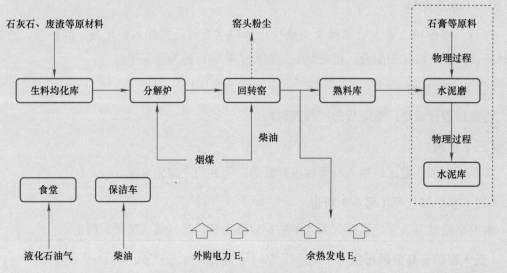

图 2-2-2　水泥厂生产工艺流程

　　已知企业原料碳酸盐分解过程中，生产部统计的生产消耗生料量为 290.8696 万 t，生产的熟料量合计为 1923729.80t，水泥厂 B 窑炉排气筒（窑头）粉尘的全年重量为 6.003t，窑炉旁路放风粉尘的全年重量为 2.161t。水泥熟料中氧化钙和氧化镁含量依据 GB/T 176—2017《水泥化学分析方法》测定，分别为 65.47% 和 2.30%。生料中石灰石、钢渣、黏土、砂岩消耗量分别为 2282767t、155661t、406805t 和 63463t。通过 GB/T 176—2017《水泥化学分析方法》中规定的方法分析得到钢渣中氧化钙和氧化镁的含量分别为 15.52% 和 6.29%。

　　企业未对生料中非燃料碳的含量进行实际测量，排放单位未采用煤矸石、高碳粉煤灰等配料。

一、水泥行业企业层级核算边界的工业生产过程排放核算

（一）确定核算边界

　　企业层级核算是以水泥熟料生产为主营业务的独立法人企业或视同法人单位为边界，核算和报告边界内所有生产设施产生的温室气体排放，核算边界如图 2-2-3 所示。生产设施

范围包括主要生产系统、辅助生产系统以及直接为生产服务的附属生产系统。如果水泥熟料生产企业还生产其他产品，以企业层级核算边界合并核算和报告。如果企业层级核算边界含多个场所（例如：水泥熟料生产企业层级核算边界内的矿山），则多个场所合并填报。

水泥行业企业层级核算边界与核算内容

重点排放单位存在未纳入全国碳排放权交易市场的发电设施的，按照《水泥熟料生产核算报告说明》核算要求一并计算其温室气体排放，不考虑其工业生产过程排放。重点排放单位存在纳入全国碳排放权交易市场发电设施的，应直接引用其经核查的排放量。重点排放单位存在其他非水泥产品生产的，应按照适用的核算方法核算其温室气体排放量。

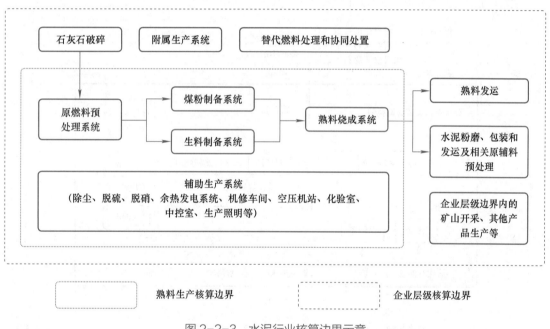

图 2-2-3　水泥行业核算边界示意

（二）识别排放源

水泥行业企业层级核算边界内的排放源包括燃料燃烧排放、过程排放以及净购入使用电力和热力产生的排放。

其中，过程排放包括熟料生产过程中石灰石等碳酸盐原料在水泥窑中煅烧分解产生的二氧化碳排放（包括熟料、窑炉排气筒（窑头）粉尘和旁路放风粉尘对应的二氧化碳排放），以及生料中非燃料碳煅烧产生的二氧化碳排放；如果水泥熟料生产企业层级核算边界内生产的其他产品存在过程排放，则参照相关核算方法进行核算。

水泥厂B在企业层级边界下的核算内容包括化石燃料燃烧、替代燃料或废弃物燃烧、原料碳酸盐分解、生料中非燃料碳煅烧、净购入使用电力和热力。该水泥厂的核算边界应该包含（　　　　）。

A. 石灰石使用　　　　　　B. 水泥磨工序　　　　　　C. 烟煤

D. 回转炉耗柴油　　　　　E. 食堂　　　　　　　　　F. 保洁车

G. 外购电力　　　　　　　H. 余热发电　　　　　　　I. 窑头粉尘

答：ABCDEFGI。化石燃料燃烧排放源包括水泥熟料生产使用的烟煤及回转炉消耗柴油、食堂及保洁车等附属生产设施；水泥厂B不涉及替代燃料或废弃物燃烧；原料碳酸盐分解的排放边界识别含碳酸根的物质，对于水泥厂B而言，含碳酸根的物质主要为石灰石（$CaCO_3$），在计算这部分排放时，还会用到窑头粉尘等数据；水泥厂B涉及生料中非燃料碳煅烧；净购入使用的电力和热力会涉及外购电力；水泥磨工序是消耗外购电力的工序之一，包含在企业层级内。余热发电为能源再利用，不涉及排放，因此不在核算边界里。

水泥厂B的碳排放分析如图2-2-4所示。

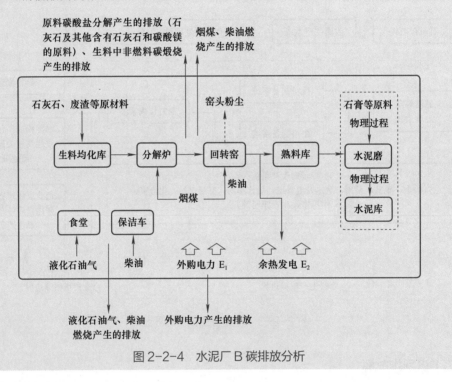

图2-2-4　水泥厂B碳排放分析

（三）水泥行业工业生产过程排放计算相关数据收集与获取

1. 原料分解产生排放的数据监测与获取

1）熟料产量的计量与监测频次。熟料产量按照硅酸盐水泥熟料、白色硅酸盐水泥熟料、批复的以电石渣为主要原料的生产线对应的硅酸盐水泥熟料（简称电石渣硅酸盐水泥熟料）、铝酸盐水泥熟料、硫（铁）铝酸盐水泥熟料等五大类分别填报。其中硅酸盐水泥熟料的具体品种需在硅酸盐水泥熟料后面用括号标注出来并合并填报产量；若同一生产线分时间段生产不同品种的硅酸盐水泥熟料，无须分别填报产量，仅需将所有硅酸盐水泥熟料品种在硅酸盐水泥熟料后面用括号标注出来。

注：硅酸盐水泥熟料包括通用水泥熟料、低碱通用水泥熟料、中抗硫酸盐水泥熟料、高抗硫酸盐水泥熟料、中热水泥熟料、低热水泥熟料、道路硅酸盐水泥熟料、油井水泥熟料和核电工程用硅酸盐水泥熟料等品种。

月度熟料产量根据熟料消耗量和库存变化确定，采用"熟料消耗量＋熟料出厂量＋期末库存－期初库存－熟料购进量"核算。熟料消耗量及出厂／购进量应采用皮带秤、地磅、汽车衡等衡器计量。熟料库存量应至少每月实际盘存。

存在多条生产线共用熟料库的，各生产线的每月熟料产量根据生产线的生料消耗量分摊计算。生料消耗量可采用入窑喂料计量设备计量；也可根据生料产量和库存变化确定，采用"生料产量＋期初库存－期末库存"计算，生料产量应采用皮带秤等器具计量数据计算，库存量应每月实际盘存；亦可根据熟料产量和料耗比反推计算。

地磅、汽车衡等计量器具的管理要求应符合相关标准规定，并确保在有效的检验周期内。

2）非碳酸盐替代原料消耗量的计量与监测频次。月度非碳酸盐替代原料消耗量应根据每批次进厂量和库存变化确定，采用"非碳酸盐替代原料进厂量＋期初库存－期末库存"核算。每批次非碳酸盐替代原料进厂量应采用地磅、汽车衡等衡器计量。库存量应至少每月实际盘存。当某月未进行盘库或盘库不规范的，该月非碳酸盐替代原料消耗量计为"0"。

各生产线的月度非碳酸盐替代原料消耗量根据生产线的生料消耗量及生料配比分摊计算。

3）熟料中氧化钙和氧化镁含量的检测标准与频次。每日出窑熟料中氧化钙和氧化镁含量的测定应依据 GB/T 176—2017《水泥化学分析方法》规定的方法检测。

熟料中氧化钙和氧化镁的年度平均含量由月度平均含量加权平均计算得到，其权重是每月熟料产量；月度平均含量由熟料每日检测数据算术平均计算得到。当某日通用水泥熟料中氧化钙和氧化镁含量无实测或测定方法不符合要求时，熟料中氧化钙和氧化镁含量分别取66.50% 和 5.00%。

4）非碳酸盐替代原料中氧化钙和氧化镁含量的监测与获取。每批次进厂非碳酸盐替代原料中氧化钙和氧化镁含量的测定应依据 GB/T 176—2017《水泥化学分析方法》、GB/T 27974—2011《建材用粉煤灰及煤矸石化学分析方法》、JC/T 1088—2021《粒化电炉磷渣化学分析方法》等规定的化学分析方法进行检测。

非碳酸盐替代原料中氧化钙和氧化镁含量按式（10）和式（11）计算：

$$FR_{10} = \frac{\sum Q_{1i} \times FR_{1i}}{\sum Q_i} \tag{10}$$

式中：

FR_{10}——统计期内，熟料中不是来源于碳酸盐分解的氧化钙的含量（%）；

Q_{1i}——第 i 种非碳酸盐替代原料消耗量，单位为吨（t）；

FR_{1i}——第 i 种非碳酸盐替代原料中氧化钙的含量（%）；

Q_i——统计期内，水泥熟料产量，单位为吨（t）。

$$FR_{20} = \frac{\sum Q_{1i} \times FR_{2i}}{\sum Q_i} \qquad (11)$$

式中：

FR_{20}——统计期内，熟料中不是来源于碳酸盐分解的氧化镁的含量（%）；

FR_{2i}——第 i 种非碳酸盐替代原料中氧化镁的含量（%）。

非碳酸盐替代原料中氧化钙和氧化镁的年度平均含量由月度平均含量加权平均计算得到，其权重是每月非碳酸盐替代原料消耗量；月度平均含量由每批次进厂非碳酸盐替代原料检测数据加权平均计算得到，其权重是每批次非碳酸盐替代原料进厂量。当某批次非碳酸盐替代原料中氧化钙和氧化镁含量无实测或测定方法不符合要求时，该批次非碳酸盐替代原料中氧化钙和氧化镁含量应计为"0"。

当某月无非碳酸盐替代原料进厂仅消耗库存时，该月非碳酸盐替代原料中氧化钙和氧化镁含量应取历史最近一个月度的月度平均含量。

5）窑炉排气筒（窑头）粉尘重量的监测与获取。应根据水泥窑运行时间及窑头粉尘排放速率计算确定，采用在线监测系统记录的数据。不具备在线监测条件的，水泥窑运行时间采用生产系统连续监测数据，根据全年/每月/每日时间扣除停窑时间（水泥窑止料到投料时间）统计，窑头粉尘排放速率采用季度检测报告中的算术平均值。

6）窑炉旁路放风粉尘重量的监测与获取。应根据旁路放风时间及粉尘排放速率计算确定。旁路放风时间采用生产系统连续监测数据；粉尘排放速率采用检测报告中的算术平均值。窑炉无旁路放风，或旁路放风粉尘全部引入窑头或窑尾、算入熟料产量的，旁路放风粉尘重量计为"0"。

对水泥厂 B 企业层级下的原料分解产生排放涉及数据进行筛选与计算。

1）水泥熟料产量选用水泥厂 B 生产部统计数据，即 1923729.80t。

2）窑炉排气筒（窑头）粉尘的重量选用水泥厂 B 生产部统计数据，即 6.003t。

3）窑炉旁路放风粉尘的重量选用水泥厂 B 生产部统计数据，即 2.161t。

4）熟料中氧化钙和氧化镁的含量选取水泥厂 B 按照 GB/T 176—2017《水泥化学分析方法》测定的数据，分别为 65.47% 和 2.30%。

5）熟料中不是来源于碳酸盐分解的氧化钙和氧化镁的含量分析如下。

根据水泥厂 B 的基本信息，生料中仅有钢渣属于非碳酸盐物质；因此，熟料中不是来源于碳酸盐分解的氧化钙和氧化镁的含量计算如下。

熟料中不是来源于碳酸盐分解的氧化钙含量 = 钢渣中氧化钙的含量 × 钢渣消耗量 / 水泥熟料产量 = 155661×15.52%/1923729.80 =1.26%

同理，熟料中不是来源于碳酸盐分解的氧化镁含量＝钢渣中氧化镁的含量×钢渣消耗量/水泥熟料产量＝155661×6.29%/1923729.80＝0.51%

2. 生料中非燃料碳煅烧排放计算相关数据收集与获取

生料消耗量可采用统计期内企业的生产记录数据。

生料中非燃料碳含量缺少测量数据时，若生料采用煤矸石、高碳粉煤灰等配料时取0.3%，否则取0.1%。

水泥厂B的生料数量采用生产部统计数据，即290.8696万t。

由于水泥厂B未进行生料中非燃料碳含量的实际测量，也未采用煤矸石、高碳粉煤灰等配料，可直接取值0.1%。

（四）排放量计算

企业层级核算边界内产生的过程二氧化碳排放量计算见式（12）。

$$E_{过程} = E_{过程1} + E_{过程2} + E_{过程3} \qquad (12)$$

式中：

$E_{过程}$——统计期内，企业层级核算边界内产生的过程二氧化碳排放量，单位为吨二氧化碳（tCO_2）；

$E_{过程1}$——统计期内，原料中碳酸盐分解产生的二氧化碳排放量，单位为吨二氧化碳（tCO_2），按式（13）计算；

$E_{过程2}$——统计期内，生料中非燃料碳煅烧产生的二氧化碳排放量，单位为吨二氧化碳（tCO_2），按式（14）计算；

$E_{过程3}$——统计期内，其他产品产生的过程排放量，单位为吨二氧化碳（tCO_2），按照相关行业的企业温室气体排放核算方法计算。

1. 原料碳酸盐分解的排放计算

$$E_{过程1} = (\sum_i Q_i + Q_{ckd} + Q_{bpd}) \times \left[(FR_1 - FR_{10}) \times \frac{44}{56} + (FR_2 - FR_{20}) \times \frac{44}{40} \right] \qquad (13)$$

式中：

Q_{ckd}——统计期内，窑炉排气筒（窑头）粉尘的重量，单位为吨（t）；

Q_{bpd}——统计期内，窑炉旁路放风粉尘的重量，单位为吨（t）；

$\dfrac{44}{56}$——二氧化碳与氧化钙之间的分子量换算；

$\dfrac{44}{40}$——二氧化碳与氧化镁之间的分子量换算。

水泥厂B原料碳酸盐分解产生的排放＝（水泥熟料产量＋窑炉排气筒（窑头）粉尘的重量＋窑炉旁路放风粉尘的重量）×[（水泥熟料中氧化钙的含量－水泥熟料中非来源于碳酸盐分解的氧化钙的含量）×44/56＋（水泥熟料中氧化镁的含量－水泥熟料中非来源于碳酸盐分解的氧化镁的含量）×44/40]

=(1923729.80+6.003+2.161)×[(65.47%−1.26%)×44/56+(2.30%−0.51%)×44/40]

=1008417.94tCO$_2$

2. 生料中非燃料碳煅烧的排放计算

$$E_{过程2} = R \times FR_0 \times \frac{44}{12} \tag{14}$$

式中：

$E_{过程2}$——统计期内，生料中非燃料碳煅烧产生的二氧化碳排放量，单位为吨二氧化碳（tCO$_2$）；

R——统计期内，生料的消耗量，单位为吨（t）；

FR_0——生料中非燃料碳含量（%）；缺少测量数据时，若生料采用煤矸石、高碳粉煤灰等配料时取 0.3%，否则取 0.1%。

$\dfrac{44}{12}$——二氧化碳与碳的数量换算。

水泥厂 B 生料中非燃料碳煅烧产生的排放

= 生料的消耗量 × 生料中非燃料碳含量 ×44/12

=2908696×0.1%×44/12

=10665.22tCO$_2$

二、熟料生产核算边界的工业生产过程排放核算

水泥行业熟料生产工序核算边界及核算要点

（一）确定核算边界

熟料生产核算边界为从原燃料进入生产厂区到熟料入库为止的主要生产系统和辅助生产系统，不包括附属生产系统。

1）主要生产系统包括用于熟料生产的原燃料预处理、生料制备、煤粉制备、熟料烧成。

2）辅助生产系统包括除尘、脱硫、脱硝及余热发电系统、机修车间、空压机站、化验室、中控室、生产照明等。

3）不包括石灰石破碎、水泥粉磨及其相关原辅料预处理、替代燃料处理和协同处置系统基建、技改、自备电厂及储能等。

若企业有自备电厂，熟料生产核算边界消耗电力产生碳排放量的核算与报告，不区分电力是否来自已纳入全国碳市场的自备电厂，应全部计入碳排放量核算。

（二）识别排放源

熟料生产核算边界内的排放源包括化石燃料燃烧排放、过程排放和消耗电力产生的排放。

其中，熟料生产核算边界内过程排放为熟料生产过程中石灰石等碳酸盐原料在水泥窑中煅烧分解产生的二氧化碳排放，不包括窑炉排气筒（窑头）粉尘和旁路放风粉尘对应的碳

酸盐分解产生的二氧化碳排放，也不包括生料中非燃料碳煅烧产生的二氧化碳排放。

水泥厂 B 在熟料生产核算边界下的核算内容为熟料生产工序下的化石燃料燃烧、熟料生产过程中石灰石等碳酸盐原料在水泥窑中煅烧分解产生的排放、消耗电力产生的排放。该水泥厂的熟料生产核算边界的核算应该包含（　　　　）。

A. 石灰石使用　　　　　B. 水泥磨工序　　　　　C. 烟煤

D. 回转炉耗柴油　　　　E. 食堂　　　　　　　　F. 保洁车

G. 外购电力　　　　　　H. 余热发电　　　　　　I. 窑头粉尘

答：ACDG。化石燃料燃烧排放源包括烟煤及回转炉消耗柴油，不包含食堂及保洁车等附属生产设施；熟料对应的碳酸盐分解的排放主要识别含碳酸根的物质，对于水泥厂 B 而言，石灰石（主要为 $CaCO_3$）仅计算熟料对应的碳酸盐分解，不包含窑头粉尘和旁路放风粉尘对应的碳酸盐分解；净购入电力涉及外购电力，不包含熟料生产以外其他工序的电力消耗（如水泥磨工序消耗电力）。余热发电为能源再利用，不涉及排放，因此不在核算边界里。

（三）水泥行业工业生产过程排放计算相关数据收集与获取

根据《水泥指南》，水泥企业熟料生产核算边界过程排放核算为熟料对应的碳酸盐分解排放，所需要获取的数据包括熟料产量、非碳酸盐替代原料消耗量、熟料中氧化钙和氧化镁的含量、非碳酸盐替代中氧化钙和氧化镁的含量。其数据监测和获取方法与企业层级核算边界下相应数据的监测和获取方法一致。

对水泥厂 B 熟料生产核算边界下的原料分解产生排放涉及数据进行筛选与计算。

1）水泥熟料产量选用水泥厂 B 生产部统计数据，即 1923729.80t。

2）熟料中氧化钙和氧化镁的含量选取企业按照 GB/T 176—2017《水泥化学分析方法》测定的数据，分别为 65.47% 和 2.30%。

3）熟料中不是来源于碳酸盐分解的氧化钙和氧化镁的含量。

与企业层级下的数据获取方式一致。计算的熟料中不是来源于碳酸盐分解的氧化钙含量为 1.26%，熟料中不是来源于碳酸盐分解的氧化镁含量为 0.51%。

（四）水泥行业工业生产过程排放量计算

水泥行业熟料生产核算边界中工业生产过程排放核算按式（15）计算。

$$E_{ck过程} = \sum Q_i \times \left[(FR_1 - FR_{10}) \times \frac{44}{56} + (FR_2 - FR_{20}) \times \frac{44}{40} \right] \qquad （15）$$

式中：

$E_{ck过程}$——统计期内，熟料生产过程碳酸盐原料煅烧分解产生的二氧化碳排放量，单位为吨二氧化碳（tCO_2）。

水泥厂 B 熟料生产核算边界下的原料碳酸盐分解产生的排放

= 水泥熟料产量 ×[（水泥熟料中氧化钙的含量 − 水泥熟料中非来源于碳酸盐分解的氧化钙的含量）× 44/56 +（水泥熟料中氧化镁的含量 − 水泥熟料中非来源于碳酸盐分解的氧化镁的含量）× 44/40]

=1923729.80×[（65.47%−1.26%）×44/56 +（2.30%−0.51%）×44/40]

=1008413.67（tCO_2）

职业判断与业务操作

根据任务描述，分别核算水泥厂 A 在企业层级核算边界和熟料生产核算边界下的工业生产过程产生的排放量。

答：

1. 水泥厂 A 在企业层级下的工业生产过程排放量

1）确定排放边界和排放源：水泥厂 A 在企业层级核算边界下的工业生产过程排放源包括原料碳酸盐分解排放和生料中非燃料碳煅烧排放。

2）原料碳酸盐分解排放的活动水平数据和排放因子：水泥熟料产量为 668864.13t；窑炉排气筒（窑头）粉尘的重量为 2.77t；窑炉旁路放风粉尘的重量为 0t；水泥熟料中氧化钙的含量为 64.7%；水泥熟料中非来源于碳酸盐分解的氧化钙的含量为 0.3%；水泥熟料中氧化镁的含量为 3.41%；水泥熟料中非来源于碳酸盐分解的氧化镁的含量为 0.06%。

生料中非燃料碳煅烧排放的活动水平数据和排放因子：生料的数量为 1032371.78t；生料中非燃料碳含量取值建议为 0.3%。

3）计算排放量时，公式为：原料碳酸盐分排放量=（水泥熟料产量 + 窑炉排气筒（窑头）粉尘的重量 + 窑炉旁路放风粉尘的重量）×[（水泥熟料中氧化钙的含量 − 水泥熟料中非来源于碳酸盐分解的氧化钙的含量）×44/56+（水泥熟料中氧化镁的含量 − 水泥熟料中非来源于碳酸盐分解的氧化镁的含量）×44/40]=(668864.13+2.77+0)×[(64.7%−0.3%)×44/56+(3.41%−0.06%)×44/40]=363094.40（tCO$_2$）

$$生料中非燃料碳煅烧排放量 = 生料的数量 × 生料中非燃料碳含量 ×44/12$$
$$=1032371.78×0.3%×44/12$$
$$=11356.09（tCO_2）$$

$$工业生产过程排放 = 原料碳酸盐分解排放量 + 生料中非燃料碳煅烧排放量$$
$$=363094.40+11356.09=374450.49（tCO_2）$$

2. 水泥厂 A 在熟料生产核算边界下的工业生产过程排放量

1）确定排放边界和排放源：水泥厂 A 在熟料生产核算边界下的工业生产过程排放源包括熟料对应的碳酸盐分解产生的排放。

2）熟料对应的碳酸盐分解排放的活动水平数据和排放因子：水泥熟料产量为 668864.13t；水泥熟料中氧化钙的含量为 64.7%；水泥熟料中非来源于碳酸盐分解的氧化钙的含量为 0.3%；水泥熟料中氧化镁的含量为 3.41%；水泥熟料中非来源于碳酸盐分解的氧化镁的含量为 0.06%。

3）计算排放量时，公式为：工业生产过程排放＝熟料对应的碳酸盐分解排放量＝水泥熟料产量×[（水泥熟料中氧化钙的含量－水泥熟料中非来源于碳酸盐分解的氧化钙的含量）×44/56＋（水泥熟料中氧化镁的含量－水泥熟料中非来源于碳酸盐分解的氧化镁的含量）×44/40]=668864.13×[（64.7%－0.3%）×44/56＋（3.41%－0.06%）×44/40]=363092.89tCO_2

2.2.5　拓展延伸

水泥业低碳技术简介

目前水泥行业的燃料结构以煤为主，煤炭约占水泥生产所消耗能源的85%。对照碳排放产生环节和影响因素，水泥行业节能降碳技术包括低能耗烧成、高效粉磨、智能化、燃料类及原料类替代等。

（一）提升能效技术

旨在提高现有水泥工业设备的性能和效率，通过技术优化和局部改进降低系统能耗，达到碳减排的目的。

1. 富氧燃烧技术

富氧燃烧由膜法、深冷法、变压吸附等方法获得高浓度的氧气，通入燃烧器一次风及窑头窑尾送煤风中，将一次风及送煤风的氧气浓度提升至28%～36%，以加强窑内煅烧温度，提高分解炉难燃燃料或替代燃料的燃尽率，降低系统综合能耗。

2. 低阻旋风预热器

旋风预热器是新型干法水泥生产技术的核心设备，采用悬浮预热方式来完成生料的预热和部分分解以缩短回转窑长度，同时使生料与窑内炽热气流充分混合，提高热交换效率，从而达到提高整个窑系统生产效率、降低熟料烧成热耗的目的。旋风预热器能充分利用窑内热量，降低熟料烧成热耗并减少烧成设备占地面积。

3. 水泥粉磨优化提升技术

水泥粉磨优化提升技术是基于增加料床粉磨做功比重的理论方法，对低能耗水泥粉磨成套技术装备进行了系统创新。该技术有多种不同的设备选择，如纯球磨改联合（辊压机、立式辊磨联合粉磨系统），小辊压机改大辊压机，增加高效三分离选粉或高效选粉机，以降低水泥粉磨系统电耗。

除此之外还有水泥窑炉用耐火材料整体提升技术、预热器分离效率提升及降阻优化技术、分解炉自脱硝及扩容优化技术、窑头燃烧器优化改造等生产过程能效提升技术，可降低烧成系统热耗及废气排放热量损失。水泥企业还可以围绕构建智能装备、智能生产、智能运维、智能运营和智能决策五大维度的统一体系，打造"数据、算力、算法、场景和全链路"的技术集群，实现水泥生产线层级的生产管控智能决策、自动化专家系统、智能优化控制及自主寻优，整体完成或分步完成生产管控智能化平台建设。

（二）原燃料替代技术

水泥行业二氧化碳排放量约 60% 来自碳酸盐分解，约 35% 来自于燃料燃烧，约 5% 来自发电的间接排放。用垃圾衍生燃料（RDF）、生物质燃料、塑料、橡胶、皮革、废弃轮胎等替代燃料来替代化石能源，可减少燃料产生的碳排放；用钙质工业固体废弃物来替代石灰石，可显著减少碳酸盐分解的碳排放。该技术方向旨在从原料和燃料替代出发，通过采用不同的原料或燃料，从工艺角度减少水泥系统的碳排放量，水泥企业可根据环境条件和自身情况选择使用。

（三）低碳水泥技术

低碳水泥旨在降低生产水泥熟料所用碳酸盐，或减少熟料用量。包括高贝利特硫铝酸硅酸盐（铁铝酸硅酸盐）水泥技术、低热硅酸盐水泥与中热硅酸盐水泥及其制备技术、水泥分级别粉磨技术、高岭土煅烧生产低碳水泥技术、工业副产石膏制硫酸联产水泥成套技术等。

任务 2.3 工业生产过程排放核算（钢铁行业）

2.3.1 任务描述

钢厂 A 是长流程生产的钢铁企业，采用"高炉—转炉—连铸—热轧"生产模式，主要生产工序包括烧结、球团、高炉、炼钢以及轧制，主营产品为普碳钢，年产约 500 万 t。

钢厂 A 消耗的化石能源包括烟煤、洗精煤、焦炭和少量的汽油、柴油、天然气。钢厂 A 高炉和转炉工序产生的高炉煤气和转炉煤气全部用于钢铁生产过程。

钢厂 A 统计的企业 2022 年石灰石净消耗量为 1128699.63t，白云石净消耗量为 56912.02t，电极净消耗量为 1543.06t，外购生铁消耗量为 90729.39t，外购废钢消耗量为 702310.5t。

根据上述案例，计算钢厂 A 2022 年的工业生产过程排放量。

　知识准备

一、钢铁行业发展及排放现状

我国是世界第一工业制造大国，钢铁行业排在制造业首位，全球每年生产钢铁高达 18 亿 t，其中近 50% 的钢产于我国。钢铁行业作为传统的高耗能行业，是我国碳排放大户。据统计，我国钢铁行业碳排放量约占我国碳排放总量的 15%，碳排放量占据制造业首位。作为我国工业的支柱性行业，钢铁行业约占我国 GDP 的 5%。钢铁行业涉及面广、产业关联度高、消费拉动大，在经济建设、社会发展、就业稳定等方面发挥着重要作用。根据麦肯锡测算，如果要实现 21 世纪末全球平均气温上升不超过 1.5℃ 的目标，中国钢铁行业到 2050 年须减排近 100%。在碳中和承诺以及去产能的双重压力下，我国钢铁行业减排面临严峻挑战。

二、钢铁生产企业

钢铁生产企业主要是从事黑色金属冶炼、压延加工及制品生产的企业。按产品生产可分为钢铁产品生产企业和钢铁制品生产企业；按生产流程又可分为钢铁生产联合企业、电炉短流程企业、炼铁企业、炼钢企业和钢材加工企业。

三、钢铁行业生产工艺

钢铁生产的主要工艺流程包括混矿、烧结、球团、炼钢、炼铁、轧钢等，钢铁行业主要生产工艺流程如图 2-3-1 所示。

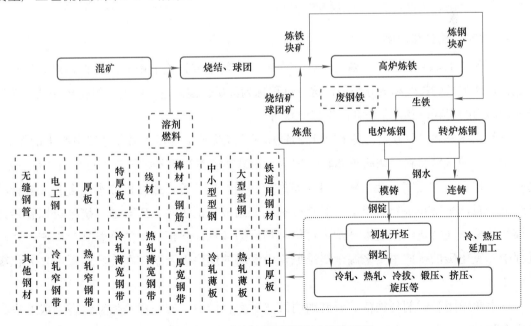

图 2-3-1　钢铁行业主要生产工艺流程

（一）钢铁生产的主要原材料

钢铁生产的主要原材料包括铁矿石、锰矿石、铬矿石、石灰石、耐火黏土、白云石、菱铁矿等矿物的原矿及其成品矿，人造块矿，铁合金，洗煤、焦炭、煤气及煤化工产品，耐火材料制品，炭素制品等。

从原料开始，经过选矿、焦化、炼铁、炼钢、轧钢等工艺过程，生产出各类满足要求的钢铁产品的过程称为钢铁生产流程；每一个生产工艺过程称为生产工序，如炼焦工序、炼铁工序、炼钢工序等。

（二）钢铁生产主要工艺

1. 炼焦

炼焦是炼焦煤在隔绝空气的条件下加热至约 1000℃（高温干馏），通过热分解和结焦产生焦炭、焦炉煤气和炼焦化学产品的工艺过程。焦炉煤气是烧结、炼焦、炼铁、炼钢和轧钢生产的主要燃料。现代焦炭生产过程分为洗煤配煤、炼焦和产品处理等工序。

焦炭的生产过程为：将备煤车间送来的配合煤装入煤塔，并通过摇动给料器将煤装入煤箱内，由设在煤塔上的捣固机将煤制成煤饼，再由捣固机装煤车按作业计划从机侧送入炭化室内，煤饼在炭化室内经过一个结焦周期的高温干馏炼制成焦炭和焦炉煤气。炭化室内的焦炭成熟后，用推焦机推出，经拦焦机导入熄焦车内，熄焦车由电机车牵引至熄焦塔内进行熄焦。炼焦过程会产生焦炉煤气及多种化学产品。

炼焦过程的二氧化碳排放主要是由炼焦过程燃料燃烧产生，部分二氧化碳排放来自于焦炉煤气及气态化工产品在生产过程的逸出。

2. 混矿、烧结和球团

钢厂的矿石原料在进行冶炼之前，需在一定的场地或设施上用专门的设备对其进行预先混合，使矿石的粒度和成分均匀，这一过程称为混矿。混矿过程中的二氧化碳排放主要源于外购电力的消耗以及设备消耗的燃料燃烧等。

烧结工序是将贫铁矿经过选矿得到的铁精矿，富铁矿在破碎和筛分过程中产生的粉矿，生产中回收的含铁粉料（如高炉和转炉炉尘、轧钢铁皮等）加入熔剂（如石灰石、生石灰、消石灰、白云石、菱镁石等）和燃料（如焦粉、无烟煤）等，按比例加水混合制成颗粒状烧结混合料，平铺在烧结台车上，经点火抽风烧结成块的工序。矿石通过烧结可以初步进行煤气还原，同时烧结矿进入高炉内可提高炉内通风性，保证高炉的高温高效生产。烧结过程中二氧化碳的排放主要来源于烧结原料中燃料的燃烧以及熔剂在烧结过程中二氧化碳的释放。

将水和球团黏结剂与铁精矿或磨细的天然矿配合做成生球，再经加温焙烧制成的烧结矿称为球团矿。球团矿具有含铁品位高、粒度均匀、还原性能好、机械强度高、耐贮存等特性。球团矿具体生产过程是将经过处理的原料在配料皮带上进行配料并将配料后的混合料与经过磨碎的返矿一起装入圆筒混合机内加水混合；混合好的料再加到圆盘造球机上造球；制成的生球用给料机加到焙烧设备上进行焙烧。焙烧好的球团要进行冷却，冷却后的球团矿经筛分分成成品矿、垫底料和返矿，垫底料直接添加到焙烧机上，返矿经过磨碎后再重新进入混料和造球过程。

球团生产过程排放中二氧化碳排放主要来源于球团焙烧过程中燃料的燃烧及熔剂石灰石在焙烧过程中产生的过程排放。

3. 炼铁

炼铁指将金属铁从含铁矿物（主要为铁的氧化物）中提炼出来的工艺过程，主要有高炉法，直接还原法和熔融还原法。由于高炉炼铁法工艺相对简单、产量大、劳动生产率高、能耗低，是现代主要的炼铁方法。此处仅以高炉炼铁为例进行说明。

高炉生产时，铁矿石、焦炭和熔剂需由炉顶不断装入，并从高炉下部的风口吹进1000～1300℃的热风，再喷入油、煤或天然气等燃料。在高温下，焦炭和喷吹物中的碳及碳燃烧生成的一氧化碳将铁矿石中的氧还原出来，熔融的铁水从出铁口放出，铁矿石中的脉石、焦炭及喷吹物中的灰分与加入炉内的石灰石等熔剂结合生成炉渣，从出渣口排出。煤气从炉顶导出，经除尘后，作为工业用煤气。炉顶的余压和煤气可以用来发电。

高炉炼铁过程的二氧化碳排放主要包括由焦炭或其他燃料燃烧产生的排放，外购生铁、铁合金等其他含碳原料消耗产生的排放以及使用的熔剂中碳酸盐分解产生的排放。

4. 炼钢

炼钢是指将含碳较高的铁水、生铁、废钢等原材料炼制成钢的冶炼方法和过程。在钢铁冶炼生产流程中，炼钢是核心环节。钢的化学成分和冶炼质量，主要通过炼钢来达到。

炼钢分为转炉炼钢与电炉炼钢。炼钢电炉是一种以电为能源的钢铁炼制设备，也称为电弧炉。电弧炉的电极通过电流产生电弧，使剂料中的金属物质发生熔化并脱氧、脱硫、脱氮、减轻氧等高温反应，以获得所需的化学成分。转炉则是一种基于空气和火焰的炼钢炉，形状类似于一个大圆锅，也称为氧气转炉，转炉的炼钢过程是通过氧气等空气中的气体和燃料，将金属材料熔化，并通过炉墙和底部喷口的氧气来进行氧化和还原反应，以得到所需的成分。

炼钢的主要原料是含碳较高的铁水或生铁以及废钢铁。含碳较高的铁水或生铁等加入炼钢炉以后，经过供氧吹炼、加矿石、脱碳等工序，使铁水中的杂质氧化除去，最后加入合金，进行合金化，可得到钢水。炼钢过程产生的二氧化碳主要来源于燃烧和铁水的碳氧化反应。此外，在电炉炼钢过程中，电极向电弧炼钢炉内输入电能，以电极端部和炉料之间产生的电弧为热源进行炼钢,会导致电极氧化产生排放。电炉炼钢过程主要排放来源于使用的外购电力和热力排放。

5. 连续铸钢

连续铸钢是使钢水不断地通过水冷结晶器,凝成硬壳后从结晶器下方出口连续拉出,经喷水冷却,全部凝固后切成坯料的铸造工艺。是炼钢和轧钢之间的一道工序,连铸生产出来的钢坯是热轧厂生产各种产品的原料。

同模铸相比,连续铸钢具有增加金属收得率,节约能源,提高铸坯质量,改善劳动条件,便于实现机械化、自动化等优点。连铸镇静钢的钢材综合收得率比模铸的高约10%,由于连铸简化了炼钢铸锭及轧钢开坯加工工序,每吨钢可减少部分能源消耗,若进一步解决铸坯和成材轧机的合理配合问题,使热送直接成材,还可进一步节约能源。

连铸过程二氧化碳排放主要是外购电力等能源动力介质在生产过程中的二氧化碳排放,以及钢包、中间包等盛钢水容器在盛装钢水前干燥烘烤过程燃料燃烧时的二氧化碳排放。

6. 轧钢

轧钢是指在旋转的轧辊间改变钢锭、钢坯形状的压力加工过程。轧钢的目的与其他压力加工一样,一方面是为了得到需要的形状,如钢板、带钢线材以及各种型钢等;另一方面是为了改善钢的内部质量。我们常见的汽车板、桥梁钢、锅炉钢、管线钢、螺纹钢、钢筋、电工硅钢、镀锌板、镀锡板,甚至是火车轮都是通过轧钢工艺加工出来的。

轧钢方法按轧制温度不同可分为热轧与冷轧。热轧是将炼钢厂送来的钢坯先送入加热炉,然后经过初轧机反复轧制之后,进入精轧机的过程。在热轧生产线上,轧坯加热变软,被辊道送入轧机,最后轧成用户要求的尺寸。轧钢是连续不间断的作业,钢带在辊道上运行速度快,设备自动化程度高,效率也高。热轧成品分为钢卷和锭式板两种,经过热轧后的钢板厚度一般为几毫米,如果用户要求钢板更薄,则还要经过冷轧。

与热轧相比,冷轧的加工线比较分散。冷轧产品主要有普通冷轧板和涂镀层板,涂镀层板包括镀锡板、镀锌板和彩涂板等。经过热轧厂送来的钢卷先要经过连续三次的技术处理,先要用盐酸除去氧化膜,然后才能送到冷轧机组。在冷轧机上,开卷机将钢卷打开,然后将钢带引入连轧机轧成薄带卷。冷轧是根据用户多种多样的要求来加工的。连轧机架还可生产不同规格的普通钢带卷。

轧钢过程的二氧化碳排放主要是热轧钢坯轧制前的加热炉和轧制后的热处理炉中燃料燃烧产生的排放,以及轧制过程中使用外购电力产生的二氧化碳排放。

四、基本概念

(一)长流程钢铁冶炼

以铁矿石为铁素源,经过还原熔炼、氧化精炼及二次精炼,再把钢水凝固成连铸坯(有时成钢锭）后轧制成钢材的生产过程。长流程钢铁冶炼采用传统"烧结—高炉炼铁—转炉炼钢—轧制"的工艺。

（二）短流程钢铁冶炼

以废钢，包括各种社会返回废钢作为主要铁素源，熔化成为钢水，再经过凝固和轧制加工成钢材的生产过程。短流程钢铁冶炼主要采用电弧炉炼钢的工艺。

2.3.3　任务实施

钢厂 B 是一家大型全产业链钢铁联合企业。主要产品为钢坯（粗钢）和高线（钢材）。截至 2022 年底，钢厂 B 固定资产合计 370000 万元，工业总产值 950000 万元，在职员工总数 5000 余人。

钢厂 B 生产工艺流程为从炼钢原料（如烧结矿、球团矿等）准备开始，原料入高炉经还原冶炼得到液态铁水，经铁水预处理（如脱硫、脱硅、脱碳）进入顶底复吹氧气转炉，经吹炼去除杂质后将钢水倒入钢包中，经二次精炼使钢水纯洁化，然后钢水经凝固成型（连铸）成为钢坯（粗钢），再经轧制工序最后成为高线（钢材）。钢厂 B 生产工艺流程如图 2-3-2 所示。

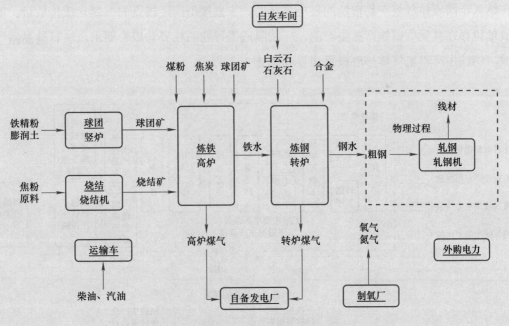

图 2-3-2　钢厂 B 生产工艺流程

钢厂 B 生产所用的石灰石、白云石、废钢和铬铁合金等材料全部外购。财务部统计的石灰石和白云石 2021 年 12 月底库存量、2022 年全年购入量以及 2022 年底库存量（见表 2-3-1），未见钢铁生产之外的其他消耗。财务部统计的废钢及铬铁合金购入量分别为 1213683.98t 和 19997.56t。

表 2-3-1　钢厂 B 财务部统计

	2021 年 12 月底库存量（t）	2022 年全年购入量（t）	2022 年底库存量（t）
石灰石	2939.12	1458289.31	283.13
白云石	930.42	96124.24	499.92

一、钢铁行业企业层级工业生产过程排放核算

（一）确定核算边界

钢铁行业核算指南核算边界与核算内容

《钢铁生产核算报告说明》明确的钢铁行业企业层级应以企业法人或视同法人的独立核算单位为边界，核算和报告其主要生产系统和辅助生产系统产生的温室气体排放，不包括附属生产系统。辅助生产系统包括主要生产管理和调度指挥系统、动力、供水、机修、库房、化验、计量、水处理、运输和环保设施等。附属生产系统包括厂区内为生产服务，主要用于办公生活目的的部门、单位和设施（如职工食堂、车间浴室、保健站、办公场所、公务车辆、班车等）。

重点排放单位存在未纳入全国碳排放权交易市场的发电设施的，按照《钢铁生产核算报告说明》核算要求一并计算其温室气体排放，不考虑其工业生产过程排放。重点排放单位存在纳入全国碳排放权交易市场的发电设施的，应直接引用经核查的二氧化碳排放量。重点排放单位存在其他非钢铁产品生产的，应按照适用行业的核算与报告要求，核算其温室气体排放。钢铁生产温室气体排放核算边界如图 2-3-3 所示。

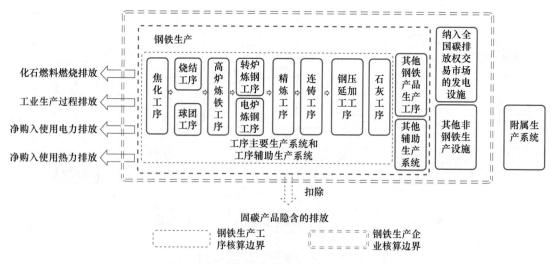

图 2-3-3　钢铁生产温室气体排放核算边界

（二）识别排放源

钢铁行业企业层级温室气体排放核算和报告范围包括：化石燃料燃烧产生的二氧化碳

排放、工业生产过程产生的二氧化碳排放、净购入使用电力产生的二氧化碳排放、净购入使用热力产生的二氧化碳排放、固碳产品隐含的二氧化碳排放。其中，工业生产过程产生的二氧化碳排放包括：烧结、炼铁、炼钢等工序中由于使用外购含碳原料（如电极、生铁、铁合金、直接还原铁、废钢等）和熔剂的分解、氧化产生的二氧化碳排放。

在进行钢厂B的工业生产过程排放时，需要核算（　　　　）。

A. 白云石　　　　　　　　B. 石灰石　　　　　　　　C. 铬铁合金

D. 球团矿　　　　　　　　E. 废钢　　　　　　　　　F. 粗钢

G. 粗苯　　　　　　　　　H. 焦油

答：ABCE。钢厂B熔剂的分解和氧化产生的二氧化碳排放核算主体为白云石和石灰石；不涉及电极使用消耗；外购含碳原料包括铬铁合金和废钢；固碳产品为粗钢、粗苯和焦油，在核算固碳产品隐含的碳排放时需要考虑；球团矿为生产过程中产生的中间产物，不需要核算。

（三）钢铁行业工业生产过程排放计算相关数据收集与获取

1. 收集活动水平数据

钢铁行业核算重点公式介绍

钢铁行业工业生产过程排放的活动水平数据包含熔剂、电极和外购含碳原料消耗量，可采用生产系统记录的计量数据、购销存台账中的消耗量数据、结算凭证上的数据。计量器具的准确度等级应符合 GB 17167—2006《用能单位能源计量器具配备和管理通则》和 GB/T 21368—2008《钢铁企业能源计量器具配备和管理要求》等标准的相关规定。定期进行计量器具检定工作，以保证计量器具在规定的检定周期内所量值的准确性。

钢厂B的工业生产过程排放的熔剂净消耗量活动数据应根据购入量、期初库存量、期末库存量、钢铁生产之外的其他消耗量及外销量计算得到。该钢厂的熔剂不涉及其他消耗及外销，因此，净消耗量＝购入量＋（期初库存量－期末库存量），计算结果见表 2-3-2。

表 2-3-2　钢厂B石灰石量及白云石量统计

	2021年12月底库存量（t）	2022年全年购入量（t）	2022年底库存量（t）	净消耗量（t）
石灰石	2939.12	1458289.31	283.13	1460945.3
白云石	930.42	96124.24	499.92	96554.74

财务部统计的废钢及铬铁合金购入量分别为1213683.98t 和19997.56t。

2. 获取排放因子

钢铁行业工业过程排放因子缺省值采用《钢铁生产核算报告说明》附录规定的缺省值（见表 2-3-3），具备条件的重点排放单位也可自行检测、委托检测或由供应商提供，每年至少检测一次。石灰石和白云石排放因子检测应遵循 GB/T 3286.9—2014《石灰石及白云石化学分析方法　第9部分：二氧化碳含量的测定　烧碱石棉吸收重量法》的标准。含铁物质排放因子可由相对应的含碳量换算而得，含铁物含碳量检测应遵循 GB/T 223.69—2008《钢铁及合金　碳含量的测定　管式炉内燃烧后气体容量法》、GB/T 223.86—2009《钢铁及合金　总

碳含量的测定 感应炉燃烧后红外吸收法》、GB/T 8704.10—2020《钒铁 硅、锰、磷、铝、铜、铬、镍、钛含量的测定 电感耦合等离子体原子发射光谱法》、YB/T 5339—2015《磷铁 碳含量的测定 红外线吸收法》和 YB/T 5340—2015《磷铁 碳含量的测定 气体容量法》等相关标准；多于一次实测数据时，可取算术平均值或加权平均值。

表2-3-3 钢铁行业工业过程排放因子缺省值

名称	二氧化碳排放因子（tCO$_2$/t）
石灰石	0.440
白云石	0.471
电极	3.663
生铁	0.172
直接还原铁	0.073
镍铁合金	0.037
铬铁合金	0.275
钼铁合金	0.018

钢厂 B 的排放因子均未委托有资质的单位进行测量，因此取《钢铁生产核算报告说明》中石灰石、白云石、粗钢和铬铁合金的排放因子缺省值，分别为 0.440tCO$_2$/t、0.471tCO$_2$/t、0.0154tCO$_2$/t 和 0.275tCO$_2$/t，废钢也采用粗钢的排放因子 0.0154tCO$_2$/t。此外，粗苯和焦油的排放因子见表 2-3-4。

表2-3-4 粗苯和焦油的排放因子

	粗苯	焦油
单位热值含碳量（tC/GJ）	0.0227	0.022
碳氧化率（%）	98	98

（四）排放量计算

将收集得到的活动水平数据以及排放因子工业生产过程产生的二氧化碳排放按式（16）～式（19）计算。

$$E_{过程} = E_{熔剂} + E_{电极} + E_{原料} \tag{16}$$

1. 熔剂消耗产生的二氧化碳排放

$$E_{熔剂} = \sum_{i=1}^{n} (P_i \times EF_i) \tag{17}$$

式中：

$E_{熔剂}$——熔剂消耗产生的二氧化碳排放量，单位为吨二氧化碳（tCO$_2$）；

P_i——统计期内第 i 种熔剂的净购入使用量，单位为吨（t）；

EF_i——第 i 种熔剂的二氧化碳排放因子，单位为吨二氧化碳 / 吨（tCO$_2$/t）；

i——消耗熔剂的种类（如白云石、石灰石等）。

2. 电极消耗产生的二氧化碳排放

$$E_{电极} = P_{电极} \times EF_{电极} \tag{18}$$

式中：

$E_{电极}$——电极消耗产生的二氧化碳排放量，单位为吨二氧化碳（tCO_2）；

$P_{电极}$——统计期内电炉炼钢等的电极净购入使用量，单位为吨（t）；

$EF_{电极}$——电极的二氧化碳排放因子，单位为二氧化碳 / 吨（tCO_2/t）。

3. 外购生铁等含碳原料消耗而产生的二氧化碳排放

$$E_{原料} = \sum_{i=1}^{n}(M_i \times EF_i) \tag{19}$$

式中：

$E_{原料}$——含碳原料消耗产生的二氧化碳排放量，单位为吨二氧化碳（tCO_2）；

M_i——统计期内第 i 种购入含碳原料的净购入使用量，单位为吨（t）；

EF_i——第 i 种购入含碳原料的二氧化碳排放因子，单位为吨二氧化碳 / 吨（tCO_2/t）；

i——外购含碳原料的种类（如生铁、铁合金、直接还原铁、废钢等）。

钢厂 B 的工业生产过程排放包括熔剂消耗产生的排放和外购含碳原料消耗产生的排放，不涉及电极消耗产生的二氧化碳排放。

1）熔剂消耗产生的排放 = 石灰石消耗产生的排放 + 白云石消耗产生的排放

= 石灰石消耗量 × 石灰石排放因子 + 白云石消耗量 × 白云石排放因子

= 1460945.30t × 0.440tCO_2/t + 96554.74t × 0.471tCO_2/t

= 688293.21tCO_2

2）外购含碳原料消耗产生的排放 = 外购废钢产生的排放 + 外购铬铁合金产生的排放 = 废钢消耗量 × 废钢排放因子 + 铬铁合金消耗量 × 铬铁合金排放因子

= 1213683.98t × 0.0154tCO_2/t + 19997.56 × 0.275tCO_2/t

= 24190.06tCO_2

3）钢厂 B 工业生产过程排放 = 熔剂消耗产生的排放 + 外购含碳原料消耗产生的排放 = 688293.21 + 24190.06 = 712483.27tCO_2

二、钢铁行业钢铁生产工序核算边界工业生产过程排放核算

（一）确定核算边界

纳入核算的钢铁生产工序为焦化工序、烧结工序、球团工序、高炉炼铁工序、转炉炼钢工序（不包括精炼、连铸（浇铸）、精整）、电炉炼钢工序（不包括精炼、连铸（浇铸）、精整）、精炼工序、连铸工序、钢压延加工工序、石灰工序。

钢铁生产工序
核算边界与
核算要点

各工序核算边界一般以原料、能源进入工序为起点，以最终产品和副产物输出工序为终点，包括工序主要生产设施和工序辅助生产设施，工序辅助生产设施指生产管理和调度指挥系统、机修、照明、检验化验、计量、运输和环保设施等。

（二）识别排放源

钢铁生产各工序温室气体排放核算和报告范围包括：化石燃料燃烧产生的二氧化碳排放、消耗电力产生的二氧化碳排放、消耗热力产生的二氧化碳排放。

根据《钢铁生产核算报告说明》对于核算边界和排放源的描述，钢铁生产工序核算边界内不涉及工业生产过程排放。

2.3.4 职业判断与业务操作

根据任务描述，核算钢厂 A 的工业生产过程排放量。

答：

1. 计算钢厂 A 企业层级下的工业生产过程排放

1）确定排放边界和排放源。对于钢厂 A 而言，核算的工业生产过程的边界为厂区边界内的生产系统生产过程排放，具体包括溶剂消耗排放、电极消耗排放、原料消耗排放以及固碳产品隐含的排放。

2）确定活动水平数据及排放因子。活动水平数据：钢厂 A 工业生产过程排放活动水平数据为石灰石净消耗量 1128699.63t，白云石净消耗量 56912.02t，电极净消耗量 1543.06t，外购生铁消耗量 90729.39t 以及外购废钢消耗量 702310.5t。排放因子：采用《钢铁生产核算报告说明》中的相关缺省值：石灰石 $0.440tCO_2/t$，白云石 $0.471tCO_2/t$，电极 $3.663tCO_2/t$，生铁 $0.172tCO_2/t$。

3）计算钢铁工业生产过程排放。

钢铁工业生产过程排放 = 熔剂消耗排放 + 电极消耗排放 + 原料消耗排放 = $(1128699.63 \times 0.440 + 56912.02 \times 0.471) + (1543.06 \times 3.663) + (90729.39 \times 0.172 + 702310.5 \times 0.0154) = 555506.66 (tCO_2)$

2. 计算钢厂 A 的钢铁生产工序核算边界内的工业生产过程排放

钢铁生产工序核算边界内不涉及工业生产过程排放。

2.3.5 拓展延伸

一、钢铁行业固碳产品隐含的碳排放计算

固碳产品隐含的二氧化碳排放是指钢铁生产过程中少部分碳固化在工序生产的生铁、

粗钢等产品中，还有小部分碳固化在以副产煤气为原料生产的甲醇等固碳产品中。钢铁行业的企业层级核算边界包含固碳产品隐含的二氧化碳排放，这部分固化在产品中的碳对应的二氧化碳排放予以扣减。而钢铁生产工序核算边界不包含这部分内容，无须进行核算。

1. 数据的监测与获取

固碳产品产量可采用生产系统记录的计量数据或购销存台账中的产量数据。计量器具的准确度等级应符合 GB 17167 和 GB/T 21368 等标准的相关规定。计量器具应确保在有效的检验周期内。

排放因子数据采用《钢铁指南》附录 A.3 规定的缺省值。具备条件的重点排放单位至少每年应检测一次，可自行检测或委托检测。当年有多于一次实测数据时，可取算术平均值或加权平均值为该年数值。

2. 排放量计算

固碳产品隐含二氧化碳排放量按式（20）计算。

$$R_{固碳} = \sum_{i=1}^{n}(AD_{固碳} \times EF_{固碳}) \tag{20}$$

式中：

$R_{固碳}$——固碳产品隐含的二氧化碳排放量，单位为吨二氧化碳（tCO_2）；

$AD_{固碳}$——统计期内第 i 种固碳产品的产量，单位为吨（t）；

$EF_{固碳}$——第 i 种固碳产品的二氧化碳排放因子，单位为二氧化碳 / 吨（tCO_2/t）；

i——固碳产品的种类（如粗钢、甲醇等）。

本任务"任务描述"中所介绍的钢厂 B 的固碳产品为粗钢、粗苯和焦油，粗钢产量由汽车衡称重测量，测量结果通过电子终端传输记录保存，符合 GB 17167—2006《用能单位能源计量器具配备和管理通则》中的规定要求。《炼钢厂生产年度报表》统计的粗钢的产量为 5150965.40t；粗苯和焦油全部外销，《焦化厂统计年报》中统计的 2022 全年外销量分别为 3014.61t 和 9978.81t，低位发热值无实测。炼钢炼铁工序产生的高炉煤气和转炉煤气均为自备电厂自用，无外供。

1）确定核算边界及排放源：在核算固碳产品隐含的碳排放时需要考虑固碳产品的种类，钢厂 B 涉及的固碳产品为粗钢、粗苯和焦油。

2）活动水平数据获取：生产部门统计的废钢产量为 5150965.40t；外销的粗苯和焦油量分别为 3014.61t 和 9978.81t，外销粗苯和焦油的低位发热值无实测，因此选用指南中的缺省值 41.816t 和 33.453t。

废钢采用粗钢的排放因子 0.0154 tCO_2/t；粗苯和焦油的排放因子见表 2-3-5。

表 2-3-5　粗苯和焦油的排放因子

	粗苯	焦油
单位热值含碳量（tC/GJ）	0.0227	0.022
碳氧化率（%）	98	98

3）固碳产品隐含的排放计算：固碳产品隐含的排放量＝粗钢产量×粗钢的排放因子＋粗苯产量×粗苯低位发热量×粗苯单位热值含碳量×粗苯碳氧化率×44/12＋焦油产量×焦油低位发热量×焦油单位热值含碳量×焦油碳氧化率×44/12＝5150965.40t×0.0154tCO₂/t＋3014.61t×41.816t×0.0227tC/GJ×98%×44/12＋9978.81t×33.453t×0.022tC/GJ×98%×44/12＝79324.87＋10282.46＋26389.67＝115997.00tCO₂

二、钢铁行业的降碳技术

（一）绿色低碳冶炼技术

我国主流的炼钢工艺为高炉－转炉的长流程炼钢，焦化、烧结、球团、高炉炼铁等生产工序中煤气等燃料进行的燃烧反应，高炉中铁氧化物的还原反应，转炉炼钢过程中铁水中的碳发生氧化反应等均会产生大量二氧化碳排放。

电弧炉短流程炼钢工艺以回收的废钢作为主要原料，以电力为能源介质，利用电弧热效应，将废钢熔化为钢水，实现了"以电代煤"，具有良好的降碳效应。因此，积极推进短流程炼钢工艺的应用成为钢铁行业实现碳减排的有力措施。如今，电弧炉的炉容已逐渐由中小型向大型化演变，生产效率、经济性、钢水品质也因此得到提升。中国新增电弧炉主要以80～150t级别为主，同时，现阶段还存在部分30～100t（合金钢为30～50t）的限制类级别电弧炉和小部分30t及以下淘汰类级别电弧炉（不含机械铸造、特殊质量合金钢、特殊合金材料用电弧炉），我国钢铁企业需积极借鉴国外经验，淘汰落后的小型电弧炉，继续加快电弧炉炉容大型化的发展进程。

氢冶炼工艺利用了氢气作为一种高效、清洁的能源，冶炼过程中生成的产物仅为水的特性，可以在最大程度上实现低碳环保效应，现阶段已得到社会的广泛关注。氢冶炼工艺主要包括高炉富氢冶炼工艺、富氢－气基竖炉工艺和纯氢－气基竖炉工艺。

1）高炉富氢冶炼工艺是向高炉内喷吹焦炉煤气、天然气等富氢气体从而辅助冶炼的一项技术。目前该工艺已趋成熟，具备改善高炉运行状况、提升能源利用效率、减少煤和焦炭的使用量、降低二氧化碳排放量等诸多优点。中国梅钢2号高炉喷吹焦炉煤气的数值模拟结果显示，高炉富氢冶炼工艺使铁矿的还原速度显著加快，还原度明显增高，当焦炉煤气喷吹量为50m³/t时，二氧化碳排放量减少8.61%。

2）富氢－气基竖炉工艺的原理为直接还原法，即利用氢气、一氧化碳等还原性气体作为还原剂，在竖炉内与球团矿、天然块矿等原料发生还原反应，得到直接还原铁。2018年，辽宁华信钢铁集团有限公司与东北大学合作，率先将煤制气－气基竖炉技术的研发成果进行了实际应用；与基于生命周期法计算的传统长流程炼钢工艺相比，生产一吨钢二氧化碳的排放量可降低55.65%。

纯氢-气基竖炉工艺采用纯的氢气作为还原剂直接还原铁矿，由于反应没有碳元素的参与，该还原过程不会有二氧化碳的排放，碳减排效果极其显著。当前世界上没有该项技术的工业化应用实例，推行该项工艺还需要进一步试验。

（二）烟气余热回收利用技术

烟气余热回收利用技术主要是对现有超低排放技术体系进行优化，对生产过程中的余热充分回收利用，并将污染物控制技术与生产深度融合。以超低排放处理的重点工序烧结、球团为例，烧结烟气选择性循环技术、烧结烟气一氧化碳氧化耦合 SCR 脱硝技术、球团烟气嵌入式脱硝技术等，都展示出了该技术一定的应用前景。

烧结烟气选择性循环技术是基于现有超低排放技术，通过提升脱除效率实现污染物排放浓度降低，并通过削减烟气量达到污染物总量减排的目的。排放烟气的烧结机是由 20 多个风箱组成的，不同风箱烟气排放特征存在显著差异。通过对复杂燃烧过程中多污染物迁移转化规律及复杂热工制度下多物理场热量传输机制的解析，选择温度高、污染物富集的特征烟气参与循环，在保证烧结矿质量的前提下，能够实现烟气量和污染物总量减排 30% 以上。

烧结烟气一氧化碳氧化耦合 SCR 脱硝技术是基于烧结烟气排烟温度较低，与传统 SCR 脱硝催化剂适用窗口不匹配。烧结烟气氮氧化物超低排放 70% 以上均采用 SCR 脱硝，需要设置热风炉，通过燃烧大量高炉煤气对烟气进行补热的技术。烧结烟气本身含有大量一氧化碳，如果能够利用其燃烧产生的化学能，就可以替代高炉煤气为中低温 SCR 脱硝补热，节省高炉煤气用量的同时，实现二氧化碳减排，目前解决催化剂的抗硫中毒能力是科研攻关的难点。

球团烟气嵌入式脱硝技术是利用球团生产过程中合适的温度窗口来脱硝。以链篦机-回转窑为例，其排放烟气需经过冷却—焙烧—预热—干燥等多个温度区间，其中预热—干燥段烟气温度（300～500℃）与 SCR 脱硝所需温度区间基本吻合。因此结合球团生产热工制度，采用嵌入式 SCR 脱硝技术，将彻底规避热风炉烟气再生及烟气换热器热系统，实现末端治理前移、环保—生产深度融合，同时大幅降低运行能耗和费用。

任务 2.4　工业生产过程排放核算（电解铝行业）

2.4.1　任务描述

电解铝公司 A 成立于 2007 年，位于某产业园区。企业建设规模为 40 万吨电解铝 / 年，配套炭素产能 18 万 t/ 年，主要产品有重铝锭、T 型锭等。该公司目前共有 2 条电解铝生产线，电解铝厂由生产车间、辅助生产车间和行政福利设施组成。电解系列 A、B 设计电流分别为 350KA 和 400KA，采用大型点式下料预焙阳极电解槽工艺。汇总 2022 年企业每批生产的产量实测数据得到公司 A 2022 年全年原铝产量为 400000t。企业实测平均每天每槽阳极效应持续时间为 0.1 分钟。不涉及石灰石原料煅烧。

请核算电解铝公司 A 企业层级下的工业生产过程排放量。

2.4.2 知识准备

一、电解铝行业发展及排放现状

铝工业是发展国民经济与提高人民生活水平的基础工业，也是有色金属行业最大的二氧化碳排放源。铝工业生命周期的各个环节（包括铝土矿开采、氧化铝冶炼、原生铝电解、最终产品生产和再生铝回收利用，以及上游能源的生产过程）均会排放二氧化碳。因此，探索铝工业碳减排路径对实现我国碳达峰与碳中和目标至关重要。

与欧美电解铝行业相比，我国电解铝行业在电解环节上的二氧化碳排放量较高，主要原因是国内原铝电力能源严重依赖火电。据统计，2020 年底，我国电解铝运行产能消耗中自备电占比 65.2%，网电占比 34.8%。其中，自备电全部为火电，网电按照各区域电网的发电结构进行划分。经测算，在电解铝的能源结构中，火电占比 88.1%，非化石能源占比 11.9%。

结合我国铝行业碳排放特点，实现碳达峰、碳中和路径主要包括提高能源利用效率、产业结构调整、能源结构调整、零碳（负碳）技术开发等。

二、电解铝行业的工艺流程

铝生产包括铝矿石开采、氧化铝制取、电解铝冶炼和铝加工生产 4 个环节。

其中氧化铝制取方法有 4 类，分别是碱法、酸法、酸碱联合法与热法，目前用于大规模工业生产的只有碱法。碱法生产氧化铝有拜耳法、烧结法以及拜耳 - 烧结联合法等。

世界上大部分铝都采用电解方法生产，电解铝环节是铝生产过程中温室气体排放的重要来源，下面主要介绍电解铝生产工艺。铝电解主要采用霍尔电解炼铝法，又称冰晶石 - 氧化铝熔盐电解法，该方法以冰晶石氟化盐作为熔剂，氧化铝为熔质组成电解质体系。具体电解工艺流程图如图 2-4-1 所示。

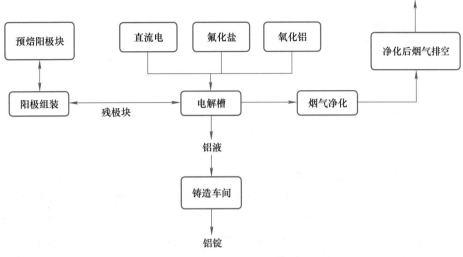

图 2-4-1　电解铝生产工艺流程图

1. 冰晶石－氧化铝熔盐电解法

冰晶石－氧化铝电解法中，熔融冰晶石（Na_3AlF_6）是溶剂，氧化铝为溶质，碳棒为阳极，铝液为阴极，当温度在强大的直流电下达到 950～970℃时，电解槽内的两极上会进行电化学反应。阳极产物主要是二氧化碳和一氧化碳气体，并含有一定的氟化氢等有毒有害气体和固体粉尘，阳极主要有以下两类反应产生二氧化碳排放：

$$2Al_2O_3+3C=4Al+3CO_2$$

$$C+O_2=CO_2$$

在电解过程中，会产生四氟化碳（CF_4）和六氟化二碳（C_2F_6）两种碳氟化合物。在正常操作期间，电解铝生产过程中检测不到全氟化碳气体（PFCs）。PFCs 主要产生于电解槽发生"阳极效应"的异常波动期间和电解槽启动时。铝生产过程中阳极效应不时发生，它们持续的时间从几秒到几分钟不等，其特点是电解槽操作电压突然从正常水平 4.2～5.0V 升高到 25～50V。阳极效应是槽电压升高的主要原因，也是原铝生产中导致 PFCs 排放的主要原因。通常，当槽电压上升至 8.0V 以上时认为电解槽开始进入阳极效应状态，当槽电压低于 6.0V 时，认为阳极效应熄灭。

2. 氯化铝电解法制铝

氯化铝电解法制铝主要由氯化铝制备和氯化铝电解两大过程组成。氯化铝制备采用工业纯三氧化二铝为原料。氯化过程在流态化氯化炉中进行，炉料中的三氧化二铝与氯气和焦炭发生生成三氯化铝，同时会产生二氧化碳排放，反应原理如下：

$$2Al_2O_3+6Cl_2+3C=4AlCl_3+3CO_2$$

2.4.3 任务实施

　　铝材厂 B 成立于 2020 年，位于某工业园区内，属于铝冶炼行业，规划建设年产 300 万 t 的铝合金板带箔项目，并配套建设 300 万 t 原铝生产线。

　　电解铝生产工艺为熔盐电解法，电解铝生产所需主要原材料为氧化铝和预焙阳极，辅助原料有氟化铝、冰晶石、氟化钙等。

　　氧化铝由运输系统从仓库输送到氧化铝贮槽内，经电解烟气净化中心处理后转化成为载氟的氧化铝，并经电解槽打壳和加料系统加入到电解槽内的电解质中，电解槽中有一定量的辅助原料（氟化铝、冰晶石、氟化钙等）。溶解在熔融氟化盐中的氧化铝在直流电的作用下，在铝电解液的阳极中析出二氧化碳，在阴极上析出金属铝液。液态原铝被吸入真空铝抬包，后经抬包拖车送往铸造车间，铝液被注入混合炉，铸成所需的铝锭产品。生产工艺流程如图 2-4-2 所示。

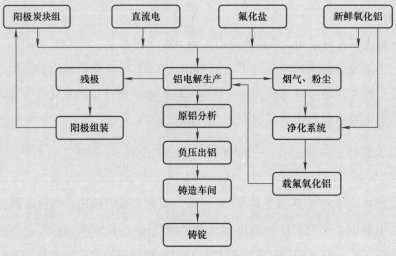

图 2-4-2　铝材厂 B 的生产工艺流程

　　铝材厂 B《铝液产量台账》中全年原铝产量数据与《生产月报表》记录的全年原铝产量数据一致，合计 892187.21t。阳极效应持续时间相关数据未统计。

一、电解铝行业企业层级工业生产过程排放核算

（一）确定核算边界

　　《铝冶炼核算报告说明》明确的电解铝行业企业层级为企业层级应以企业法人或视同法人的独立核算单位为边界，核算和报告其主要生产系统和辅助生产系统产生的温室气体排放，不包括附属生产系统。辅助生产系统包括主要生产管理和调度指挥系统、动力、供水、机修、库房、化验、计量、水处理、运输和环保设施等。附属生产系统包括厂区内为生产服务，

主要用于办公生活目的的部门、单位和设施（如职工食堂、车间浴室、保健站、办公场所、公务车辆、班车等）。

重点排放单位存在未纳入全国碳排放权交易市场的发电设施的，按照《铝冶炼核算报告说明》的核算要求一并计算其温室气体排放，不考虑其工业生产过程排放。重点排放单位存在纳入全国碳排放权交易市场的发电设施的，应直接引用经核查的二氧化碳排放量。重点排放单位存在其他非铝冶炼产品生产的，应按照适用行业的核算与报告要求，核算其温室气体排放。铝冶炼核算边界示意如图2-4-3所示。

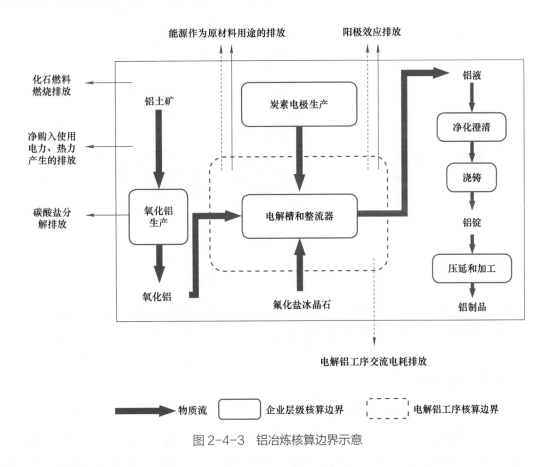

图2-4-3   铝冶炼核算边界示意

（二）识别排放源

电解铝行业企业层级温室气体排放核算和报告范围包括：化石燃料燃烧排放、能源作为原材料用途的排放、阳极效应排放、碳酸盐分解排放、净购入使用电力和热力产生的排放。

铝冶炼企业的工业生产过程排放是指在生产、废弃物处理处置等过程中除燃料燃烧之外的物理或化学变化造成的温室气体排放。铝冶炼企业所涉及的工业生产过程排放主要是阳极效应所导致的全氟化碳排放。如铝冶炼企业使用石灰石（主要成分为碳酸钙）或纯碱（主要成分为碳酸钠）作为生产原料，则还包括碳酸盐分解所产生的二氧化碳排放。

铝材厂 B 的碳排放分析如图 2-4-4 所示。

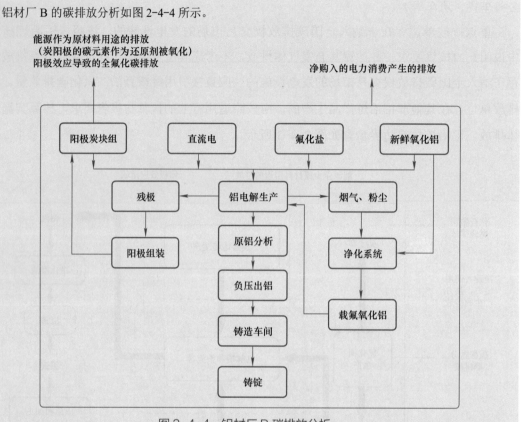

图 2-4-4　铝材厂 B 碳排放分析

铝材厂 B 的工业生产过程排放涉及阳极效应导致的 PFCs 排放，但没有制备氧化铝生产原材料的石灰石煅烧窑，因此工业生产过程排放不涉及煅烧石灰石导致的二氧化碳排放。

（三）数据收集及获取

1. 阳极效应排放核算相关数据获取

1）铝液产量是指各工序实际产出的产量，包含入库、销售及用到下一工序的产量；可采用生产系统记录的计量数据、购销存台账中的产量数据；计量器的配备和管理应符合 GB 17167—2006《用能单位能源计量器具配备和管理通则》等标准的要求，并确保在有效的检验周期内。

2）四氟化碳和六氟化二碳的排放因子测定标准与数据获取。当无实测情况时，四氟化碳的排放因子可选择推荐值 $0.034\mathrm{kgCF_4/tAl}$；六氟化二碳的排放因子可选择推荐值 $0.0034\mathrm{kgC_2F_6/tAl}$。当有实测情况时，可采用国际通用的斜率法经验公式，按式（21）和式（22）进行计算：

$$EF_{CF_4} = 0.143 \times AEM \tag{21}$$

$$EF_{C_2F_6} = 0.1 \times EF_{CF_4} \tag{22}$$

式中：

EF_{CF_4}——阳极效应的四氟化碳排放因子，单位为千克四氟化碳每吨铝（kgCF$_4$/tAl）；

$EF_{C_2F_6}$——阳极效应的六氟化二碳排放因子，单位为千克六氟化二碳每吨铝（kgC$_2$F$_6$/tAl）；

AEM——平均每天每槽阳极效应持续时间，自动化生产控制系统的实时监测数据，单位为分钟（min）。

2. 碳酸盐分解排放核算相关数据获取

碳酸盐消耗量可采用生产系统记录的计量数据、购销存台账中的消耗量数据；计量器具的配备和管理应符合 GB 17167—2006《用能单位能源计量器具配备和管理通则》等标准的要求，并确保在有效的检验周期内；碳酸盐分解的二氧化碳排放因子可采用《铝冶炼核算报告说明》附表 A-3 所提供的。

铝材厂 B 提供的《铝液产量台账》中原铝产量数据与《生产月报表》记录的原铝产量数据一致，全年合计原铝产量为 892187.21t。

由于没有阳极效应持续时间相关数据统计，故阳极效应排放因子选取推荐值，0.034kgCF$_4$/tAl 和 0.0034kgC$_2$F$_6$/tAl。

（四）排放量计算

根据中国造纸协会对近 10 年造纸产量前 20 的企业的产量统计调查数据，我国造纸大企业的产量整体呈增长趋势。我国造纸业经过多年跨越式发展，2016 年，前 20 的造纸企业产量超过全国当年造纸总产量的 50%；2019 年，前 20 的造纸企业总产量首次超过 6000 万 t，产量达到全国当年造纸总产量的 60%；2021 年，前 20 的造纸企业继续扩大规模，产量合计达 7383.91 万 t，占全国当年造纸总产量的 61%；2022，前 20 的造纸企业年产量合计达 7496.12 万 t，全国造纸总产量占比回落至约 55%。相比欧美等发达国家和地区造纸行业的高集中度，我国纸及纸板生产行业的集中度仍较低，因此，我国造纸行业的排放集中度也相对较低。

1. 阳极效应产生排放量计算

$$E_{PFCs} = EF_{CF_4} \times P \times GWP_{CF_4} \times 10^{-3} + EF_{C_2F_6} \times P \times GWP_{C_2F_6} \times 10^{-3} \tag{23}$$

式中：

E_{PFCs}——阳极效应全氟化碳排放量，单位为吨二氧化碳当量（tCO$_2$e）；

EF_{CF_4}——阳极效应的四氟化碳排放因子，单位为千克四氟化碳每吨铝（kgCF$_4$/tAl）；

P——阳极效应的活动数据，即铝液产量，单位为吨铝（tAl）；

GWP_{CF_4}——四氟化碳（CF_4）的全球变暖潜势，取值为6630；

$EF_{C_2F_6}$——阳极效应的六氟化二碳排放因子，单位为千克六氟化二碳每吨铝（kgC_2F_6/tAl）；

$GWP_{C_2F_6}$——六氟化二碳（C_2F_6）的全球变暖潜势，取值为11100。

2. 煅烧石灰石产生排放

碳酸盐分解排放量是铝冶炼重点排放单位各种碳酸盐分解产生的二氧化碳排放量的加总，采用式（24）。

$$E_{碳酸盐} = \sum_{i=1}^{n}(AD_i \times EF_i) \tag{24}$$

式中：

$E_{碳酸盐}$——碳酸盐分解所导致的工业生产过程排放量，单位为吨二氧化碳（tCO_2）；

AD_i——碳酸盐 i 的消耗量，单位为吨（t）；

EF_i——碳酸盐 i 分解的二氧化碳排放因子，单位为吨二氧化碳每吨碳酸盐（tCO_2/t碳酸盐）；

i——碳酸盐种类代号。

① 铝材厂 B 阳极效应导致的排放计算：

$E_{PFCs}=EF_{CF_4} \times P \times GWP_{CF_4} \times 10^{-3} + EF_{C_2F_6} \times P \times GWP_{C_2F_6} \times 10^{-3}$

　　　$=0.034 \times 892187.21 \times 6630 \times 10^{-3} + 0.0034 \times 892187.21 \times 11100 \times 10^{-3}$

　　　$=234787.99(tCO_2)$

② 铝材厂 B 不涉及碳酸盐分解排放，因此，铝材厂 B 的工业生产过程排放为234787.99tCO_2。

二、电解铝工序核算边界的工业生产过程排放核算

（一）确定核算边界

电解铝工序主要包括电解槽和整流变压器的集合，不包括厂区内辅助生产系统以及附属生产系统。核算边界示意如图 2-4-3 所示。

（二）识别排放源

电解铝工序温室气体排放核算和报告范围包括：能源作为原材料用途的二氧化碳排放、阳极效应全氟化碳排放和电解铝工序消耗交流电耗导致的二氧化碳排放。

电解铝工序核算边界的工业生产过程排放主要是阳极效应所导致的全氟化碳排放。

（三）数据获取及排放量计算

电解铝工序核算边界的阳极效应数据获取及排放计算，与企业层级的"阳极效应所导致排放"核算一致。

铝材厂 B 电解铝工序核算边界的工业生产过程排放与企业层级的阳极效应导致的排放核算结果一致，为 234787.99tCO$_2$。

其他有色金属行业法人边界核算重点公式介绍

2.4.4 职业判断与业务操作

根据任务描述，计算电解铝公司 A 企业层级核算边界下的工业生产过程排放量。

答：所识别及筛选的活动数据和排放因子如下：

1. 确定排放边界和排放源

电解铝公司 A 的工业生产过程排放仅涉及阳极效应导致的排放，没有石灰石煅烧导致的排放。

2. 确定活动水平数据及排放因子

1）阳极效应活动水平数据取 2022 年全年电解铝公司 A 的原铝产量 400000t。

2）阳极效应排放因子采用斜率法经验公式进行测算：

$$EF_{CF_4} = 0.143 \times AEM = 0.143 \times 0.1 = 0.0143 \,(kgCF_4 \,/\, tAl)$$

$$EF_{C_2F_6} = 0.1 \times EF_{CF_4} = 0.1 \times 0.0143 = 0.00143 \,(kgC_2F_6 \,/\, tAl)$$

3. 计算排放量

电解铝公司 A 工业生产过程排放计算

$$
\begin{aligned}
E_{\text{过程}} = E_{PFCs} &= EF_{CF_4} \times P \times GWP_{CF_4} \times 10^{-3} + EF_{C_2F_6} \times P \times GWP_{C_2F_6} \times 10^{-3} \\
&= 0.0143 \times 400000 \times 6630 \times 10^{-3} + 0.00143 \times 400000 \times 11100 \times 10^{-3} \\
&= 44272.80 \,(tCO_2e)
\end{aligned}
$$

任务 2.5 废弃物处理排放核算（造纸行业）

2.5.1 任务描述

华北地区某市纸业有限公司 A 成立于 2005 年，工厂位于市工业园区，占地 300 亩（1 亩 ≈ 666.67m^2），员工近 300 人。企业引进欧洲先进生产设备，以废纸为原料生产高档纸板产品。

纸业有限公司 A 生产车间分为蒸汽车间及纸品生产车间。蒸汽车间通过一台蒸汽锅炉生产蒸汽供给纸品生产车间使用。纸品生产车间生产工艺包括纸浆工艺及纸机工艺，纸浆工艺中通过将购买的废纸原料经散浆、去污、磨浆等工艺制成纸浆。纸品生产车间将上一工段制取的纸浆经涂布、压光等步骤制成成品。纸业有限公司 A 工艺生产流程如图 2-5-1 所示。

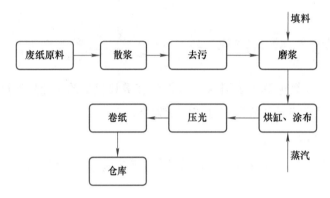

图 2-5-1　纸业有限公司 A 工艺生产流程

企业在生产生活中使用的能源品种主要包括烟煤、柴油和电力。

企业生产废水经废水处理系统（包含厌氧处理过程）后达标排放。2022 年，企业测量的厌氧处理系统出口废水中的化学需氧量浓度平均值为 80mg/L，厌氧处理系统进口废水中的化学需氧量浓度为 10000 mg/L。2022 年企业排放废水 450 万 t。企业对污水处理过程中产生的甲烷没有进行回收利用。

请计算纸业公司 A 企业层级废弃物处理排放量。

2.5.2　知识准备

一、造纸行业发展及排放现状

我国造纸行业主要消耗能源包括煤炭、各种油类、电力、热力以及其他能源；其中，化石能源约占外购能源的 80%，而生物质能源在全部能源中的占比低于 20%。相比发电、石化、化工、建材、钢铁、有色金属等行业，造纸行业虽然在碳排放总量上占比较低，但随着行业规模的持续扩大，未来几年的能源需求将不断上升。随着我国碳排放权交易市场的启动，如何准确、系统地实施和监管排放量的核算和核查，对于制浆造纸生产企业实现节能减排目标、规划碳市场投资有着决定性的意义。

据国家统计局数据显示，2023 年我国机制纸及纸板生产量 14405.5 万 t，较 2022 年增长 6.6%；2023 年全国机制纸及纸板生产量 14405.5 万 t。

工业废水是工业生产过程中产生的废水、污水和废液的总称，其中含有随水流失的工业生产用料、中间产物和产品以及生产过程中产生的污染物。工业用水产生的废水如果随意排放会对周围的环境和生态造成不可逆的伤害。造纸行业一直是我国工业废水排放量较为严重的行业。

二、造纸行业的工艺流程

现代造纸工艺主要由制浆、调制、抄造三个过程组成。制浆为造纸的第一步，按原料分为植物纤维原料制浆和废纸原料制浆两种。纸料的调制为造纸的另一重点，纸张完成后的强度、色调、印刷性的优劣、纸张保存期限的长短与它直接相关，常见的调制过程由散浆、打浆、加胶与充填等步骤组成。抄造过程要先使稀薄的纸料均匀地交织和脱水，再经干燥、压光、卷纸、裁切、选别、包装等工序完成。部分造纸和纸制品生产企业外购石灰石作为生产原料或脱硫剂，碳酸钙发生分解反应，会导致二氧化碳排放。

三、废弃物处理产生排放的原理

废弃物处理在本书中主要指控排企业在生产过程中采用厌氧技术处理高浓度有机废水时产生的甲烷排放。

废水厌氧处理是在厌氧条件下，多种厌氧或兼性厌氧微生物共同作用，使有机物分解的工艺。厌氧处理过程一般包括水解发酵阶段、产氢产乙酸阶段和产甲烷阶段。在水解发酵阶段，复杂的大分子有机物在水解和发酵细菌作用下，使多糖、蛋白质和脂类转化为单糖氨基酸、脂肪酸、甘油等简单的有机物及二氧化碳、氨气等无机物。产氢产乙酸阶段，在产氢产乙酸菌的作用下，各种有机酸会转化为乙酸、氢和二氧化碳。在产甲烷阶段，产甲烷菌将乙酸、氢和二氧化碳转化为甲烷。

2.5.3 任务实施

纸业公司B成立于1989年，年产能15万t，共有8条造纸生产线。该纸业公司的主要产品为机制纸，其生产流程为：将造纸原料浆粕装入水力碎浆机中进行充分混合使其分散均匀并泵送至打浆机内，打浆至抄纸要求的质量，在混合池中将各种浆料及药品混合，送入抄前池，通过高位箱、冲浆泵至除砂器、压力筛净化浆料，然后送入纸机流浆箱，经网上成型脱水、压榨机械脱水、烘缸干燥（干燥过程进行表面施胶），最后经卷取、复卷、包装后，供涂布备用。

机制纸生产中产生的废水由纸业公司B收集后采用厌氧工艺统一处理。

经统计，该公司2022年产生的废水为210万t，企业测量的生产废水全年平均化学需氧量浓度（COD）和生化需氧量浓度（BOD）分别为1200mg/L和300mg/L，固体悬浮物浓度（SS）为1800mg/L。厌氧处理系统出口废水中的全年COD浓度平均值为300mg/L，全年BOD浓度平均值为45mg/L，SS浓度为60mg/L。企业没有进行污泥统计，也没有进行甲烷回收再利用。

一、造纸行业企业层级工业生产过程排放核算

（一）确定核算边界

以造纸和纸制品生产为主营业务的企业，以企业法人或视同法人的独立核算单位为边界，核算和报告其生产系统产生的温室气体排放。生产系统包括主要生产系统、辅助生产系统以及直接为生产服务的附属生产系统，其中辅助生产系统包括动力、供电、供水、化验、机修、库房、运输、废水处理系统等，附属生产系统包括生产指挥系统（厂部）和厂区内为生产服务的部门和单位（如职工食堂、车间浴室、保健站等）。

如果造纸和纸制品生产企业除造纸和纸制品生产以外还存在其他产品生产活动且存在温室气体排放，则应按照相关行业的企业温室气体排放核算方法与报告要求进行核算与报告。

（二）识别排放源

造纸和纸制品生产企业排放源包括化石燃料燃烧排放、工业生产过程排放、净购入电力和热力产生的排放以及废水厌氧处理的甲烷排放。造纸和纸制品生产企业温室气体核算边界如图 2-5-2 所示。

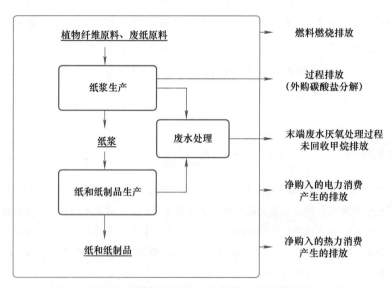

图 2-5-2　造纸和纸制品生产企业温室气体核算边界示意

废水厌氧处理的甲烷排放指制浆造纸企业采用厌氧技术处理高浓度有机工业废水时会产生的甲烷排放。造纸和纸制品生产企业废水处理所导致的氧化亚氮排放不足企业总排放量的 1%，予以忽略。

纸业公司 B 的废弃物处理排放核算内容为废水厌氧处理的甲烷排放，忽略氧化亚氮排放。

（三）数据收集及获取

1. 活动水平数据

废水厌氧处理的甲烷排放需要收集的活动水平数据包括废水厌氧处理去除的有机物总量、以污泥方式清除掉的有机物总量以及甲烷回收量。

1）获取废水厌氧处理去除的有机物总量（TOW）数据时，如果企业有废水厌氧处理系统去除的 COD 统计，可直接作为 TOW 的数据。如果没有去除的 COD 统计数据，则用以下数据计算得到 TOW 数据：厌氧处理过程产生的废水量（W，m^3），采用企业计量数据；厌氧处理系统进口废水中的化学需氧量浓度（COD_{in}，kg COD/m^3），采用企业检测值的平均值；厌氧处理系统出口废水中的化学需氧量浓度（COD_{out}，kg COD/m^3），采用企业检测值的平均值。

2）以污泥方式清除掉的有机物总量（S）数据获取采用企业计量数据。若企业无法统计以污泥方式清除掉的有机物总量，可使用缺省值 0。

3）甲烷回收量（R）数据获取采用企业计量数据，或根据企业台账、统计报表来确定。

2. 获取排放因子

废水厌氧处理的甲烷排放核算需要收集的排放因子数据包括废水厌氧处理系统的甲烷最大生产能力（Bo）以及甲烷修正因子。

废水厌氧处理系统的甲烷最大生产能力，优先使用国家最新公布的数据，如果没有，则采用指南中的推荐值 0.25kg 甲烷 /kg COD。

具备条件的企业可开展对甲烷修正因子（MCF）的实测，或委托有资质的专业机构进行检测，或采用指南的推荐值 0.5。

计算纸业公司 B 废弃物处理排放的活动水平数据，包括废水厌氧处理去除的有机物总量、以污泥方式清除掉的有机物总量以及甲烷回收量。排放因子数据包括废水厌氧处理系统的甲烷最大生产能力和甲烷修正因子。

1）由于纸业公司 B 并未直接统计废水厌氧处理系统去除的 COD 量，因此，可统计以下参数用于 TOW 计算：厌氧处理过程产生的废水量为 210 万 t，按照废水的密度约为 1000kg/m^3 计算，废水量为 210 万 m^3；企业检测值的厌氧处理系统进口废水中的 COD 平均浓度分别为 1200mg/L 和 300mg/L。

2）因纸业公司 B 无法统计以污泥方式清除掉的有机物总量数据，因此按照要求可使用缺省值为 0。

3）纸业公司 B 没有进行甲烷回收再利用，因此甲烷回收量（R）数据取值为 0。

4）甲烷最大生产能力采用指南中的推荐值 0.2kg 甲烷 /kg COD。

5）甲烷修正因子采用指南的推荐值 0.5。

121

（四）排放量计算

废水厌氧处理的甲烷排放计算见式（25）和式（26）。

$$E_{\text{GHG}\_废水} = E_{\text{CH}_4\_废水} \times \text{GWP}_{\text{CH}_4} \times 10^{-3} \tag{25}$$

式中：

$E_{\text{GHG}\_废水}$——废水厌氧处理过程产生的二氧化碳排放当量，单位为吨二氧化碳当量（$t\text{CO}_2e$）；

GWP_{CH_4}——甲烷的全球变暖潜势（GWP）值，根据《省级温室气体清单编制指南（试行）》，GWP_{CH_4} 取 21 取值。

$$E_{\text{CH}_4\_废水} = (\text{TOW} - \text{S}) \times \text{EF} - \text{R} \tag{26}$$

式中：

$E_{\text{CH}_4\_废水}$——废水厌氧处理过程甲烷排放量（kg）；

TOW——废水厌氧处理去除的有机物总量（kg COD）；

S——以污泥方式清除掉的有机物总量（kg COD）；

EF——甲烷排放因子（kg 甲烷 /kg COD）；

R——甲烷回收量（kg 甲烷）。

废水厌氧处理去除的有机物总量（TOW）计算见式（27）。

$$\text{TOW} = \text{W} \times (\text{COD}_{\text{in}} - \text{COD}_{\text{out}}) \tag{27}$$

式中：

W——厌氧处理过程产生的废水量（m^3），采用企业计量数据；

COD_{in}——厌氧处理系统进口废水中的化学需氧量浓度（kg COD/m^3），采用企业检测值的平均值；

COD_{out}——厌氧处理系统出口废水中的化学需氧量浓度（kg COD/m^3），采用企业检测值的平均值。

排放因子数据采用式（28）计算。

$$\text{EF} = \text{Bo} \times \text{MCF} \tag{28}$$

式中：

Bo——厌氧处理废水系统的甲烷最大生产能力（kg 甲烷 /kg COD）；

MCF——甲烷修正因子，无量纲，表示不同处理和排放的途径或系统达到的甲烷最大产生能力（Bo）的程度，也反映了系统的厌氧程度。

按照上一步骤,纸业公司 B 获取的数据包括厌氧处理过程产生的废水 210 万 m^3;企业检测值的厌氧处理系统进口废水中的 COD 平均浓度分别为 1200mg/L 和 300mg/L;以污泥方式清除掉的有机物总量 0;甲烷回收量(R)0;甲烷最大生产能力 0.2kg 甲烷 /kg COD;甲烷修正因子 0.5。

将数据代入公式进行排放量计算可得:

$$TOW = W \times (COD_{in} - COD_{out}) = 2100000 \times (1200 - 300) = 1890000(kg\ COD)$$

$$EF = Bo \times MCF = 0.2 \times 0.5 = 0.1(kg\ CH_4\ /\ kg\ COD)$$

$$E_{CH_4\_废水} = (TOW - S) \times EF - R = (1890000 - 0) \times 0.1 - 0 = 189000(kg\ CH_4)$$

$$E_{GHG\_废水} = E_{CH_4\_废水} \times GWP_{CH_4} \times 10^{-3} = 189000 \times 27.9 \times 10^{-3} = 5273.10(tCO_2e)$$

二、造纸行业设施层级废弃物处理排放核算

造纸行业设施层级(补充数据表边界)下的二氧化碳排放总量计算包括化石燃料燃烧排放量和净购入电力和热力对应的排放量,废弃物处理排放不在补充数据表边界核算范围内。

造纸行业补充
数据表介绍

2.5.4 职业判断与业务操作

根据任务描述,核算纸业有限公司 A 企业层级废弃物处理排放量。

答:

1. 确定排放边界和排放源

纸业有限公司 A 的排放边界和排放源为厂区内的废水厌氧处理过程产生的排放量。

2. 确定活动水平数据及排放因子

企业废水厌氧处理过程中的参数均为企业监测值。2022 年纸业有限公司 A 年产废水 450 万 t,废水厌氧处理系统进口、出口 COD 分别为 10kg COD/m^3 及 0.08kg COD/m^3。废水厌氧处理过程的排放因子根据指南中的推荐值计算而得,为 0.125kg 甲烷 /kg COD。

3. 计算排放量

纸业有限公司 A 的废弃物处理排放量计算如下:

$$\begin{aligned}
E_{GHG\_废水} &= E_{CH_4\_废水} \times GWP_{CH_4} \times 10^{-3} \\
&= [(TOW - S) \times EF - R] \times GWP_{CH_4} \times 10^{-3} \\
&= \{[W \times (COD_{in} - COD_{out}) - S] \times EF - R\} \times GWP_{CH_4} \times 10^{-3} \\
&= \{[4500000 \times (10 - 0.08) - 0] \times 0.125 - 0\} \times 27.9 \times 10^{-3} \\
&= 155682.00(tCO_2)
\end{aligned}$$

任务 2.6 二氧化碳回收利用量核算（石化行业）

2.6.1 任务描述

石油化工有限公司 A 位于经济开发区，占地面积约 900 余亩。企业以原油、原料油等为原料，通过原料预处理、催化裂化、制氢、硫磺回收等生产工序，生产柴油、汽油、液化气、沥青、硫磺等产品。

企业在制氢阶段存在将多余的二氧化碳回收并外供给其他企业的情况。二氧化碳回收且外供的量每月度通过生产报表和结算凭证记录，2022 年记录的外供量为 36714.5t。每批次外供气体会定期检测其纯度，将每批次纯度数据进行加权取平均值为 99.5%。

计算该石化企业 A 企业层级的二氧化碳回收利用量。

2.6.2 知识准备

一、石化行业发展现状

自 2017 年以来，我国石油和化学工业经济运行呈现出稳中向好、稳中有进、稳中提质的发展态势，在主营业务收入、经济效益等主要经济指标上均达到近年来最高增速，变化喜人，具有转折性意义。根据 2022 年石油和化学工业经济运行报告，我国石化行业经济运行总体呈平稳态势，全行业生产小幅增长，营业收入保持较快增长，利润下降；能源生产稳定，化工生产平稳；外贸进出口保持较快增长；投资呈现良性增长态势；化工新材料技术方面有突破；行业整体效益趋向好转，企业经营环境得到持续改善，经济增长结构不断优化提升。

通过对产业结构和技术水平进行不断调整、发展和优化，我国石油化工行业主要在 3 个方面得到显著的改进和提高：①基本建立了门类齐全、综合配套完整的工业体系。石化产业布局得到明显改善，逐步形成大型集约化、炼化一体化、全方位多角度的发展局面。②持续提升油品质量，切实满足标准要求。通过不断提升国家汽柴油质量，使我国石油化工行业生产技术得到长足发展和进步。③通过不断调整优化加工工艺技术，装备水平得到显著提高。目前，我国已具备成熟的建设千万吨级炼厂的成套技术，拥有国际先进的石化开发技术，其中，重油催化裂化和渣油加氢处理技术更是达到了世界领先水平。

二、石油化工工艺流程

石油炼化常用的工艺流程为常减压蒸馏、催化裂化、延迟焦化、加氢裂化、溶剂脱沥青、加氢精制、催化重整等。炼油工艺生产流程如图 2-6-1 所示。

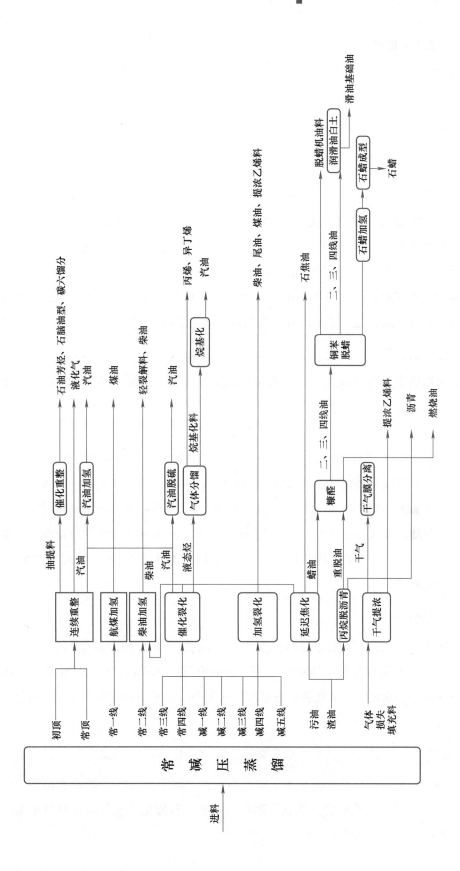

图 2-6-1　炼油生产工艺流程

（一）常减压蒸馏

1. 原料

原油等。

2. 产品

常减压蒸馏的产品包括石脑油、粗柴油（瓦斯油）、渣油、沥青和减一线。

3. 基本概念

常减压蒸馏是常压蒸馏和减压蒸馏的合称，该工业流程基本属于物理过程，其原料油在蒸馏塔里按蒸发能力分成沸点范围不同的油品（称为馏分），这些油有的经调和、加入添加剂后以产品形式出厂，而另外大部分则是后续加工装置的原料。

常减压蒸馏是炼油厂石油加工的第一道工序，称为原油的一次加工，这其中包括三个工序，分别是原油的脱盐、脱水，常压蒸馏和减压蒸馏。

4. 生产工艺

原油一般含有盐分和水，容易导致设备的腐蚀，因此原油在进入常减压之前通常要先加入破乳剂和水进行脱盐脱水，以实现预处理。

原油经过流量计、换热装置和蒸馏塔形成塔顶油和塔底油两部分。塔顶油经过冷却器和流量计后进入罐区，形成化工轻油（即石脑油）；塔底油经过换热装置进入常压炉和常压塔，并形成柴油、蜡油以及塔底油；剩余的塔底油再经过减压炉和减压塔进一步加工，生成减一线、蜡油、渣油和沥青。常减压工序不生产汽油产品，其中蜡油和渣油进入催化裂化环节，生成汽油、柴油、煤油等成品油；石脑油则直接出售，供其他小企业生产溶剂油，也可以进入下一步的深加工，用于催化重整生产溶剂油或提取苯类化合物；减一线可以直接进行调剂，成为润滑油原材料。

（二）催化裂化

一般原油经过常减压蒸馏后得到的汽油、煤油及柴油等轻质油品仅占总产出量的 10% ～ 40%，其余为重质馏分油和残渣油。如果想得到更多轻质油品，就必须对重质馏分油和残渣油进行二次加工。催化裂化是最常用的生产汽油和柴油的生产工序，也是一般石油炼化企业最重要的生产的环节。

1. 原料

催化裂化一般以减压馏分油和焦化蜡油为原料，其中约 70% 为渣油和蜡油，但是随着原油日益加重以及对轻质油的需求越来越高，大部分石炼化企业开始在原料中掺加减压渣油，甚至直接以常压渣油作为原料进行炼制。

2. 产品

催化裂化产出的产品包括汽油、柴油、油浆（重质馏分油）、液体丙烯以及液化气，各自比重分别是：汽油占 42%，柴油占 21.5%，丙烯占 5.8%，液化气占 8%，油浆占 12%。

3. 基本概念

催化裂化是在有催化剂存在的条件下，将重质油（如渣油）加工成轻质油（如汽油、煤油、柴油）的主要工艺，是炼油过程主要的二次加工手段，属于化学加工过程。

4. 生产工艺

常渣和蜡油经过原料油缓冲罐进入提升管、沉降器和再生器形成油气并进入分馏塔。

一部分油气进入粗汽油塔、吸收塔、空压机和凝缩油罐，经过再吸收塔、稳定塔，最后进行汽油精制，生产出汽油。一部分油气经过分馏塔进入柴油汽提塔进行柴油精制，生产出柴油。一部分油气经过分馏塔进入油浆循环，最后生产出油浆。一部分油气经分馏塔进入液态烃缓冲罐，经过脱硫吸附罐、砂滤塔、水洗罐、脱硫醇抽提塔、预碱洗罐、胺液回收器、脱硫抽提塔和缓冲塔，最后进入液态烃罐，形成液化气。一部分油气经过液态烃缓冲罐进入脱丙烷塔、回流塔、脱乙烷塔、精丙烯塔、回流罐，最后进入丙烯区球罐，形成液体丙烯。液体丙烯再经过聚丙烯车间的进一步加工生产出聚丙烯。

（三）延迟焦化

焦炭化（简称焦化）是深度热裂化过程，也是处理渣油的手段之一。它也是任何其他过程所无法代替的，唯一能生产石油焦的工艺过程。某些对优质石油焦有特殊需求的行业，使焦化过程在炼油工业中一直占据着重要地位。

1. 原料

延迟焦化的原料可以是重油、渣油甚至是沥青，该加工技术对原料的品质要求比较低。

2. 产品

延迟焦化的主要产品是蜡油、柴油、焦炭、粗汽油和部分气体，其产量占比分别为蜡油 23%～33%、柴油 22%～29%、焦炭 15%～25%、粗汽油 8%～16%、气体 7%～10%以及外甩油 1%～3%。

3. 基本概念

焦化是以贫氢重质残油（如减压渣油、裂化渣油、沥青等）为原料，在高温（400～500℃）下进行深度热裂化反应的过程。通过裂解反应，使渣油的一部分转化为气体烃和轻质油品；通过缩合反应，使渣油的另一部分转化为焦炭。一方面原料因含相当数量的芳烃而较重，另一方面焦化的反应条件更加苛刻，因此缩合反应占比大，生成焦炭多。

4. 生产工艺

延迟焦化装置的生产工艺分为焦化和除焦两部分，焦化为连续操作，除焦为间隙操作。由于工业装置一般设有两个或四个焦炭塔，所以整个生产过程仍为连续操作。

预热原油时，焦化原料（减压渣油）先进入原料缓冲罐，再用泵送入加热炉对流段升温至 340～350℃。经预热后的原油进入分馏塔底，与焦炭塔产出的油气在分馏塔内（塔底温度不超过400℃）换热。原料油和循环油一起从分馏塔底抽出，用热油泵打进加热炉辐射段，加热到焦化反应所需的温度（约500℃），再通过四通阀由下部进入焦炭塔，进行焦化反应。

原料在焦炭塔内反应生成焦炭并聚积在焦炭塔内，油气从焦炭塔顶出来进入分馏塔，与原料油换热后，经过分馏得到气体、汽油、柴油和蜡油。塔底循环油和原料一起再进行焦化反应。

（四）加氢裂化

重油轻质化基本原理是改变油品的相对分子质量和氢碳比，这两者往往同时进行。改变油品的氢碳比有两种途径，一是脱碳、二是加氢。

1. 原料

加氢裂化的原料包括重质油等。

2. 产品

加氢裂化的产品为轻质油，包括汽油、煤油、柴油或催化裂化、裂解制烯烃的原料。

3. 基本概念

加氢裂化属于石油加工过程的加氢路线，是在催化剂作用下从外界补入氢气以提高油品氢碳比的技术。

加氢裂化实质上是加氢和催化裂化过程的有机结合，一方面能使重质油品通过裂化反应转化为汽油、煤油和柴油等轻质油品；另一方面又可防止催化裂化过程中生成大量焦炭；还可将原料中的硫、氯、氧化合物杂质通过加氢除去，使烯烃饱和。

4. 生产流程

按反应器中催化剂所处的状态不同，加氢裂化可分为固定床、沸腾床和悬浮床等几种形式。

1）固定床是指将颗粒状的催化剂放置在反应器内，形成静态催化剂床层。原料油和氢气经升温、升压达到反应条件后进入反应系统，先进行加氢精制以除去硫、氮、氧杂质和二烯烃，再进行加氢裂化反应。反应产物经降温、分离、降压和分馏后，目标产品送出装置，并分离出含氢较高（80%～90%）的气体，作为循环氢使用。

未转化油（称尾油）可以部分循环、全部循环或不循环一次通过。

2）沸腾床（又称膨胀床）工艺借助流体流速带动具有一定颗粒度的催化剂运动，形成气、液、固三相床层，从而使氢气、原料油和催化剂充分接触而完成加氢反应过程。

沸腾床工艺可以处理金属含量和残炭值较高的原料（如减压渣油），并可使重油深度转化；但反应温度较高，一般在 400 ～ 450℃之间。

此种工艺比较复杂，国内尚未工业化。

3）悬浮床（浆液床）工艺是为了适应劣质原料而重新得到重视的一种加氢工艺。其原理与沸腾床相类似，基本流程是将细粉状催化剂与原料预先混合，再与氢气一同进入反应器自下而上流动，催化剂悬浮于液相中，进行加氢裂化反应，催化剂随着反应产物一起从反应器顶部流出。

该装置能加工各种重质原油和普通原油渣油，但装置投资大。该工艺目前在国内尚属研究开发阶段。

（五）溶剂脱沥青

溶剂脱沥青是预处理劣质渣油的过程。该技术也是采用萃取的方法，从原油蒸馏所得的减压渣油（有时也从常压渣油）中，除去胶质和沥青，以制取脱沥青油，同时生产石油沥青的一种石油产品精制过程。

1. 原料

减压渣油或者常压渣油等重质油。

2. 产品

溶剂脱沥青的产品包括脱沥青油、脱油沥青等。

3. 基本概念

溶剂脱沥青是加工重质油的一种石油炼制工艺，其过程是以减压渣油等重质油为原料，利用丙烷、丁烷等烃类作为溶剂进行萃取，萃取物（即脱沥青油）可做重质润滑油原料或裂化原料，萃余物脱油沥青可做道路沥青或其他用途。

4. 生产流程

溶剂脱沥青的生产流程包括萃取和溶剂回收两部分。萃取部分一般采取一段萃取流程，也可采取二段萃取流程。

沥青和重脱沥青油溶液中丙烷含量较少，因此采用一次蒸发及汽提回收丙烷；而轻脱沥青油溶液中丙烷含量较多，因此采用多效蒸发及汽提或临界回收及汽提回收丙烷，以减少能耗。

临界回收过程，是利用丙烷在接近临界温度和稍高于临界压力（丙烷的临界温度96.8℃、临界压力 4.2MPa）的条件下对油的溶解度接近最小，其密度也接近最小的性质，使轻脱沥青油与大部分丙烷在临界塔内沉降、分离,从而避免了丙烷的蒸发冷凝过程,因而尽可能地减少了能耗。

目前国内的溶剂脱沥青工艺流程主要有沉降法二段脱沥青工艺、临界回收脱沥青工艺以及超临界抽提溶剂脱沥青工艺。

1)沉降法二段脱沥青工艺是在常规一段脱沥青工艺的基础上发展起来的。是在研究大庆减压渣油特有性质的基础上,注意到常规的丙烷脱沥青不能充分利用好该资源,而开发出的一种新脱沥青工艺。

2)临界回收脱沥青工艺中,溶剂对油的溶解能力随温度的升高而降低,当温度和压力接近临界条件时,溶剂对油的溶解能力已降至低点,这时,该丙烷溶剂经冷却后可直接循环使用,不必经过蒸发回收。

3)超临界抽提溶剂脱沥青工艺。超临界流体抽提是利用抽提体系在临界区附近具有反常的相平衡特性及异常的热力学性质,通过改变温度、压力等参数,使体系内组分间的相互溶解度发生剧烈变化,从而实现组分分离的技术。

(六)加氢精制

加氢精制一般是指通过加氢工艺对某些不能满足使用要求的石油产品进行再加工,使之达到规定的性能指标。

1. 原料

加氢精制的原料包括含硫、氧、氮等有害杂质较多的汽油、柴油、煤油、润滑油、石油蜡等。

2. 产品

加氢精制改质后的产品包括汽油、柴油、煤油、润滑油、石油蜡等。

3. 基本概念

加氢精制工艺是各种油品在氢压力下进行催化改质的统称。它是指在一定的温度和压力、有催化剂和氢气存在的条件下,使油品中的各类非烃化合物发生氢解反应,并从油品中脱除,以达到精制油品的目的。

加氢精制主要用于油品的精制,其主要目的是通过精制来改善油品的使用性能。

4. 生产流程

加氢精制的工艺流程一般包括反应系统,生成油换热、冷却、分离系统和循环氢系统三部分。

1)反应系统:原料油与新氢、循环氢混合,并与反应产物换热后,以气液混相状态进入加热炉(这种方式称炉前混氢),加热至反应温度并进入反应器。

反应器进料可以是气相(精制汽油时),也可以是气液混相(精制柴油或比柴油更重的油品时）。反应器内的催化剂一般分层填装，以利于注冷氢来控制反应温度。循环氢与油料混合物通过每段催化剂床层进行加氢反应。

2）生成油换热、冷却、分离系统：反应产物从反应器的底部出来，经过换热、冷却后，进入高压分离器；在冷却器前要向产物中注入高压洗涤水，以溶解反应生成的氨和部分硫化氢。反应产物在高压分离器中进行油气分离，分出的气体是循环氢，其中除了主要成分氢外，还有少量的气态烃（不凝气）和未溶于水的硫化氢；分出的液体产物是加氢生成油，其中也含有少量的气态烃和硫化氢；生成油经过减压再进入低压分离器进一步分离出气态烃等组分，产品经分馏系统分离成合格产品。

3）循环氢系统：从高压分离器分出的循环氢经储罐及循环氢压缩机后，小部分（约30%）直接进入反应器作冷氢，其余大部分送去与原料油混合，在装置中循环使用。为了保证循环氢的纯度，常用硫化氢回收系统，以避免硫化氢在系统中积累。一般用乙醇胺吸收并除去硫化氢，富液（吸收液）再生循环使用，解吸出来的硫化氢送到制硫装置回收硫磺，净化后的氢气循环使用。

（七）催化重整

1. 原料

催化重整的主要原料为石脑油（轻汽油、化工轻油、稳定轻油），其一般在炼油厂进行生产，有时在采油厂的稳定站也能产出该产品。质量好的石脑油含硫量低，颜色接近于无色。

2. 产品

催化重整的主要产品包括高辛烷值的汽油、苯、甲苯、二甲苯等（这些产品是生产合成塑料、合成橡胶、合成纤维等的主要原料），还有大量副产品氢气。

3. 基本概念

重整指烃类分子重新排列成新的分子结构。

催化重整装置用直馏汽油（即石脑油）或二次加工汽油的混合油做原料，在催化剂（铂或多金属）的作用下，经过脱氢环化、加氢裂化和异构化等反应，使烃类分子重新排列成新的分子结构，以生产 C6 ~ C9 芳烃产品或高辛烷值汽油为主要目的；并利用重整副产氢气，供二次加工的热裂化、延迟焦化的汽油或柴油加氢精制。

4. 生产流程

根据催化重整的基本原理，一套完整的重整工业装置大都包括原料预处理和催化重整两部分。以生产芳烃为目的的重整装置还包括芳烃抽提和芳烃精馏两部分。

原料预处理指将原料切割成适合重整要求的馏程范围和脱去对催化剂有害的杂质。预处理包括预脱砷、预分馏、预加氢三部分。

催化重整是将预处理后的精制油采用多金属（铂铼、铂铱、铂锡）催化剂在一定的温度、压力条件下，通过环烷脱氢、芳构化、异构化等主要反应，将原料油分子进行重新排列，以提高汽油辛烷值或增产芳烃。工业重整装置广泛采用的反应系统流程可分为两大类：固定床反应器半再生式工艺流程和移动床反应器连续再生式工艺流程。

2.6.3 任务实施

石油化工公司 B 以石油、煤炭及其他燃料加工业为主。该公司主营产品包括汽油、煤油、柴油、润滑油等多种类油品，以及乙烯和合成氨等多种石化产品。企业在生产阶段，将二氧化碳回收储存用作原料，并将多余的二氧化碳外供给其他食品加工企业。二氧化碳回收且外供的量每月度通过生产报表和结算凭证记录，2022 年记录的二氧化碳外供量为 $2651.5 \times 10^4 Nm^3$；企业回收自用的量每月度通过生产统计台账记录，2022 年记录的二氧化碳回收自用量为 $1832.9 \times 10^4 Nm^3$。每批次外供气体会定期检测其纯度，将每批次数据进行加权取平均值为 99.5%，自用气体与外购气体纯度一致。

一、石化行业企业层级工业生产过程排放核算

（一）确定核算边界

石化行业企业
层级核算边界
与核算内容

报告主体应以独立法人企业或视同法人的独立核算单位为企业边界，核算和报告在运营上受其控制的所有生产设施产生的温室气体排放。设施范围包括基本生产系统、辅助生产系统，以及直接为生产服务的附属生产系统，其中辅助生产系统包括厂区内的动力、供电、供水、采暖、制冷、机修、化验、仪表、仓库（原料场）、运输等，附属生产系统包括生产指挥管理系统（厂部）以及厂区内为生产服务的部门和单位（如职工食堂、车间浴室等）。

（二）识别排放源

石化企业核算的排放源类别和气体种类包括燃料燃烧排放、火炬燃烧排放、工业生产过程排放、二氧化碳回收利用量及净购入电力和热力隐含的二氧化碳排放。

其中，二氧化碳回收利用量包括企业回收燃料燃烧或工业生产过程产生的二氧化碳作为生产原料自用的部分，以及作为产品外供给其他单位的部分，二氧化碳回收利用量可从企业总排放量中予以扣除。

（三）数据收集及获取

二氧化碳气体回收外供量以及回收做原料量应根据企业台账或统计报表来确定。气体的二氧化碳纯度应根据企业台账记录来确定。

2022 年，企业二氧化碳气体回收外供量为 $2651.5 \times 10^4 Nm^3$，回收做原料自用量为 $1832.9 \times 10^4 Nm^3$。纯度均为 0.995。

（四）排放量计算

排放量计算见式（29）。

$$R_{CO_2 回收} = (Q_{外供} \times PUR_{CO_2 外供} + Q_{自用} \times PUR_{CO_2 自用}) \times 19.7 \tag{29}$$

式中：

$R_{CO_2 回收}$ ——报告主体的二氧化碳回收利用量，单位为 $t\,CO_2$；

$Q_{外供}$ ——报告主体回收且外供的二氧化碳气体体积，单位为万 Nm^3；

$Q_{自用}$ ——报告主体回收且自用作生产原料的二氧化碳气体体积，单位为万 Nm^3；

$PUR_{CO_2 外供}$ ——二氧化碳外供气体的纯度（二氧化碳体积浓度），取值范围为 $0 \sim 1$；

$PUR_{CO_2 自用}$ ——二氧化碳原料气的纯度，取值范围为 $0 \sim 1$；

19.7——标况下二氧化碳气体的密度，单位为 $t\,CO_2/$ 万 Nm^3。

若二氧化碳的外供量或自用作生产原料的量以质量为单位进行统计时（例如以吨为单位统计），无须进行密度转换。

2022 年，企业二氧化碳气体回收外供量为 $2651.5 \times 10^4 Nm^3$，回收做原料自用量为 $1832.9 \times 10^4 Nm^3$。纯度均为 0.995。

$$\begin{aligned} R_{CO_2 回收} &= (Q_{外供} \times PUR_{CO_2 外供} + Q_{自用} \times PUR_{CO_2 自用}) \times 19.7 \\ &= (2651.5 \times 0.995 + 1832.9 \times 0.995) \times 19.7 \\ &= 87900.97 t CO_2 \end{aligned}$$

二、石化行业设施层级二氧化碳回收利用量核算

原油加工企业和乙烯生产企业的设施层级（补充数据表边界）的排放核算内容均为化石燃料燃烧排放量、消耗电力对应的排放量及消耗热力对应的排放量三部分，不包括氧化碳回收利用量。

石化行业补充
数据表介绍

2.6.4 职业判断与业务操作

根据任务描述，计算石油化工有限公司 A 的企业层级二氧化碳回收利用量。

答：企业二氧化碳回收且外供的量每月度通过生产报表、结算凭证记录，2022年记录的外供量为36714.5t。二氧化碳纯度取加权平均值为99.5%。

因此，企业二氧化碳回收利用量=36714.5t×99.5%=36530.93t。

2.6.5 拓展延伸

二氧化碳捕集、利用与封存（CCUS）技术

碳捕集、利用与封存（Carbon Capture，Utilization and Storage，CCUS）是指将二氧化碳从工业过程、能源利用或大气中分离出来，直接加以利用或注入地层以实现二氧化碳永久减排的过程。CCUS是我国实现双碳目标的关键技术抓手，可广泛应用于各行各业，特别是对高耗能高排放的重点行业，CCUS更是不可或缺的技术手段。根据《中国二氧化碳捕集利用与封存（CCUS）年度报告（2023）》预测，在碳达峰、碳中和目标下中国CCUS减排需求到2025年约为2400万t/年（1400万~3100万t/年），2030年将增长到近1亿t/年（0.58亿~1.47亿t/年），2040年预计达到约10亿t/年（8.85亿~11.96亿t/年），2060年预计达到约23.5亿t/年（21.1亿~25.3亿t/年）。按照技术流程，CCUS主要分为碳捕集、碳运输、碳利用、碳封存等环节。其中，碳捕集主要方式包括燃烧前捕集、燃烧后捕集和富氧燃烧等；碳运输是将捕集的二氧化碳通过管道、船舶等方式运输到指定地点；碳利用是指通过工程技术手段将捕集的二氧化碳实现资源化利用的过程，利用方式包括矿物碳化、物理利用、化学利用和生物利用等；碳封存是通过一定技术手段将捕集的二氧化碳注入深部地质储层，使其与大气长期隔绝，封存方式主要包括地质封存和海洋封存。

随着技术的推陈出新，CCUS技术体系正在逐步完善和丰富。二氧化碳捕集技术正在由第一代向第二代过渡，第三代技术也开始崭露头角。第一代捕集技术是指现阶段已完成工程示范并投入商业运行的技术，如传统的燃烧后化学吸收技术、燃烧前物理吸收技术等。第二代捕集技术是指能够在2025年进行商业部署的捕集技术，如基于新型吸收剂的化学吸收技术、化学吸附技术等。第三代捕集技术又称变革性技术，是指能够在2035年开始投入商业运行的技术，如化学链燃烧技术等。二氧化碳运输技术正由传统的罐车和船舶运输向陆上管道和海底管道运输发展。中国二氧化碳输送管道在输量、管径、距离等方面呈现规模化趋势，管输规模突破百万吨，管输压力迈入超临界范围，管输经济优势日渐明显。二氧化碳利用技术正在由较早的二氧化碳地质利用实现能源资源增采[如二氧化碳强化石油开采（CO_2-EOR）、强化煤层气开采（CO_2-ECBM）等]向二氧化碳化工利用和生物利用拓展，逐步实现高附加值化学品合成、生物产品转化等绿色碳源利用方式。二氧化碳封存技术按照地质封存体的不同，可分为陆上咸水层封存、海上咸水层封存、枯竭油气田封存等。近年来，中国部分企业开始探索离岸封存的可行性，为未来沿海地区二氧化碳大规模封存探路。

近年来，中国 CCUS 示范工程建设发展迅速，数量和规模均有显著增加，更多行业和领域开展 CCUS 技术应用，推动能耗成本持续下降。截至 2022 年底，中国投运和规划建设中的 CCUS 示范项目已接近百个，其中已投运项目超过半数，具备二氧化碳捕集能力约 400 万 t / 年，注入能力约 200 万 t / 年。超过 40 个规划和投运中的示范项目来自油气、煤化工、石油化工、乙醇制备和化肥生产等行业。

我国 CCUS 仍处于发展早期，部分先进技术尚处于研究阶段。当前阶段仍旧面临应用成本高昂、有效商业模式欠缺、激励和监管措施不足、源汇匹配困难等多方面挑战，距离大规模商业化运行仍有一段距离。未来，随着政策支持不断增多以及示范工程建设加速推进，我国 CCUS 相关技术将逐步成熟，带动 CCUS 各环节成本下降，从而进一步推动 CCUS 规模化应用。以碳捕集环节为例，新型膜分离、新型吸收、新型吸附等技术的成熟将推动能耗和成本降低 30% 以上，并有望在 2035 年前后实现大规模推广应用。CCUS 技术体系如图 2-6-2 所示。

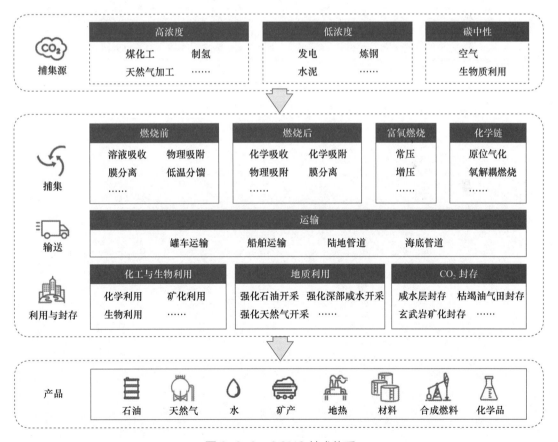

图 2-6-2　CCUS 技术体系

项目 3

间接排放核算

 知识目标

- 了解化工行业的发展现状与工艺流程。
- 了解绿色电力。

 能力目标

- 能够进行净购入电力、净购入热力排放核算。
- 掌握企业涉及热力外销和自备电厂供热的碳排放核算方法。
- 掌握电力、热力间接排放的核算方法。

净购入电力排放核算（电解铝行业）

3.1.1 任务描述

铝材有限公司 A 是按照现代企业制度要求建立起来的新型企业，成立于 2007 年 9 月 6 日。企业建设规模 50 万 t 电解铝 / 年，配套炭素产能 20 万 t / 年，厂区建筑面积 114 万 m²，厂区占地面积 2000 亩（1 亩 ≈ 666.67m²），企业总投资 80 亿元。公司现有员工 2980 人，企业管理实行扁平化两级管控模式，下设 11 个职能部门、7 个生产分厂、2 个职能中心。产品主要有 20kg 铝锭、700kg T 型铝锭。

铝材有限公司 A 年产原铝 45 万 t，采用大型点式下料预焙阳极电解槽工艺。2022 年度，其主要原料及能源消耗情况为消耗电力 5600000MWh，其中生活用电 10000MWh、电解工序消耗交流电 5323000MWh，电力均从市政电网采购，没有外销电量，没有进行绿色电力交易；生产炭素阳极 16 万 t，全部自用消耗（原料消耗石油焦 12 万 t，煤沥青 25000t，焦炭 15000t）；消耗燃料油 1 万 t、天然气 3400 万 m³、柴油 2000t；锅炉产蒸汽 60000t（1.25MPa，193℃，2313kJ/kg），全部自用，其中生活用蒸汽 10000t。

根据上述案例，分别计算 2022 年度铝材有限公司 A 企业层级和电解铝工序层级的净购入电力排放量。

3.1.2 知识准备

一、基本概念

（一）净购入电力

对于非发电企业而言，电力间接排放的活动水平数据为净购入电力。净购入电力指一个电力用户在一定时间内（例如一年），购入电量与外供电量的差值。

（二）购入电力

对于发电企业而言，电力间接排放的活动水平数据为购入电力。购入电力是指一个电力用户在一定时间内（例如一年），从其他电力供应商处购买的电量。

（三）非化石能源电量

非化石能源是指非煤炭、石油、天然气等经长时间地质变化形成、只供一次性使用的能源类型的能源，如风能、太阳能、水能、生物质能、地热能、海洋能、核能等。非化石能源电量是通过非化石能源生产的电量。

二、电力排放量核算要求

根据《关于做好 2023—2025 年部分重点行业企业温室气体排放报告与核查工作的通知》（环办气候函〔2023〕332 号），除发电行业外的其他行业，在核算企业层级净购入电量或设施层级（生产工序）消耗电量对应的排放量时，直供重点行业企业使用且未并入市政电网、企业自发自用（包括并网不上网和余电上网的情况）的非化石能源电量对应的排放量按 0 计算，重点行业企业应提供相关证明材料。通过市场化交易购入使用非化石能源电力的企业，需单独报告该部分电力消费量且提供相关证明材料（包括《绿色电力消费凭证》或直供电力的交易、结算证明，不包括绿色电力证书），对应的排放量暂按全国电网平均碳排放因子进行计算。

三、电力排放因子辨析

全国电网平均排放因子一般由国家生态环境部每年发布，根据《发电设施指南》《关于做好 2023—2025 年发电行业企业温室气体排放报告管理有关工作的通知》（环办气候函〔2023〕43 号）和《关于做好 2023—2025 年部分重点行业企业温室气体排放报告与核查工作的通知》

不同电力排放因子存在原因及选取原则（上）

不同电力排放因子存在原因及选取原则（下）

（环办气候函〔2023〕332 号），2022 年全国电网平均排放因子为 0.5703tCO$_2$/MWh。

目前，八大行业在企业层级和设施层级（生产工序）下的电力排放因子均采用全国电网排放因子。除发电、水泥、电解铝和钢铁行业外的其他行业，补充数据表边界的电力排放因子为依据不同电量来源加权平均计算得到的数值，详见任务 3.1.3 任务实施部分。具体来看，电力来源包括电网、自备电厂、可再生能源、余热发电等。根据《关于做好 2023—2025 年部分重点行业企业温室气体排放报告与核查工作的通知》（环办气候函〔2023〕332 号），电网购入电力和自备电厂供电对应的排放因子采用全国电网平均排放因子；可再生能源和余热发电对应的排放因子为 0。

3.1.3 任务实施

电解铝生产企业 B，年产原铝 30 万 t。2022 年度，用于电解工序的交流电耗为 352109.31MWh。该企业建有燃煤自备电厂，年发电量为 287580.37MWh，全部自用。该企业大力推动绿色生产，积极尝试可再生能源供电，在厂区屋顶建有 2MW 分布式光伏用于供电，自发自用，年发电量约为 2000 MWh。此外，企业 B 从电网和另一家风力发电企业 C（直供企业 B 使用且未并入市政电网）购入电力，没有电力外销的情况。

企业 B 每月月底抄表记录生产系统的外购用电和企业 C 供电，并汇总形成统计台账，自备电厂及厂区屋顶光伏供电量也有专人进行抄表记录。电解铝生产企业 B 消耗电力统计见表 3-1-1。

表 3-1-1　电解铝生产企业 B 消耗电力统计

月份	外购电量（包括企业 C 供电）（MWh）	外购企业 C 供电（MWh）	燃煤自备电厂电量（MWh）	分布式光伏电量（MWh）
1	8102.21	2100	23965.03	145
2	8198.32	2400	23943.35	166
3	8097.22	2000	23896.61	201
4	8250.03	2030	23887.27	122
5	7820.78	2050	23950.41	142
6	8192.2	2100	23965.23	150
7	7760.19	2000	24092	156
8	7848.34	1900	24032.19	166
9	8298.19	1700	23934.17	178
10	7702.94	2000	23967.41	210
11	8252.21	1600	23941.73	110
12	8644.05	1900	24004.97	214
合计	97166.68	23780	287580.37	1960

一、铝冶炼行业企业层级净购入电力排放核算

（一）确定核算边界

企业层级应以企业法人或视同法人的独立核算单位为边界，核算和报告其主要生产系统和辅助生产系统产生的温室气体排放，不包括附属生产系统。辅助生产系统包括主要生产管理和调度指挥系统、动力、供水、机修、库房、化验、计量、水处理、运输和环保设施等。附属生产系统包括厂区内为生产服务，主要用于办公、生活目的的部门、单位和设施（如职工食堂、车间浴室、保健站、办公场所、公务车辆、班车等）。确定核算边界如图 3-1-1 所示。

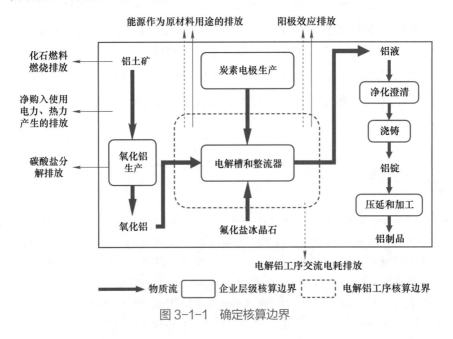

图 3-1-1　确定核算边界

（二）识别电力排放源

铝冶炼企业层级温室气体排放核算和报告范围包括化石燃料燃烧排放、能源作为原材料用途的排放、阳极效应排放、碳酸盐分解排放、净购入使用电力和热力产生的排放。净购入使用电力产生的排放是企业消耗的净购入使用电力所对应的二氧化碳排放，该部分排放实际发生在电力生产企业。

电解铝生产企业 B 企业层级净购入使用电力所对应的二氧化碳排放，应核算直接生产系统和辅助生产系统净购入使用电力对应的温室气体排放，不包括厂界内生活用电产生的间接排放。

（三）数据收集及获取

活动水平数据：企业层级净购入使用电力排放核算所需的活动水平是核算年度内企业测量和计算的净外购电量，根据电力供应商、报告主体存档的购售结算凭证以及企业能源平衡表，按式（30）和式（31）计算。

$$AD_{电} = (AD_{购入电} - AD_{购入非化石电}) - (AD_{输出电} - AD_{输出非化石电}) \qquad (30)$$

$$AD_{输出非化石电} = AD_{输出电} \times \frac{AD_{购入非化石电}}{AD_{购入电}} \qquad (31)$$

式中：

$AD_{电}$——净购入使用电量，单位为兆瓦时（MWh）；

$AD_{购入电}$——购入的总电量，包括购入的电网电量和购入的未并入市政电网的余热余压电量、化石能源电量和非化石能源电量，单位为兆瓦时（MWh）；

$AD_{购入非化石电}$——购入的总电量中包括的直供企业使用且未并入市政电网的非化石能源电量，单位为兆瓦时（MWh）；

$AD_{输出电}$——输出的总电量，不包括自发自用非化石能源发电电量，单位为兆瓦时（MWh）；

$AD_{输出非化石电}$——输出的总电量中包括的直供企业使用且未并入市政电网的非化石能源电量，单位为兆瓦时（MWh）。

排放因子：电网排放因子采用全国电网排放因子 0.5703tCO$_2$/MWh。

电解铝生产企业 B 全年购入总电量为 97166.68MWh，其中直供企业使用且未并入市政电网的非化石能源电量为 23780MWh，由于没有电力外销情况，净购入使用电量等于购入总电量减去直供企业使用且未并入市政电网的非化石能源电量，为 73386.68MWh。

排放因子：电网排放因子采用全国电网排放因子 0.5703tCO$_2$/MWh。

（四）排放量计算

企业层级净购入使用电力产生的二氧化碳排放采用式（32）计算。

$$E_{电} = AD_{电} \times EF_{电} \qquad (32)$$

式中：

$E_{电}$——净购入使用电力产生的排放量，单位为吨二氧化碳（tCO$_2$）；

$AD_电$——净购入使用电量，单位为兆瓦时（MWh）；

$EF_电$——电网排放因子，单位为吨二氧化碳／兆瓦时（tCO_2/MWh）。

电解铝生产企业 B 的净购入使用电量为 73386.68MWh。排放因子为 0.5703tCO_2/MWh。

$$E_电 = AD_电 \times EF_电 = 73386.68 \times 0.5703 = 41852.42（tCO_2）$$

二、电解铝行业电解铝工序边界净购入电力排放核算

（一）确定核算边界

电解铝工序边界主要包括电解槽和整流变压器的集合，不包括厂区内辅助生产系统以及附属生产系统。

（二）识别排放源

电解铝工序温室气体排放核算和报告范围包括能源作为原材料用途的二氧化碳排放、阳极效应全氟化碳排放和电解铝工序消耗交流电耗导致的二氧化碳排放。

电解铝生产企业 B 电解铝工序边界下电解铝工序交流电耗导致的二氧化碳排放为电解工序消耗的交流电总量（即输入整流器的交流电总量），不扣除电解车间停槽导电母线及短路口损耗的交流电量、电解槽焙烧启动期间消耗的交流电量、外补偿母线损耗的交流电量和通廊母线损耗的交流电量，扣除工序使用的自发自用和直供重点排放单位使用的非化石能源电量后对应的二氧化碳排放。

（三）数据收集及获取

电解铝工序层级下电解铝工序交流电耗排放：

活动水平数据：电解铝工序交流电耗根据电表记录的读数统计，并按式（33）计算：

$$AD_{消耗,j} = AD_{电解铝工序交流电耗,j} - AD_{购入非化石电,j} - AD_{自发自用非化石电,j} \tag{33}$$

式中：

$AD_{消耗,j}$——电解铝工序 j 消耗电量，单位为兆瓦时（MWh）；

$AD_{电解铝工序交流电耗,j}$——电解铝工序 j 交流电耗，单位为兆瓦时（MWh）；

$AD_{购入非化石电,j}$——电解铝工序 j 总消耗电量中包括该工序分摊的直供企业使用且未并入市政电网的非化石能源电量，单位为兆瓦时（MWh）；

$AD_{自发自用非化石电,j}$——电解铝工序 j 总消耗电量中包括该工序分摊的企业自发自用非化石能源电量，单位为兆瓦时（MWh）。

排放因子：电网排放因子采用全国电网排放因子 0.5703tCO_2/MWh。

1）电解铝生产企业 B 电解铝工序边界下的活动水平数据包括工序交流电耗、外购电量、企业 C 供电量、自备电厂电量和可再生能源电量。工序交流电耗为 352109.31MWh。不同来源的分项电耗并没有单独计量数据，需按全厂比例拆分计算，计算如下：

企业合计耗电为不同来源电量之和 = 97166.68 + 287580.37 + 1960 = 386707.05（MWh）

耗电占比 = 电解工序耗电占企业合计耗电的比例 = $\dfrac{352109.31}{386707.05}$ = 91.05%

因此，电解工序拆分电量计算如下：

电解工序使用企业 C 供电电量 = 企业 B 消耗企业 C 供电电量 × 耗电占比 = 23780 × 91.05% = 21652.46（MWh）

电解工序使用可再生能源电量 = 企业 B 消耗可再生能源电量 × 耗电占比 = 1960 × 91.05% = 1784.64（MWh）

代入公式：

$$AD_{消耗,j} = AD_{电解铝工序交流电耗,j} - AD_{购入非化石电,j} - AD_{自发自用非化石电,j}$$

$$AD_{消耗,j} = 352109.31 - 21652.46 - 1784.64 = 328672.21（MWh）$$

2）天津电解铝生产企业 B 电解铝工序边界下的排放因子。

电网排放因子采用全国电网排放因子 0.5703tCO$_2$/MWh。

（四）排放量计算

对于重点排放单位电解铝工序消耗交流电产生的二氧化碳排放，采用式（34）计算。

$$E_{电,j} = AD_{消耗,j} × EF_{电力,j} \tag{34}$$

式中：

$E_{电,j}$——电解铝工序 j 消耗电力产生的二氧化碳排放量，单位为吨二氧化碳（tCO$_2$）；

$AD_{消耗,j}$——电解铝工序 j 消耗电量，单位为兆瓦时（MWh）；

$EF_{电力,j}$——消费电力排放因子，单位为吨二氧化碳 / 兆瓦时（tCO$_2$/MWh）。

电解铝生产企业 B 电解铝工序消耗交流电产生的二氧化碳排放的活动水平为电解铝工序消耗的电量 328672.21MWh；对应的排放因子为 0.5703 tCO$_2$/MWh。

3.1.4　职业判断与业务操作

根据任务描述，核算铝材有限公司 A 的净购入电力排放量。

答：

1. 企业层级下的铝材有限公司 A 净购入电力排放量

1）确定铝材有限公司 A 核算边界和排放源包括厂区内生产系统用电产生的排放，不包括生活用电产生的排放。

2）活动水平数据和排放因子：企业用电 5600000MWh，其中生活用电 10000MWh，企业全部从电网购入电量，并且没有对外售电，因而排除生活用电后的活动水平为 5590000MWh；电力排放因子取 0.5703tCO$_2$/MWh。

3）排放量计算。$E_{电} = AD_{电} × EF_{电} = 5590000 × 0.5703 = 3187977（tCO_2）$

2. 电解铝工序边界下的铝材有限公司 A 购入电力排放量

1）确定铝材有限公司 A 核算边界和排放源为厂区内电解工序交流电消耗产生的排放。

2）活动水平数据和排放因子：电解工序消耗电量为 5323000MWh，全部为购入电网的电量。按照要求，电网购入电力的排放因子采用最新的全国电网平均排放因子，即 0.5703tCO$_2$/MWh。

3）排放量计算。$E_{电} = AD_{电} × EF_{电} = 5323000 × 0.5703 = 3035706.9（tCO_2）$

3.1.5 拓展延伸

绿电与绿证

绿色电力简称"绿电"，是指在生产电力过程中，它的二氧化碳排放量为 0 或趋近于 0。在我国，绿电的来源目前以风电和光伏发电为主，未来可能逐步扩大到其他可再生能源。

绿色电力证书简称"绿证"，是国家对发电企业每兆瓦时非水可再生能源上网电量颁发的具有唯一代码标识的电子凭证，是对非水可再生能源发电量的确认和环境属性证明，是消费绿色电力的唯一凭证，是可交易的、能够兑现为货币收益的权益凭证。

随着国家双碳战略的推进，带来了巨大的绿电交易诉求。2021 年 9 月，国家发改委、国家能源局正式批复《绿色电力交易试点工作方案》，同意国家电网公司、南方电网公司开展绿色电力交易试点，我国正式启动绿色电力交易。绿色电力交易试点由国家电网公司、南方电网公司组织北京电力交易中心、广州电力交易中心具体开展，2021 年 9 月 7 日，绿色电力交易在北京电力交易中心和广州电力交易中心开市。绿电交易的市场主体按照市场角色分为发电侧、用电侧、输电主体、市场运营机构。绿电交易市场主体如图 3-1-2 所示。

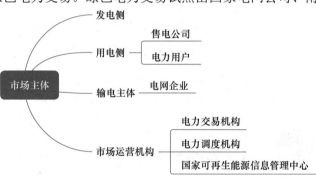

图 3-1-2　绿电交易市场主体

用户参与绿电交易并结算后，可获得由电力交易中心颁发的绿色电力消费凭证。若发电企业符合国家可再生能源信息管理中心绿色电力证书核发条件，则用户可同时获得绿证。绿色电力消费凭证简称"消费凭证"，由电力交易中心核发，运用区块链技术对交易合同、成交结果、结算数据进行上链存证。绿色电力消费凭证详细记录了每一度绿色电力的交易、售电、生产、消费、结算等各环节数据，可实现绿色电力的全生命周期追踪溯源。市场主体也可以通过电力交易平台参加绿色电力证书交易，简称"绿证交易"。绿色电力消费凭证和绿色电力证书样式如图 3-1-3 所示。

绿电交易中得到的绿证与自愿认购的绿证均由国家可再生能源信息管理中心核发，本质相同，主要区别在于绿证是消费绿电的间接证明，绿电交易为直接证明。

绿电交易"证电合一"。绿电交易将清洁能源的能量属性与环境属性捆绑销售，电力与绿色权益合二为一，绿电的环境属性不需要额外操作进行变现，且绿色溢价一般高于绿证或持平。根据绿电交易结果，电力交易中心将绿证划转至有关电力用户。

绿证交易"证电分离"。绿证交易将清洁能源的能量属性与环境属性分开，绿证和对应电能量分别单独交易，因此绿证交易价格更为优惠。发电企业在出售已经拥有绿证的项目电量时，仅仅出售其能量属性，环境属性存在于绿证当中。

a）

b）

图 3-1-3　绿色电力消费凭证和绿色电力证书样式

任务 3.2　净购入热力排放核算（化工行业）

3.2.1　任务描述

氯碱公司 A 成立于 2009 年，以生产离子膜烧碱及 PVC 树脂为主，主要产品为烧碱、聚氯乙烯树脂，设计产能为离子膜烧碱（折 100%）20 万 t/ 年以及聚氯乙烯树脂 15 万 t/ 年。2022 年，氯碱公司 A 烧碱年产量为 20 万 t，聚氯乙烯年产量为 15 万 t。

企业《2022 年热力消耗月报》统计的年度累计蒸汽消耗为 245409.00t，其中，离子膜烧碱生产消耗蒸汽为 36878.31t，聚氯乙烯树脂生产消耗蒸汽为 208530.69t。《2022 年热力消耗月报》与《热力明细台账》中的蒸汽消耗数据一致，蒸汽温度和压力分别为 230℃和 0.6MPa。

根据任务描述，计算 2022 年度氯碱公司 A 企业层级和设施层级（补充数据表边界）的净购入热力排放量。

3.2.2 知识准备

一、化工行业发展现状

广义的化学工业包括化学品及化学制品的制造、焦炭和精炼石油产品的制造、基本医药产品和医药制剂的制造、橡胶和塑料制品的制造、纸和纸制品的制造、基本金属的制造、其他非金属矿物制品的制造等，化学工业在几乎所有制造行业都扮演了重要角色，其行业运行状况关系到国计民生。

我国是全球最大的化工产品生产国之一。根据经济合作与发展组织相关数据显示，我国在2020年以29.1%的化工行业增值领先全世界。截至2022年，我国化工行业销售额已达到全球份额的44%。

在产业结构上，我国化工行业呈现出从重化工向轻化工、专业化和高附加值方向发展的趋势。与此同时，我国化工行业也逐渐从"高污染、高风险"向"绿色化、高端化"方向发展。

二、化工生产企业典型工艺流程

化工产品包括化肥、农药、医药、塑料、树脂、合成橡胶、制冷剂、油漆、溶剂、肥皂、香水、合成纤维，以及来自化石燃料的化学品如乙烯、丙烯和丁烯等，其最为显著的特征是产品和生产工艺多样性。依据《2006年IPCC国家温室气体清单指南》，合成氨、硝酸、己二酸、碳化物和纯碱等产品对温室气体排放有着重大贡献；下面介绍这些产品的生产过程。

1. 合成氨

氨气（NH_3）是大宗化工产品，是生产含氮化工产品最重要的原料。氨气可直接用于肥料、热处理、造纸制浆、硝酸及硝酸盐生产、硝酸酯及硝基化合物生产、各类炸药和冷冻剂的制造。胺类、酰胺和其他杂类有机化合物（如尿素）均由氨气制成。

氨气生产需要氮和氢作为原料，氮一般通过液态空气分离，或从空气参与燃烧氧化过程后的残余气体中回收。氢一般利用天然气（主要是甲烷，CH_4）生产，也可从其他碳氢化合物，如煤（间接获取）、油和水中获得。也有少数工厂在部分氧化过程中将燃料油用作燃料和氢来源。获得氢需通过初级蒸汽重整和气体变换将碳氢化合物中的碳清除，其中气体变换是主要的温室气体排放原因。使用氢而不使用天然气生产氨气的工厂在合成过程中不会释放二氧化碳。

以碳氢化合物或其他化石燃料为原料合成氨的化学过程相似，因一般工业过程主要以天然气为原料合成氨，以下便基于天然气合成氨来说明过程排放。天然气经催化蒸汽重整生产氨的工艺过程包括以下反应。

初级蒸汽重整：

$$CH_4 + H_2O \longrightarrow CO + 3H_2$$

$$CO + H_2O \longrightarrow CO_2 + H_2$$

次级空气重整：

$$CH_4 + air \longrightarrow CO + 2H_2 + 2N_2$$

综合反应：

$$0.88CH_4 + 1.26air + 1.24H_2O \longrightarrow 0.88CO_2 + N_2 + 3H_2$$

氨气合成：

$$N_2 + 4H_2 \longrightarrow 2NH_4$$

次级重整过程气体变换：

$$CO + H_2O \longrightarrow CO_2 + H_2$$

氨气生产是重要的非能源工业二氧化碳排放原因。工厂对天然气的催化重整是最主要的二氧化碳排放过程，排放一般发生在二氧化碳洗涤溶液再生工序中，具体反应如下。

碳酸钾二氧化碳洗涤溶液再生：

$$2KHCO_3 \xrightarrow{\triangle} K_2CO_3 + H_2O + CO_2$$

乙醇胺（M_eA）二氧化碳洗涤溶液再生：

$$(C_2H_5ONH_2)_2 + H_2CO_3 \xrightarrow{\triangle} 2C_2H_5ONH_2 + H_2O + CO_2$$

再生反应后产生的气体包含二氧化碳和其他杂质，会直接送往尿素工厂、碳酸工厂或排放到大气中。

2. 硝酸

硝酸主要用于含氮化肥生产，还可用于己二酸和爆炸物（如火药）生产、金属腐蚀和黑色金属加工。

生产硝酸（HNO_3）时，氨气（NH_4）经高温催化氧化会产生副产物氧化亚氮（N_2O）。氧化亚氮的生成量主要取决于燃烧条件（压力、温度），并与催化剂成分和使用周期、氧化炉结构相关。此外，该过程还会生成其他氮氧化物（NO_x）。在使用氢氧化物或硝酸作为原料的其他工业过程中（例如己内酰胺、乙二醛的制造和核燃料的再处理）也会生成氧化亚氮。硝酸生产过程中产生的氧化亚氮排放是化学工业中氧化亚氮排放的主要来源，也是大气中氧化亚氮的主要来源之一。近年来针对硝酸生产的氧化亚氮减排技术已经被大量开发，例如可以同时减少氧化亚氮和 NO_x 排放的尾气处理技术（需要在尾气中添加氨），在铂网后使用催化剂分解氧化亚氮的技术，以及全部依靠铂网分解氧化亚氮的技术。

硝酸生产的主要工艺分为全加压及双加压两类。对于全加压生产工艺，氧化过程和吸收过程基本上在相同的压力下进行；而对于双加压生产工艺，吸收过程在比氧化过程更高的压力下进行。

硝酸生产涉及三个不同的化学反应，如下：

$$4NH_3 + 5O_2 \longrightarrow 4NO + 6H_2O$$

$$2NO + O_2 \longrightarrow 2NO_2$$

$$3NO_2 + H_2O \longrightarrow 2HNO_3 + NO$$

其中氨氧化过程，即第一、二个化学反应，是氧化亚氮的潜在来源，一氧化氮（NO）作为硝酸生产的中间产品，易于在高压和 $30 \sim 50℃$ 温度范围内分解为氧化亚氮和二氧化氮（NO_2）。

氨氧化过程会导致氧化亚氮生成的三种中间反应为：

$$NH_3 + O_2 \longrightarrow 0.5N_2O + 1.5H_2O$$

$$NH_3 + 4NO \longrightarrow 2.5N_2O + 1.5H_2O$$

$$NH_3 + NO + 0.75O_2 \longrightarrow N_2O + 1.5H_2O$$

作为氨氧化过程的副反应，生成氧化亚氮或者氮气将降低氨气的转换效率，减少主反应一氧化氮的产量。一般而言，氧化亚氮的生成量取决于燃烧条件（压力、温度）并与催化剂成分和使用周期、氧化炉结构相关，因此无法获得氨气给料和氧化亚氮生成量之间的准确关系。氧化亚氮排放量取决于生产过程中生成的量及后续减排过程中去除的量。氧化亚氮减排可能是有意的，例如通过安装消除氧化亚氮的专门设备；也有可能在减排其他排放物如氮氧化物（氮氧化物）的设备中被无意减排。

目前的氧化亚氮减排方法及与每种方法关联的减排措施总结如下：初级减排措施旨在避免在氮氧化炉中形成氧化亚氮，涉及氨氧化过程和催化剂的调整；次级减排措施从过程气中，即从氨气氧化炉与吸收塔之间的氮氧化物气体中去除氧化亚氮，通常在氮氧化催化剂后，高温环境下直接处理；三级减排措施涉及尾气处理，即在吸收塔去除氧化亚氮，氧化亚氮减排装置一般位于尾气膨胀式涡轮机上游；四级减排措施是位于工艺流程下游的解决方案，沿尾气排出管道方向安装扩展装置进行处理。

氧化亚氮减排技术的选择取决于成本、效率及排放规定的严格程度。尾气减排措施因其不干扰硝酸生产过程，所以对工厂非常有吸引力，且对新建工厂技术的选择范围更广。对于尾气温度高于 $450℃$ 的工厂，直接分解氧化亚氮成本低、效率高；但对于低温尾气，分解氧化亚氮需要预先加热或使用还原剂（少量碳氢化合物或氨气），这使得后处理难以进行，这种情况下，最优措施是对位于硝酸生产工艺核心设备——氨氧化炉中的中间气体进行催化分解，采用该措施需要考虑催化剂的化学、机械稳定性以及可能的损耗。已有催化剂制造商和硝酸生产商解决了这个问题并将催化剂用于商业过程。与催化分解方式相比，尾气减排措施因可以应用于所有的已建成工厂所以更具备优势。

3. 己二酸

己二酸被大量用于合成纤维、涂料、塑料、聚氨酯泡沫、人造橡胶和合成润滑剂等产品的生产，在尼龙 66 的生产中，大量的己二酸不仅被直接消耗，并且相当一部分己二酸还被进一步处理以生产环己胺。还有少量己二酸转化为二乙基己基酯或双己基酯，在柔性 PVC 中用作可塑剂或作为合成机油的高熔点成分。

己二酸的生产以环己酮 / 环己醇混合物制造的二羧酸为原料，由硝酸经催化剂氧化形成己二酸，生成氧化亚氮作为硝酸氧化阶段的副产品，反应过程如下。

$$(CH_2)_5CO + (CH_2)_5CHOH + wHNO_3 \longrightarrow HOOC(CH_2)_4COOH + xN_2O + yH_2O$$

己二酸生产过程产生的氧化亚氮排放是大气中氧化亚氮的另一重要来源。氧化亚氮排放量取决于生产过程中产生的氧化亚氮量以及后继减排过程中去除的氧化亚氮量，通过安装专门用于去除氧化亚氮的设备，可有计划地实现氧化亚氮减排。己二酸生产还会导致 NMVOC（非甲烷挥发性有机化合物）、一氧化碳和氮氧化物的排放。己二酸生产的过程排放会随着采用的排放控制水平而有明显差异。

4. 碳化物

碳化硅（SiC）和碳化钙（CaC_2）等碳化物的生产会导致二氧化碳、甲烷、一氧化碳和二氧化硫的排放。碳化硅是重要的人造研磨剂，由石英砂和石油焦生产；碳化钙（即电石）用于乙炔生产、有机合成以及电炉炼钢，由碳酸钙和石油焦生产。

1）碳化硅生产中的二氧化碳和甲烷排放原理如下。

生产碳化硅的反应如下：

$$SiO_2 + 2C \longrightarrow Si + 2CO$$

$$Si + C \longrightarrow SiC$$

涉及二氧化碳排放的总化学反应如下：

$$SiO_2 + 3C \longrightarrow SiC + 2CO(+O \longrightarrow 2CO_2)$$

在生产过程中，硅砂与碳按摩尔比约 1:3 混合。产品中包含约 35% 的碳，其他碳与过量的氧气反应转化为二氧化碳并作为过程副产品排放到大气中。

在此过程中使用的石油焦包含挥发性化合物，这些挥发性化合物会形成甲烷并泄漏到大气中。

2）碳化钙通过加热碳酸钙后，用石油焦还原氧化钙生产，产品中包含约 67% 的碳，两个步骤都会造成二氧化碳的排放，反应如下。

$$CaCO_3 \longrightarrow CaO + CO_2$$

$$CaO + 3C \longrightarrow CaC_2 + CO\,(+0.5O_2 \longrightarrow CO_2)$$

5. 纯碱

纯碱（碳酸钠 Na_2CO_3）是白色的结晶体，在工业中大量用作原材料，包括玻璃、肥皂和清洁剂、纸浆和纸张的生产以及水处理。使用纯碱时会排放出二氧化碳，生产期间也会造成二氧化碳排放，其排放量取决于制造纯碱所用的工业过程。

采用不同工艺过程生产纯碱所产生的二氧化碳排放量有很大差异。全世界约 25% 的纯碱产量来自于天然碱矿在转炉中煅烧，并通过化学方法转化成天然纯碱，二氧化碳和水是该过程的副产品。反应过程如下：

$$2Na_2CO_3 \cdot NaHCO_3 \cdot 2H_2O \longrightarrow 3Na_2CO_3 + 5H_2O + CO_2$$

全世界纯碱产量约有 75% 采用氯化钠合成，该过程中，原料为氯化钠、石灰石、焦炭和氨气，氨气被循环使用，只有少量会被损耗，该反应过程如下：

$$CaCO_3 \xrightarrow{\triangle} CaO + CO_2$$

$$CaO + H_2O \longrightarrow Ca(OH)_2$$

$$2NaCl + 2H_2O + 2NH_3 + 2CO_2 \longrightarrow 2NaHCO_3 + 2NH_4Cl$$

$$2NaHCO_3 \xrightarrow{\triangle} Na_2CO_3 + CO_2 + H_2O$$

$$Ca(OH)_2 + 2NH_4Cl \longrightarrow CaCl_2 + 2NH_3 + 2H_2O$$

在上述系列反应中，二氧化碳来自两个高温分解过程，尽管在总反应中二氧化碳被回收，但实际上过程中会有一些二氧化碳排放到大气中，这部分二氧化碳由石灰石与焦炭的煅烧过程补充，其中焦炭的重量相当于石灰石的约 7%。简化计算中可假定二氧化碳排放是来自焦炭氧化。

3.2.3 任务实施

合成氨联产甲醇企业 A 主要从事异氰酸酯全系列产品、丙烯酸及酯等石化产品、功能性材料及特种化学品的生产和销售。企业外购三种蒸汽以供生产，分别为 S98（温度 540℃、压力 9.8MPa）、S40（温度 450℃、压力 4MPa）和 S10（温度 300℃、压力 1MPa）。三种蒸汽的 2022 年外购量分别为 3082217.00t、1821773.00t 和 528313.72t。不涉及热力外销。此外，企业采用自动监测系统对合成氨、甲醇两种产品生产线进行监测，自动生成消耗热力数据。全年合成氨生产消耗热量为 76802.91GJ，甲醇生产消耗热量为 708504.87GJ，其他产品生产消耗热量共 17073576.67GJ。

一、化工行业企业层级工业生产过程排放核算

（一）确定核算边界

根据《化工指南》，化工行业报告主体应以企业法人为边界，核算和报告边界内所有生产设施产生的温室气体排放。生产设施范围包括直接生产系统、辅助生产系统，以及直接为生产服务的附属生产系统，其中辅助生产系统包括动力、供电、供水、化验、机修、库房、运输等，附属生产系统包括生产指挥系统（厂部）和厂区内为生产服务的部门和单位（如职工食堂、车间浴室、保健站等）。

化工行业企业层级核算边界与核算内容

（二）识别排放源

化工行业企业应核算的排放源类别包括燃料燃烧排放、工业生产过程排放、二氧化碳回收利用量、净购入的电力和热力消费引起的二氧化碳排放以及其他温室气体排放。

其中，净购入的电力和热力消费引起的二氧化碳的排放实际上发生在生产这些电力或热力的企业，但由报告主体的消费活动引发，此处依照规定也计入报告主体的排放总量中。

合成氨联产甲醇企业 A 的 2022 年净购入热力消费引起排放的核算内容为企业外购三种蒸汽（S98、S40、S10）引起的排放。

（三）数据收集及获取

1. 活动水平数据

企业净购入的热力消费量，以热力购售结算凭证或企业能源消费台账或统计报表为据，等于购入蒸汽、热水的总热量与外供蒸汽、热水的总热量之差，若为负值，则记为 0。计算见式（35）。

$$净购入的热量 = 购入量 - 外销量 \tag{35}$$

通常情况下，企业购入热力是以质量单位计量的蒸汽或热水，因此，需要将质量单位数据进行热量的单位换算。以质量单位计量的蒸汽可采用式（36）进行热量单位转换；以质量单位计量的热水可采用式（37）进行热量单位转换。

$$AD_{st} = Ma_{st} \times (En_{st} - 83.74) \times 10^{-3} \tag{36}$$

式中：

AD_{st}——蒸汽的热量，单位为吉焦（GJ）；

Ma_{st}——蒸汽的质量，单位为吨蒸汽（t 蒸汽）；

En_{st}——蒸汽所对应的温度、压力下每千克蒸汽的焓值，取值参考相关行业标准，单位为千焦 / 千克（kJ/kg）；

83.74——水温为 20℃时的焓值，单位为千焦 / 千克（kJ/kg）。

$$AD_{w} = Ma_{w} \times (T_{w} - 20) \times 4.1868 \times 10^{-3} \tag{37}$$

式中：

AD_w——热水的热量，单位为吉焦（GJ）；

Ma_w——热水的质量，单位为吨（t）；

T_w——热水的温度，单位为摄氏度（℃）；

20——常温下水的温度，单位为摄氏度（℃）；

4.1868——水在常温常压下的比热，单位为千焦／千克摄氏度 [kJ/（kg·℃）]。

2. 排放因子

热力消费的排放因子可取推荐值 $0.11tCO_2/GJ$，也可采用政府主管部门发布的官方数据。

1. 活动水平数据

合成氨联产甲醇企业 A 的购入蒸汽为质量单位，需要将其转化为热量单位。依据蒸汽的压力和温度，通过查焓值表得到的每种蒸汽数据见表 3-2-1。

表 3-2-1 不同蒸汽数据

蒸汽类型	温度（℃）	压力（MPa）	焓值（kJ/kg）
S98	540	9.8	3463.69
S40	450	4	3324.40
S10	300	1	2993.75

因此，2022 年合成氨联产甲醇企业 A 外购蒸汽热量 =3082217.00×(3463.69−83.74)/1000+1821773.00×(3324.40−83.74)/1000+528313.72×(2993.75−83.74)/1000=17858884.45(GJ)

2. 排放因子

热力消费的排放因子取推荐值 $0.11tCO_2/GJ$。

（四）排放量计算

排放量计算见式（38）。

$$E_热 = AD_{热力} \times EF_{热力} \tag{38}$$

式中：

$E_热$——企业净购入热力消费引起的二氧化碳排放，单位为吨二氧化碳（tCO_2）；

$AD_{热力}$——核算和报告年度内的净外购热量，单位为吉焦（GJ）；

$EF_{热力}$——年平均供热排放因子，单位为吨二氧化碳／吉焦（tCO_2/GJ）。

2022 年合成氨联产甲醇企业 A 外购蒸汽热量为 17858884.45GJ，热力消费的排放因子为 $0.11tCO_2/GJ$。计算得到 2022 年净购入热力消费引起的二氧化碳排放为：

$$E_热 = AD_{热力} \times EF_{热力} = 17858884.45 \times 0.11 = 1964477.29(tCO_2)$$

二、化工行业设施层级（补充数据表边界）工业生产过程排放核算

（一）确定核算边界

化工生产企业按照生产产品种类不同，对应不同的补

化工行业补充数据表介绍（上）

化工行业补充数据表介绍（下）

充数据表。核算边界为生产系统的主要设施和工序，不包括自备电厂，如有自备电厂需参考《发电设施指南》中的核算方法单独核算报告发电设施温室气体排放量及相关信息。

甲醇企业补充数据核算边界包括：备煤（筛分、磨煤（干粉煤、水煤浆）、制浆（水煤浆）、煤棒制作（型煤）等）、气化（原料煤）、灰水处理、粗合成气变换、净化（脱碳、脱硫）、压缩、合成、粗甲醇精馏，不包括空分装置，不包括自备电厂，如有自备电厂请参考《发电设施指南》中的核算方法单独核算报告发电设施温室气体排放量及相关信息。

（二）识别排放源

化工生产企业的排放源根据产品对应补充数据表的不同而有所不同，一般包括化石燃料燃烧排放、消耗电力对应的排放和消耗热力对应的排放，部分企业会涉及工业生产过程排放。

合成氨联产甲醇企业 A 的设施层级（补充数据表边界）为各产品对应的补充数据表，即利用合成氨产品生产排放相关数据填写合成氨补充数据表，以及利用甲醇产品排放相关数据填写甲醇补充数据表等。

（三）数据收集及获取

1. 活动水平数据

活动水平数据为消耗热量，热量来源包括余热回收、蒸汽锅炉生产或自备电厂发电。

2. 排放因子

热力排放因子根据对应的来源采用加权平均，其中余热回收排放因子为 0；当使用蒸汽锅炉供热时，排放因子为锅炉排放量或锅炉供热量；当使用自备电厂供热时，排放因子参考《发电设施指南》中机组供热碳排放强度的计算方法；若数据不可得，则采用 $0.11 tCO_2/GJ$。

自备电厂的排放因子可采用式（39）和式（40）计算。

$$S_{gr} = \frac{E_{gr}}{Q_{gr}} \tag{39}$$

$$E_{gr} = a \times E \tag{40}$$

式中：

S_{gr}——供热碳排放强度，即机组每供出 1GJ 的热量所产生的二氧化碳排放量，单位为吨二氧化碳 / 吉焦（tCO_2/GJ）；

E_{gr}——统计期内机组供热所产生的二氧化碳排放量，单位为吨二氧化碳（tCO_2）；

Q_{gr}——供热量，单位为吉焦（GJ）；

a——供热比，以 % 表示；

E——二氧化碳排放量，单位为吨二氧化碳（tCO_2）。

热力排放因子根据热力来源可采用式（41）加权平均计算。

$$EF = \frac{\sum AD_i \times EF_i}{\sum AD_i} \tag{41}$$

式中：

EF——排放因子，单位为吨二氧化碳／吉焦（tCO₂/GJ）；

AD_i——不同热量来源的热量，单位为吉焦（GJ）；

EF_i——对应不同热量来源的排放因子，单位为吨二氧化碳／吉焦（tCO₂/GJ）。

合成氨联产甲醇企业 A 应按照产品不同，填写不同的补充数据表。

该企业的合成氨生产消耗热量为 76802.91GJ，填写在合成氨补充数据表中；该企业的甲醇生产消耗热量为 708504.87GJ，填写在甲醇生产补充数据表中；该企业的其他化工产品生产消耗热量共为 17073576.67GJ，没有按照产品进行热量消耗统计的数据与其一并合并填写在其他化工产品生产补充数据表中。

由于 2022 年合成氨联产甲醇企业 A 热量均来自外购且排放因子数据不可得，因此取 0.11tCO₂/GJ。

（四）排放量计算

排放量计算见式（42）。

$$E_热 = AD_{热力} \times EF_{热力} \tag{42}$$

式中：

$E_热$——企业净购入热力消费引起的二氧化碳排放，单位为吨二氧化碳（tCO₂）；

$AD_{热力}$——核算和报告年度内的净外购热量，单位为吉焦（GJ）；

$EF_{热力}$——供热排放因子，单位为吨二氧化碳／吉焦（tCO₂/GJ）。

合成氨联产甲醇企业 A 应按照不同产品计算购入热力产生的排放。若该企业的合成氨生产消耗热量为 76802.91GJ，排放因子为 0.11tCO₂/GJ，则合成氨生产购入热力产生的排放为：

$$E_热 = AD_{热力} \times EF_{热力} = 76802.91 \times 0.11 = 8448.32 tCO_2$$

同理，若该企业的甲醇生产消耗热量为 708504.87GJ，排放因子为 0.11tCO₂/GJ，则甲醇生产购入热力产生的排放为：

$$E_热 = AD_{热力} \times EF_{热力} = 708504.87 \times 0.11 = 77935.54 tCO_2$$

其他化工产品生产中购入热力产生的排放计算方式相同。

$$E_热 = AD_{热力} \times EF_{热力} = 17073576.67 \times 0.11 = 1878093.43 tCO_2$$

3.2.4 职业判断与业务操作

根据任务描述，计算氯碱公司 A 的购入热力产生的排放量。

答：

1. 企业层级净购入热力消费引起的二氧化碳排放

1）确定核算边界和排放源：氯碱公司 A 的厂区内外购蒸汽消费引起的二氧化碳排放。

2）确定活动水平数据和排放因子：氯碱公司 A 的年度累计蒸汽消耗为 245409.00t，通过查询焓值表，购入蒸汽的焓值为 2914.06kJ/kg。因此，根据蒸汽质量和焓值计算得到外购

热量为:

$$AD_{st} = Ma_{st} \times (En_{st} - 83.74) \times 10^{-3} = 245409.00 \times (2914.06 - 83.74) \times 10^{-3} = 694586.00GJ$$

氯碱公司 A 热力来源均为外购且排放因子数据不可得,因此排放因子取 0.11tCO$_2$/GJ。

3)计算排放量为:

$$E_{热} = AD_{热力} \times EF_{热力} = 694586.00 \times 0.11 = 76404.46tCO_2$$

2. 设施层级(补充数据表边界)净购入热力消费引起的二氧化碳排放

1)确定核算边界和排放源:氯碱公司 A 的厂区内烧碱生产和聚氯乙烯树脂生产过程使用的外购蒸汽消费所产生的二氧化碳排放,其中烧碱核算的边界为从原盐等原材料和电力、蒸汽等能源经计量进入工序开始,到成品烧碱计量入库、生产过程产生的氯气、氢气经处理送出为止的整个生产过程;电石法通用聚氯乙烯树脂生产的设施层级(补充数据表边界)为以电石法聚氯乙烯的生产系统为边界,从电石、氯气、氢气等原材料进入工序开始,到聚氯乙烯树脂成品计量入库为止的整个生产过程。

2)确定活动水平数据和排放因子:氯碱公司 A 的 2022 年度累计离子膜烧碱生产蒸汽消耗为 36878.31t,聚氯乙烯树脂生产蒸汽消耗为 208530.69t。通过查询焓值表,购入蒸汽的焓值为 2914.06kJ/kg。因此,根据蒸汽质量和焓值分别计算用于生产离子膜烧碱和聚氯乙烯树脂的外购热量。

生产离子膜烧碱所用外购热量 $= 36878.31 \times (2914.06 - 83.74) \times 10^{-3} = 104377.42GJ$

生产聚氯乙烯树脂所用购热量 $= 208530.69 \times (2914.06 - 83.74) \times 10^{-3} = 590208.58GJ$

热力来源均为外购且排放因子数据不可得,因此排放因子均取 0.11tCO$_2$/GJ。

3)计算排放量为:

化工生产企业(离子膜烧碱生产)补充数据表中消耗热力对应的排放量
$$= 104377.42 \times 0.11 = 11481.52tCO_2$$

化工生产企业(聚氯乙烯树脂生产)补充数据表中消耗热力对应的排放量
$$= 590208.58 \times 0.11 = 64922.94tCO_2$$

3.2.5 拓展延伸

下述案例补充了企业涉及自备电厂供热的计算情况。

集团 B 下属企业主营业务为化工产品生产、加工和销售。公司配备燃煤自备电厂,共有 2 台 600t/h 和 2 台 670t/h 循环流化床锅炉,总装机为 405MW。生产用电、用热全部来源于自备电厂的机组,不涉及电量和热量外销。

2022年，自备电厂供热量经统计计算为3945210.283GJ。根据《发电设施指南》计算，该企业自备电厂的机组2022年排放量为3161154tCO$_2$，供热比为31.6%，机组供热量为6953081.342GJ。

1. 计算该企业2022年企业层级下的企业净购入热力产生的排放。

由于该企业没有外购热，也不涉及外销，所以净购入热力为0，排放也为0。

2. 计算该企业2022年设施层级（补充数据表边界）的企业消耗热力产生的排放。

$$消耗热量 = 3945210.283GJ$$

$$自备电厂的供热碳排放强度 = \frac{供热比 \times 排放量}{机组供热量} = \frac{a \times E}{Q_{gr}} = \frac{31.6\% \times 3161154}{6953081.342} = 0.14367tCO_2 / GJ$$

因此，设施层级（补充数据表边界）下的企业购入热力产生的排放为：

$$E_{热} = AD_{热力} \times EF_{热力} = 3945210.283 \times 0.14367 = 566808.36tCO_2$$

项目 4

数据质量控制计划制定与修订

 知识目标

○ 了解典型数据的实测方法与具体要求。

○ 了解企业常用计量器具校准与检定要求。

○ 了解数据质量控制计划涵盖内容。

 能力目标

○ 具备数据质量控制计划编制的能力。

○ 具备数据质量控制计划修订的能力。

○ 掌握应对数据质量控制计划审核的技巧。

任务 **数据质量控制计划制定与修订（水泥行业）**

任务描述

水泥厂 C 是一家以水泥及水泥熟料为主营产品的企业，成立于 2010 年，属于有限责任公司，统一社会信用代码为 9134*************6，法定代表人为刘某，联系电话为 138****8666。水泥厂 C 组织架构如图 4-1 所示，厂区平面图如图 4-2 所示。

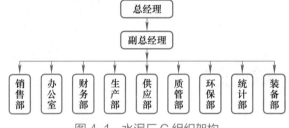

图 4-1 水泥厂 C 组织架构

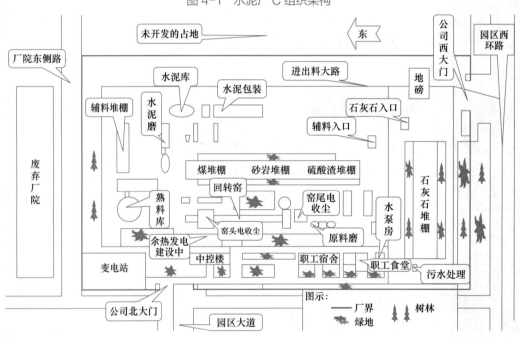

图 4-2 水泥厂 C 厂区平面图

水泥厂 C 已投产的 2 条水泥熟料生产线日产量均为 2500t，企业水泥熟料年设计生产能力为 155 万 t。生产线配套设备有 2 座 $\phi 4 \times 60m$ 回转窑及其配套粉末设备和 2 座带有一组 7.5MW 余热发电机组的回转窑。生产线的主要生产工序包括生料制备、煤磨系统、熟料煅烧、水泥粉磨，然后进行水泥包装或散装出厂。详细生产工艺和流程如下。

1. 生料制备

生料制备采用四组分原料，即石灰石、砂岩、铝矾土和铁矿石，各组分原料经进厂过磅计量后，进入堆场或均化库分别进行均化储存。

各组分原料经取料、破碎后由输送设备送入原料配料库，然后按质量配比要求，由各微机秤分别计量自动喂料，并经皮带机输送至生料立磨系统进行生料制备，制备后的生料粉被输送至生料均化库储存均化。

2. 煤磨系统

煤磨系统工作流程为烟煤进厂经过磅计量后进入原煤库棚进行均化，经取料设备输送至煤磨计量并进行烘干粉磨，然后由提升机输送至煤粉细粉仓。

3. 熟料煅烧

均化后的生料经微机调速皮带秤计量后通过高效提升机进入悬浮预热器进行换热分解，然后进入回转窑；同时由喷煤设备计量并喷配煤磨煤粉，使生料经高温煅烧制成熟料；再经箅冷机冷却后由链斗输送机运送至熟料库储存。这一流程被称为熟料煅烧。

4. 水泥粉磨

普通硅酸盐水泥产品采用自产熟料、粉煤灰、矿渣、脱硫石膏、石灰石（破碎）及米石六组分配料。各组分配料经进厂过磅计量，进入堆场或均化库分别均化储存，后经取料、输送设备，破碎、烘干后分别输送至各配料库，然后各组分配料按化验设定配比比例，由各微机秤分别配料计量后进入磨机粉磨为成品。

水泥厂 C 生产工艺流程如图 4-3 所示。

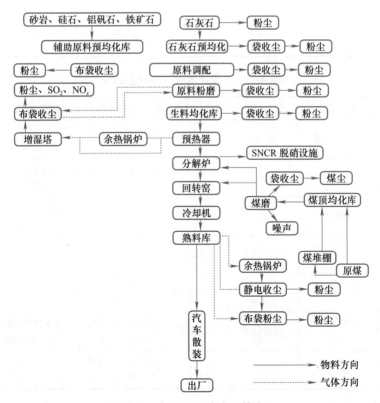

图 4-3　水泥厂 C 生产工艺流程

水泥厂 C 主要排放设施见表 4-1，主要耗电设备见表 4-2，所采用的主要计量设备和计量方法见表 4-3。

表 4-1　水泥厂 C 主要排放设施

编号	排放设施名称	排放设施安装位置	排放过程及温室气体种类
1	回转窑	生产线烧成车间	燃煤和燃油过程产生的气体排放、原材料碳酸盐分解产生的气体排放、生料中非燃料碳煅烧产生的气体排放
2	铲车、厂内运输设备	生产厂区内	燃油过程产生的气体排放
3	食堂灶具	食堂	燃液化石油气过程产生的气体排放
4	分解炉	生产线烧成车间	原材料碳酸盐分解产生的气体排放、生料中非燃料碳煅烧产生的气体排放
5	窑尾分解炉	生产线烧成车间	生料中非燃料碳煅烧产生的二氧化碳排放
6	所有用电设备	厂区内	净购入电力消费引起的气体排放

表 4-2　主要耗电设备

序号	名称	规格及型号	数量（台/套）	设备安装位置
1	煤磨	3.0×9m	1	原料车间
2	预热器	—	1	原料车间
3	立式辊磨机	—	1	烧成车间
4	回转窑	4×60m	1	水泥车间
5	水泥磨	4×13m	1	水泥车间

表 4-3　主要计量设备和计量方法

监测参数	监测设备	设备位置	监测频次	记录频次	监测设备维护	数据统计部门
一般烟煤	电子皮带秤	煤磨	连续监测	每天记录，每月、每年汇总	市质量技术监督局每年定期检定	生产部
柴油	加油机	加油站	按批次	每天记录，每月、每年汇总	市质量技术监督局每年定期检定	生产部
汽油	加油机	加油站	按批次	每天记录，每月、每年汇总	市质量技术监督局每年定期检定	生产部
液化石油气	液化石油气钢瓶	厂区内食堂	按批次	每天记录，每月、每年汇总	市质量技术监督局每年定期检定	生产部
电力	电表计量	厂区内变电站高压侧	连续监测	每月记录，每年汇总	每年一次	电力室
窑炉排气筒（窑头）粉尘的重量	窑头粉尘在线监测系统	烧成车间	连续监测	每天记录，每月、每年汇总	市质量技术监督局每年定期检定	生产部
生料消耗量	粉体计量秤	烧成车间	连续监测	每天记录，每月、每年汇总	市质量技术监督局每年定期检定	生产部

水泥厂 C 拥有具有 CMA 认证资质的化验室，可对表 4-4 中的参数进行化验。

表 4-4　化验室化验数据统计

化验参数	化验方法	监测设备	设备位置	监测频次	记录频次	监测设备维护
一般烟煤低位发热值	参考 GB/T 213—2008《煤的发热量测定方法》，检测每批次入炉煤收到基低位发热量，以全年每批次入炉量为权重，计算得到年加权平均收到基低位发热量	量热仪（ZDHW-2）	化验室	按批次	每天记录，每月、每年汇总	市质量技术监督局每年定期检定
熟料中氧化钙的含量	参考 GB/T 176—2017《水泥化学分析方法》，采用荧光分析仪进行监测，监测数据与熟料产量进行加权月平均、加权年平均	荧光分析仪	化验室	按批次	每天记录，每月、每年汇总	市质量技术监督局每年定期检定
熟料中氧化镁的含量	参考 GB/T 176—2017《水泥化学分析方法》，采用荧光分析仪进行监测，监测数据与熟料产量进行加权月平均、加权年平均	荧光分析仪	化验室	按批次	每天记录，每月、每年汇总	市质量技术监督局每年定期检定
非碳酸盐氧化钙含量	参考 GB/T 176—2017《水泥化学分析方法》，采用荧光分析仪进行监测，监测数据与非碳酸盐替代原料量进行加权月平均、加权年平均	荧光分析仪	化验室	按批次	每天记录，每月、每年汇总	市质量技术监督局每年定期检定
非碳酸盐氧化镁含量	参考 GB/T 176—2017《水泥化学分析方法》，采用荧光分析仪进行监测，监测数据与非碳酸盐替代原料量进行加权月平均、加权年平均	荧光分析仪	化验室	按批次	每月记录、每年汇总	每年一次

水泥厂 C 指定生产部负责温室气体数据质量控制计划编制和温室气体排放量报告工作。数据质量控制计划由生产部主管郑某制定并在需要时进行修订（本年度制定时间为 2023 年 11 月 10 日），由总经理岗位审批后方可执行。温室气体排放报告每年由生产部主管负责编制，经总经理岗位评估并批准后报送给主管部门。水泥厂 C 的碳排放监测主要由生产部专人负责执行和实施。

数据质量控制计划由生产部根据《水泥指南》以及国家相关的法律法规文件制订，数据质量控制计划中详细描述了所有活动水平数据和排放因子的确定方式，包括数据来源、数据获取方式、监测设备详细信息、数据缺失处理方法等内容。若《水泥指南》以及国家相关的法律法规文件发生变化，企业自身的组织机构发生重大变化，企业的生产或者监测设备发生重大变化，生产部会负责对监测计划进行修订，并报送总经理岗位审批。

生产部由指定数据管理人员负责数据的收集和记录，所有的监测数据都按月记录，所有的电子或者纸质材料应至少保存三年。

请根据案例描述，编制水泥厂 C 的数据质量控制计划。

知识准备

一、典型数据的实测方法与具体要求

（一）燃料及原料消耗量

企业生产过程中消耗的燃料以化石燃料居多，同时会有辅助原料的消耗，燃料和原料按存在状态可分为固体、气体和液体。

1. 固体燃料及原料

1）固体燃料及原料的购入量采用采购单或销售单等结算凭证上的数据。购入前，由财务部门或采购部门人员，根据购销合同填写并记录采购单或销售单。

2）固体燃料及原料的入厂量一般采用轨道衡、汽车衡进行测量。企业在使用轨道衡、汽车衡的同时，可辅以电子皮带秤或磅秤对入厂量进行复核。实际生产中，由于汽车衡的准确度较高，企业多采用汽车衡进行计量，其计量的最大误差率仅为 0.1%。

企业对入厂量的每个批次监测并记录，每月汇总，并指定专人校核，形成企业购入量月台账或统计表。同时，相应保存购买合同、结算发票等。

3）企业入炉煤量和原料消耗量常用电子皮带秤计量。与汽车衡的准确度相比，电子皮带秤计量的最大误差率一般为 0.5%。企业生产运行人员至少每日一次或每批次用皮带秤对原料进行计量并记录。

4）企业固体燃料及原料的库存量可通过人工盘点或使用仪器盘点的方式获得。人工盘点是通过密度和体积推算获得。常见库存煤盘点是将燃煤堆为规则外形，之后使用长度计量器具测量其边长并计算其体积。库存量需每月盘库并形成月度库存量统计台账。

2. 气体燃料及原料

1）气体燃料及原料的购入量和入厂量采用采购单或销售单等结算凭证上的数据。

2）气体燃料及原料的入炉量和消耗量通过定期检定或校准的计量设备测量得到，常用计量设备为气体流量计。企业对入炉量和消耗量连续监测，每日记录形成日报表或台账，或每月记录形成月度记录或台账，且指定专人校核。同时，应相应保存结算单、发票等。

3. 液体燃料及原料

1）液体燃料及原料的购入量和入厂量采用采购单或销售单等结算凭证上的数据。企业设置专门的统计管理部门（如生产部）对气体燃料及原料的购入量进行计量并形成购入量记录（一般称为过磅单），将每月过磅单进行汇总，形成入库记录，报送公司财务部门和相应主管部门，由财务部门会同主管部门对照入库记录、供应商提供的发票对气体燃料/原料购入量进行结算并入账。

对于购入量和入厂量应对每个批次监测并记录，形成日报表或台账，并每月形成月度记录或台账，指定专人校核。同时，相应保存发票等。

2）液体燃料及原料的入炉量和消耗量，通过定期检定或校准的计量设备测量得到，常用计量设备为汽车衡磅秤或加液枪；或采用标准重量钢瓶的允许充装量×钢瓶数量计算得到。

使用储气罐时，应每次监测并记录，形成日报表或台账，并每月形成月度记录或台账，且指定专人校核。使用小型液化石油罐时，应对每个批次监测或记录以形成日报表或台账，并每月形成月度记录或台账，且指定专人校核。

3）液体燃料及原料的库存量一般采用人工盘点的方式每月监测并记录，形成月度库存量统计台账。

以液化石油气为例，当采用标准钢瓶称装液化石油气时，测量库存的标准钢瓶的型号和数量，并对照标准中给出的允许充装量，获得库存量；对于未整瓶使用完的液化石油气，企业可根据实际情况通过称重或其他方式获得其库存量。若企业采用储气罐盛装液化石油气，可采用液位计计量储罐内充液高度，通过球罐公称体积和装量系数，计算出罐内液化石油气库存量。

（二）电力消耗量

1. 购入电量

企业购入电量以企业电表记录的读数为准，每日监测并记录，每月汇总形成月统计报表或台账，同时保存购入电力结算单、发票等。

2. 输出电量

企业输出电量以企业电表记录的读数为准，每日监测并记录，每月汇总形成月统计报表或台账。

3. 熟料生产线消耗电量

熟料生产线消耗电量依据企业电表读数统计，每日监测并记录，每月汇总形成月统计报表或台账。

（三）热力消耗量

1. 外购热力

企业外购热力以热量表记录的读数为准，每日监测并记录，每月汇总形成月统计报表或台账，同时保存供应商提供的热力费发票或者结算单等结算凭证。

2. 净购入热力

企业净购入的热力消费量以热力购售结算凭证、企业能源消费台账或统计报表为据，等于购入蒸汽、热水的总热量与外供蒸汽、热水的总热量之差，得数若为负值，则记为0。

（四）燃料低位发热量

燃煤低位发热量的测定采用最新版技术文件要求中规定的方法，重点排放单位可自行检测或委托外部有资质的检测机构或实验室进行检测。燃煤的监测频次为每日或每班监测并记录，每月计算月度低位发热量；年度平均收到基低位发热量由月度平均收到基低位发热量加权平均计算得到。

燃油、燃气的低位发热量应至少每月检测，可自行检测、委托检测或由供应商提供，检测遵循 DL/T 567.8—2016《火力发电厂燃料试验方法　第 8 部分：燃油发热量的测定》、GB/T 13610—2020《天然气的组成分析　气相色谱法》或 GB/T 11062—2020《天然气发热量、密度、相对密度和沃泊指数的计算方法》等相关标准。

未开展实测或实测不符合要求的，采用指南中规定的各燃料品种对应的缺省值。

（五）燃料单位热值含碳量

根据最新版技术文件要求，燃料单位热值含碳量可采用标准附录所列推荐值。具备条件的企业也可委托有资质的专业机构进行检测，检测应遵循国家、行业或地方标准中对各项内容（如试验条件、试剂、材料、仪器设备、测定步骤、结果计算等）的规定，并保留检测数据。

（六）碳氧化率

根据最新版技术文件要求，燃料碳氧化率可采用标准附录所列推荐值。具备条件的企业也可委托有资质的专业机构进行检测，检测应遵循国家、行业或地方标准中对各项内容（如试验条件、试剂、材料、仪器设备、测定步骤、结果计算等）的规定，并保留检测数据。

（七）原料含碳量

根据最新版技术文件要求，原料含碳量可以根据物质成分或纯度以及每种物质的化学分子式和碳原子的数目来计算，或参考最新版技术文件要求附录所列缺省值。有条件的企业，还可以自行或委托有资质的专业机构定期检测各种原材料和产品的含碳量；其中，固体或液体原料企业可按每天每班取一次样，每月将所有样本混合缩分后进行一次含碳量检测，并以分月的活动水平数据加权平均作为含碳量数据；当原料为气体时，可定期测量或记录气体组分，并根据每种气体组分的摩尔浓度及组分化学分子式中碳原子的数目计算得到原料含碳量。

（八）典型产品产量

典型产品产量按照产品状态分为固体、液体和气体产量。

固体产品产量一般不能通过直接监测计量的方式获得，通常通过库存变化量推算得到；固体产品产量 = 销售量 +（期末库存量 − 期初库存量），销售量采用地磅计量外售的产量或采用销售单等结算凭证上的数据，库存变化量采用计量工具读数来确定。液体产品产量一般通过流量计、液位计等计量设备进行连续监测记录。气体产品产量采用流量计连续计量体积后，再乘以气体密度和纯度计算获得。

二、企业常用计量器具校准与检定要求

企业生产中使用的测量设备，一方面要按照国家及行业的相关标准规范进行配备，另一方面企业应按照对应的校准及检定规程对其进行管理并定期

典型监测设备
及其校准规定

进行检定。企业常用的计量设备详见任务 1.3，针对每种计量设备的校准与检定要求汇总如下。

1. 衡器

根据 JJG 564—2019《重力式自动装料衡器》和 JJG 539—2016《数字式指示秤检定规程》，衡器检定周期最长为 1 年。

2. 电能表

电能表的校准与检定可以参照 DL/T 448—2016《电能计量装置技术管理规程》的说明进行。根据该规程，新投运或者改造后的Ⅰ、Ⅱ、Ⅲ、Ⅳ类高压电能计量装置应在 1 个月内进行首次现场检验。Ⅰ类电能表至少每 3 个月现场检验一次；Ⅱ类电能表至少每 6 个月现场检验一次；Ⅲ类电能表至少每年现场检验一次。

对于周期检定（轮换），运行中的Ⅰ、Ⅱ、Ⅲ类电能表的轮换周期一般为 3～4 年；运行中的Ⅳ类电能表的轮换周期为 4～6 年。

3. 流量计

依据 JJG 198—1994《速度式流量计检定规程》，根据流量计准确度等级的不同，其检定周期要求也不同。准确度等级为 0.1、0.2、0.5 级的流量计，其检定周期为半年。准确度等级低于 0.5 级的流量计按其工作原理确定检定周期：分流旋翼式流量计为 1 年，涡轮流量计、涡街流量计、旋进旋涡流量计、电磁流量计为 2 年，超声波流量计、激光多普勒流量计为 3 年，插入式流量计按照与其测量头工作原理相同的流量计的检定周期执行。

三、数据质量控制计划涵盖内容对比

与发电行业仅针对发电设施编制数据质量控制计划不同，其他纳入全国碳市场管控的七大行业需要分两个边界对核算报告范围进行描述，分排放源列明排放设施，并分别描述两个边界的数据的确定方式。

数据质量控制
计划的组成

1. 分两个边界

除发电以外的其他纳入全国碳市场管控的七大行业，需要分别描述企业层级和设施层级（生产工序、补充数据表）的核算与报告范围，并且列明主要排放设施是否纳入设施层级（生产工序、补充数据表）范围。

2. 分排放源列明排放设施

纳入全国碳市场管控的八大行业，需要按照各个行业的排放源列明与该排放源相关的排放设施，并且明确排放设施安装位置、排放过程及温室气体种类等信息。

3. 分别描述两个边界的数据的确定方式

除发电行业以外的其他纳入全国碳市场管控的七大行业，需要按照各个行业的最新版技术文件要求，对企业层级和设施层级（生产工序、补充数据表）两个边界的数据确定方式进行填报。

数据质量控制
计划编制重点

 任务实施

某市玻璃开发有限公司 A 是一家以平板玻璃生产为主营业务的企业，占地面积为 20 万 m²。企业成立于 2013 年 10 月 7 日，注册资金 3000 万元，统一社会信用代码为 9113************297U，法定代表人为明某，联系电话为 187****5334。企业组织架构如图 4-4 所示，厂区平面图略。

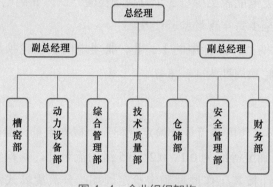

图 4-4　企业组织架构

某市玻璃开发有限公司 A 主营产品为平板玻璃，设计产能为 700 万重量箱，企业目前拥有 1 条 500t 生产线，主要采用的平板玻璃生产工艺为浮法生产工艺。浮法玻璃生产工艺主要是指玻璃液在熔融金属液面上漂浮成型的平板玻璃生产方法。在浮法玻璃生产过程中，熔窑、锡槽和退火窑称为浮法玻璃生产三大热工设备，也是本技术的核心部分。浮法生产工艺一般包括五个工艺流程，分别为原料处理、配合料制备、玻璃液熔制、玻璃成型、玻璃退火和玻璃冷端工序。浮法玻璃生产工艺流程如图 4-5 所示。

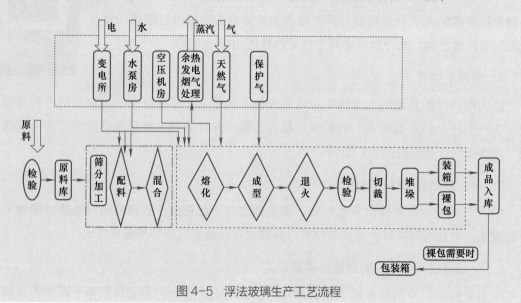

图 4-5　浮法玻璃生产工艺流程

企业主要用能设备和排放设施情况见表 4-5。

表 4-5   主要用能设备和排放设施情况

序号	设备名称	设备型号	台数	碳源类型	设备位置	设备运行情况
1	玻璃窑炉	500t/d	1	天然气	熔化车间	正常
2	空压机	TMG600-2	3	电力	空压站	正常
3	空压机	XFE500-2S/50	6	电力	空压站	正常
4	空压机	LW-48/8-A	4	电力	空压站	正常
5	退火窑风机	Y2-280M-4	4	电力	退火窑北侧	正常
6	碹碴风机	Y2-225s-4	4	电力	窑底南北侧	正常
7	吊墙冷却风机	Y2-180M-2	4	电力	窑底北侧	正常
8	池壁风机	Y2-335M1-6	8	电力	窑底南北两侧	正常
9	横切机	格林	4	电力	成型切装工段	正常

企业内部已完善能源管理体系，对节能管理进行了细化，并建立了各种规章制度和岗位责任制。企业已基本配备一级计量器具，从统计结果看，一级计量器具配置率达到 100%；所有计量器具均进行了定期检定和校准。企业能源消耗种类包括柴油、天然气以及电力，能源使用情况及计量与检测设备配备详见表 4-6 和表 4-7。

表 4-6   能源使用情况

序号	能源品种	用途
1	柴油	厂区车辆运输
2	天然气	玻璃熔窑生产线
3	电力	场内所有用电设备使用

表 4-7   计量与检测设备信息

编号	监测对象	监测设备名称	型号	监测频次	测定方法标准	数据获取方式
1	电力消耗	电表	DSZ535/DSSD71	连续监测	GB 17167—2006《用能单位能源计量器具配备和管理通则》	数据从动力设备部获取，每天记录，每月、年汇总，若数据缺失则参考供电局结算数据
2	柴油消耗	加油站加油枪	—	按批次监测	—	数据从财务部获取，每天记录，每月、年汇总，若数据缺失则参考采购发票
3	天然气消耗	气体智能涡轮流量计	LWQZ-150CZIZ	连续监测	GB 17167—2006《用能单位能源计量器具配备和管理通则》	数据从生产部获取，每天记录，每月、年汇总，若数据缺失则参考能源报表
4	碳粉消耗	电子秤	XK3141	实时监测	GB 17167—2006《用能单位能源计量器具配备和管理通则》	数据从生产部获取，每天记录，每月、年汇总，若数据缺失则参考供应商的提货单
5	碳酸盐消耗（石灰石）	电子秤	XK3141	实时监测	GB 17167—2006《用能单位能源计量器具配备和管理通则》	数据从生产部获取，每天记录，每月、年汇总，若数据缺失则参考供应商的提货单

（续）

编号	监测对象	监测设备名称	型号	监测频次	测定方法标准	数据获取方式
6	碳酸盐消耗（白云石）	电子秤	XK3141	实时监测	GB 17167—2006《用能单位能源计量器具配备和管理通则》	数据从生产部获取，每天记录，每月、年汇总，若数据缺失则参考供应商的提货单
7	碳酸盐消耗（纯碱）	电子秤	XK3141	实时监测	GB 17167—2006《用能单位能源计量器具配备和管理通则》	数据从生产部获取，每天记录，每月、年汇总，若数据缺失则参考供应商的提货单
8	平板玻璃产量	切割机；厚度测试仪	GRENZEDACH	实时监测	$2mm×10m^2$为1重量箱，自动切割机可设置宽度，并记录切割数量；厚度测量仪测定玻璃厚度。根据切割的玻璃规格，计算平板玻璃的产量	数据从生产部获取，每次记录，每天、月、年汇总，若数据缺失则参考包装入库量或购销存计算的产量

对于关键检测设备的校准方式如下。

1. 气体智能涡轮流量计

气体智能涡轮流量计位于燃气站，设备型号为LWQZ-150CZIZ，精度为1.5%，企业每年委托外部有资质的机构对气体智能涡轮流量计进行校准。

2. 电子秤

电子秤共4个，均位于原料车间，设备型号均为XK3141，精度为±0.5%，企业每月委托外部有资质的机构对所有电子秤进行校准。

3. 电表

2块电表均位于配电室内，设备型号均为DSZ535/DSSD71，精度为0.5S级，企业每年委托外部有资质的机构对2块电表进行校准。

4. 切割机

切割机位于切割车间内，设备型号为GRENZEDACH，宽度设置精度为±0.05mm，厚度测试仪精度为±0.5%。

某市玻璃开发有限公司A生产部于2023年11月26日制定了温室气体数据质量控制计划（1.0版本），由公司分管领导负责审批，对企业各部门与温室气体监测有关的职责和权限做出明确规定，形成文件并颁布执行。

数据质量控制计划由生产部根据《平板玻璃指南》《平板玻璃生产企业2022年温室气体排放报告补充数据表》以及国家相关的法律法规文件制订，数据质量控制计划中详细描述了所有活动水平数据和排放因子的确定方式，包括数据来源、数据获取方式、监测设备信息等内容。若《平板玻璃指南》《平板玻璃生产企业温室气体排放报告补充数据表》以及国家相关的法律法规文件发生变化，企业自身的组织机构发生重大变化，企业的生产或监测设备发生重大变化，生产部会负责对数据质量控制计划进行修订，并联合财务部、动力设备部进行评估，并报送公司分管领导审定批准后颁布执行。

生产部根据监测结果完成年度温室气体排放报告，并由动力设备部、财务部审计完成内部审核，最终报送总经理批准。

指定生产部经理李某（电话：157****6998，邮箱：li×××××@×××.com）作为整体负责人，根据数据质量控制计划的要求负责监测数据的收集、记录和整理汇总，所有的监测数据都按月记录，所有的电子或者纸质材料应保存至三年之后。

一、描述版本及修订情况

根据企业数据质量控制计划编制实际情况，描述版本号、修订内容、日期等内容，注意保留所有修订的版本号及修改内容信息。

任务描述及案例解析

根据案例描述，制定本年度某市玻璃开发有限公司 A 第一次数据质量控制计划，制定日期为 2023 年 11 月 26 日。将相关信息填入"A 数据质量控制计划的版本及修订部分"。

A 数据质量控制计划的版本及修订			
版本号	修订（发布）内容	修订（发布）时间	备注
1.0	温室气体排放数据质量控制计划	2023 年 11 月 26 日	

二、描述企业情况

1）依据实际情况，填写企业（或者其他经济组织）名称、地址、统一社会信用代码、行业分类（按核算指南分类）、法定代表人姓名和电话、数据质量控制计划制定人姓名和联系方式。

任务描述及案例解析

根据案例描述，汇总企业（或者其他经济组织）名称、地址、统一社会信用代码、法定代表人姓名和电话、数据质量控制计划制定人姓名和联系方式。某市玻璃开发有限公司 A 以平板玻璃为主营产品，因此按照核算指南分类属于平板玻璃行业。

将相关信息填入"B 报告主体描述"部分。

B 报告主体描述			
企业（或者其他经济组织）名称	某市玻璃开发有限公司 A		
地址	某市某区 ×× 号		
统一社会信用代码（组织机构代码）	9113***********297U	行业分类（按核算指南分类）	平板玻璃制造
法定代表人	姓名：明某	电话：187****5334	
数据质量控制计划制定人	姓名：李某	电话：157****6998	邮箱：li×××××@×××.com

2）对企业成立时间、地理位置、建设投产情况、组织机构图和厂区平面分布图等进行描述。

任务描述及案例解析

根据案例描述，汇总企业成立时间、地理位置以及建设投产情况，插入组织机构图和厂区平面分布图。将相关信息填入"B报告主体描述"部分。

> 报告主体简介
> 1．单位简介
> 　　成立时间：某市玻璃开发有限公司A成立于2013年10月7日。
> 　　地理位置：公司位于某市某区××号，占地面积20万平方米。
> 　　企业建设投产情况：目前拥有1条500t生产线。
> 　　组织机构图，如图1所示。（略）
> 　　厂区平面图，如图2所示。（略）

3）阐述主营产品的名称及产品代码、产能情况。

任务描述及案例解析

根据案例描述，通过查阅《关于做好2023—2025年部分重点行业企业温室气体排放报告与核查工作的通知》中附件1覆盖行业及代码，确定产品代码。

附件1

覆盖行业及代码

行业	国民经济行业分类代码（GB/T 4754—2017）	类别名称	主营产品统计代码	行业子类
建材	30	非金属矿物制品业	31	非金属矿物制品
	3011	水泥制造	310101	水泥熟料
	3041	平板玻璃制造	311101	平板玻璃
钢铁	31	黑色金属冶炼和压延加工业	32	黑色金属冶炼及压延产品
	3110	炼铁	3201	生铁
	3120	炼钢	3206	粗钢
	3130	钢压延加工	3207 3208	轧制、锻造钢坯 钢材
有色	32	有色金属冶炼和压延加工业	33	有色金属冶炼和压延加工产品
	3216	铝冶炼	3316039900	电解铝
	3211	铜冶炼	3311	铜

将相关信息填入"B报告主体描述"部分。

> 2．主营产品
> 公司主要生产平板玻璃，产能如下：
>
> | 产品名称 | 产品代码 | 设计产能 | 产能单位 |
> |---|---|---|---|
> | 平板玻璃 | 311101 | 700 | 万重量箱 |

4）填写每种产品的生产工艺流程图及工艺流程描述，并在图中标明温室气体排放设施，对于涉及化学反应的工艺需写明化学反应方程式。

任务描述及案例解析

根据案例描述，汇总企业主营产品及生产工艺，插入企业工艺流程图，并列明主要排放设施及化学反应方程式，将相关信息填入"B 报告主体描述"部分。

---

3. 主营产品及生产工艺

某市玻璃开发有限公司 A 为平板玻璃生产企业，主要产品为平板玻璃。主要采用的工艺为浮法生产工艺。浮法玻璃生产工艺主要是指玻璃液在熔融金属液面上漂浮成型的平板玻璃生产方法。在浮法玻璃生产过程中，熔窑、锡槽和退火窑称为浮法玻璃生产三大热工设备，也是本技术的核心部分。浮法生产工艺一般包括五个工艺流程，分别为原料处理、配合料制备、玻璃液熔制、玻璃成型、玻璃退火和玻璃冷端工序。浮法玻璃生产工艺流程如图 3 所示。

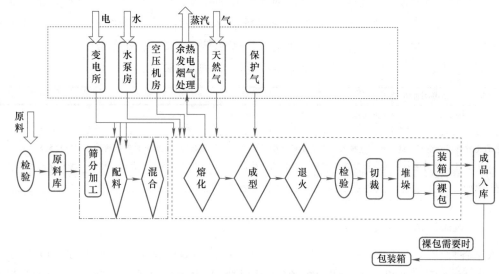

图 3　浮法玻璃生产工艺流程图

排放的温室气体为二氧化碳，主要排放设施如下表：

序号	设备名称	规格型号	数量	相应物料或能源种类
1	玻璃熔窑	500t	1	天然气
2	玻璃熔窑	600t	1	天然气
3	500t 池壁风机	Y2-335M1-6	8	电力
4	500t 退火窑风机	Y2-280S-4	4	电力
5	500t 碹碴风机	Y2-225S-4	4	电力
6	500t 吊墙冷却风机	Y2-180M-2	4	电力

三、描述企业核算边界与主要排放设施

（一）企业层级的核算和报告范围描述

按最新工作通知，企业层级核算边界应以企业法人或视同法人的独立核算单位为边界，核算和报告其主要生产系统和辅助生产系统产生的温室气体排放，包括附属生产系统。辅助生产系统包括主要生产管理和调度指挥系统、动力、供水、机修、库房、化验、计量、水处理、运输和环保设施等。附属生产系统包括厂区内为生产服务、主要用于办公生活的部门、

单位和设施（如职工食堂、车间浴室、保健站、办公场所、公务车辆、班车等）。

根据行业核算方法和报告指南中的"核算边界"章节的要求对企业报告范围进行具体描述。例如，本企业的温室气体核算和报告范围为位于××厂区内的生产系统（包括直接生产系统和辅助生产系统）对应的化石燃料燃烧产生的二氧化碳排放、工业生产过程产生的二氧化碳排放、企业电力产生的二氧化碳排放。

任务描述及案例解析

根据案例描述及行业分类，某市玻璃开发有限公司A涉及的排放源类型包括化石燃料燃烧产生的二氧化碳排放、原料配料中碳粉氧化产生的二氧化碳排放、原料碳酸盐分解产生的二氧化碳排放以及购入使用的电力和热力产生的二氧化碳排放。

将相关信息填入"C核算边界和主要排放设施描述"部分。

C　核算边界和主要排放设施描述
4. 企业层级的核算和报告范围描述
本企业的温室气体核算和报告的范围为于某市某区××号的厂区内的生产系统（包括直接生产系统和辅助生产系统）对应的化石燃料燃烧产生的二氧化碳排放、工业生产过程产生的二氧化碳排放、企业电力产生的二氧化碳排放。
其中辅助生产系统包括主要生产管理和调度指挥系统、动力、供水、机修、库房、化验、计量、水处理、运输和环保设施等。

（二）设施层级（补充数据表）核算边界的描述

依据各行业或产品补充数据表中要求，对行业补充数据表覆盖范围进行具体描述。例如，位于××厂区内的生产系统的能源作为原材料产生的排放量、消耗电力对应排放量、消耗热力对应的排放量。

任务描述及案例解析

"平板玻璃行业补充数据表"中对核算边界的描述为"从原燃料进入生产厂区均化开始，包括原料制备、熔化、成型、退火、切裁到成品包装入库为止，化石燃料燃烧产生的二氧化碳排放以及净消耗电力和热力对应的二氧化碳排放。"根据案例描述，将相关信息填入"C核算边界和主要排放设施描述"部分。

5. 设施层级（补充数据表）核算边界的描述
本企业纳入全国碳排放交易体系（ETS）的核算边界为某省某市某区某街××号厂区内的2条平板玻璃生产线，从原燃料进入生产厂区均化开始，包括原料制备、熔化、成型、退火、切裁到成品包装入库为止，化石燃料燃烧产生的二氧化碳排放以及净消耗电力和热力对应的二氧化碳排放。另，燃料消耗、电力消耗、热力消耗统计范围不包括冷修（放水至出玻璃期间）、动力、氮氢站、厂内运输工具、机修、照明等辅助生产所消耗的能源，以及采暖、食堂、宿舍、燃料报关、运输损失、基建等消耗的能源。

（三）主要排放设施描述

包括与燃料燃烧排放相关的排放设施、与工业过程排放相关的排放设施、主要耗电和耗热的设施的名称、安装位置、排放过程及温室气体种类、是否纳入补充数据表核算边界范围等。

任务描述及案例解析

平板玻璃生产企业核算边界内的关键排放源包括化石燃料的燃烧、工业生产过程排放以及购入使用的电力和热力。

根据表 4-5 和表 4-6，分排放源将相关信息填入"C 核算边界和主要排放设施描述"部分。

6. 主要排放设施[3]				
6.1 与燃料燃烧排放相关的排放设施				
编号	排放设施名称	排放设施安装位置	排放过程及温室气体种类[4]	是否纳入补充数据表核算边界范围
1	玻璃熔窑	熔化车间	玻璃液熔制过程产生的二氧化碳排放	是
6.2 与工业过程排放相关的排放设施				
编号	排放设施名称	排放设施安装位置	排放过程及温室气体种类[5]	是否纳入补充数据表核算边界范围
1	玻璃熔窑	熔化车间	玻璃液熔制过程产生的二氧化碳排放	否
（说明：若存在多套设备，应按实际情况，应全部列出）				
6.3 主要耗电和耗热的设施[6]				
编号	设施名称	设施安装位置	是否纳入补充数据表核算边界范围	
1	500t 池壁风机	窑底南北两侧	电力产生的二氧化碳排放	
2	500t 退火窑风机	退火窑 F 区	电力产生的二氧化碳排放	
3	500t 暄礁风机	窑底南北两侧	电力产生的二氧化碳排放	
4	500t 吊墙冷却风机	窑底北侧	电力产生的二氧化碳排放	
5	横切机	成型切装工段	电力产生的二氧化碳排放	

四、描述活动数据和排放因子的确定方式

活动数据和排放因子的确定方式包括数据的计算方法和获取方式、测量设备、数据记录频次、数据缺失时的处理方式和数据获取负责部门。

发电行业数据质量控制计划编制—— 数据的确定方式

（一）明确所有监测数据的名称和单位

根据行业核算指南、企业核算边界和排放源，梳理企业所涉及的所有监测参数名称和计量单位。

（二）明确所有监测数据的计算方法及获取方式

数据获取方式包括实测值、缺省值、相关方结算凭证等。

实测值具体填报时，采用在表下加备注的方式写明监测的具体方法和标准。涉及数据由外部有资质的机构实测的，应明确具体委托协议方式及相关参数的检测标准；缺省值填写具体数值。相关方结算凭证具体填报时，采用在表下加备注的方式填写如何确保供应商数据质量；若涉及其他方式，也采用在表下加备注的方式详细描述。

（三）明确测量设备

当数据获取方式来源于实测值时，需填写监测设备及型号、监测设备安装位置、监测频次、监测设备精度、规定的监测设备校准频次等监测设备信息，并对数据记录频次、数据缺失时的处理方式、数据获取负责部门进行描述。

监测设备的型号及安装位置可通过现场查看设备铭牌、查阅企业设备名录等方式获取。

监测频次不得低于国家最新政策和行业核算指南的要求，且填报时需结合企业实际情况。例如，若企业用电子皮带秤对入炉煤量进行连续称重测量，则监测频次为"连续监测"；若企业用汽车衡对每批次入厂煤进行称重，则监测频次为"按批次监测"。

监测设备精度可通过查阅设备校验报告、技术说明书或现场查看设备铭牌等方式获取。

（四）明确数据缺失时的处理方式

数据缺失的处理方式应基于审慎性原则且符合生态环境部相关规定，例如，参考财务原始凭证、采用供应商数据等。

（五）明确数据获取负责部门

数据获取负责部门应明确各项数据监测、流转、记录、分析等环节的管理部门。

任务描述及案例解析

在描述活动数据和排放因子的确定方式时，应以先分排放源再分燃料或参数种类的方式进行填报。以燃料燃烧排放为例，案例中涉及的燃料种类分别为天然气和柴油，分别针对这两种燃料的消耗量、低位发热量、单位热值含碳量和碳氧化率的监测方法进行填报。同理，针对工业生产过程排放和净购入电力、热力排放，采用同样的方式进行填报。

此外，还需要重点关注，除发电行业外的其他七大行业，并填写各个行业补充数据表中数据的确定方式，例如排放量、生产数据等。

将相关信息填入"D 活动数据和排放因子的确定方式"部分。

D 活动数据和排放因子的确定方式										
D-1 燃料燃烧排放活动数据和排放因子的确定方式										
燃料种类	单位	数据的计算方法及获取方式[7] 选取以下获取方式： 实测值（如是，请具体填报时，采用在表下加备注的方式写明具体方法和标准）； 默认值（如是，请填写具体数值）； 相关结算凭证（如是，请具体填报时，采用在表下加备注的方式填写如何确保供应商数据质量）； 其他方式（如是，请具体填报时，采用在表下加备注的方式详细描述）	测量设备（适用于数据获取方式来源于实测值）					数据记录频次	数据缺失时的处理方式	数据获取负责部门
			监测设备及型号	监测设备安装位置	监测频次	监测设备精度	规定的监测设备校准频次			
燃料种类 A[8]	天然气									
消耗量	万立方米	实测值 测量方法：气体智能涡轮流量计 测量标准：GB 17167—2006《用能单位能源计量器具配备和管理通则》	型号：LWQZ-200 CZ	燃气部	实时监测	1.5	每年校正	每天记录、每月、每年汇总	采用能源报表中数据	生产部
低位发热值	GJ/t	缺省值 389.31	—	—	—	—	—	—	—	—
单位热值含碳量	tC/TJ	缺省值 15.32	—	—	—	—	—	—	—	—
含碳量[9]	—	—	—	—	—	—	—	—	—	—
碳氧化率	%	缺省值 99.5	—	—	—	—	—	—	—	—

燃料种类 B　柴油										
消耗量	t	165.7		加油站加油枪	加油站	按批次监测	—	—	—	—
低位发热值	GJ/t	42.652		—	—	—	—	—	—	—
单位热值含碳量	tC/TJ	0.0202		—	—	—	—	—	—	—
含碳量	—	—		—	—	—	—	—	—	—
碳氧化率	%	99		—	—	—	—	—	—	—

D-2 过程排放活动数据和排放因子的确定方式
（行业核算指南中，除燃料燃烧、温室气体回收利用和固碳产品隐含的排放以及购入电力和热力隐含的 CO_2 排放外，其他排放均列入此表。）

过程参数	参数描述	单位	数据的计算方法及获取方式[11] 选取以下获取方式： 　实测值（如是，请具体填报时，采用在表下备注的方式写明具体方法和标准）； 　缺省值（如是，请填写具体数值）； 　相关方结算凭证（如是，请具体填报时，采用在表下加备注的方式填写如何确保供应商数据质量）； 　其他方式（如是，请具体填报时，采用在表下加备注的方式详细描述）	监测设备及型号	监测设备安装位置	监测频次	监测设备精度	规定的监测设备校准频次	数据记录频次	数据缺失时的处理方式	数据获取负责部门
过程排放 1：原料配料中碳粉氧化产生的排放（按照相应行业核算方法与报告指南中的第五部分核算方法的排放种类填写）											
消耗量	碳粉消耗量	t	实测值	XK3141	原料车间	实时监测	±0.5%	每月校准一次	每天记录，每月、每年汇总	参考供应商的提货单	生产部
含碳量	碳粉含碳量	%	缺省值：100 （如果有实测值，请按实际填写）								
过程排放 2：白云石分解产生的排放（按照相应行业核算方法与报告指南中的第五部分核算方法的排放种类填写）											
消耗量	$CaMg(CO_3)_2$ 消耗量	t	实测计算值 碳酸盐 $CaMg(CO_3)_2$ 消耗量＝白云石消耗量 白云石的消耗量：实测值：2个生产线采用电子秤测量	4个电子称 XK3141	原料车间	实时监测	±0.5%	每月校准一次	每天记录，每月、每年汇总	参考供应商的提货单	生产部
碳酸盐排放因子	$CaMg(CO_3)_2$ 排放因子	tCO_2/t	缺省值：0.47732 （如果有实测值，请按实际填写）								
碳酸盐煅烧比例	$CaMg(CO_3)_2$ 煅烧比例	%	缺省值：100 （如果有实测值，请按实际填写）								
过程排放 3：石灰石分解产生的排放（按照相应行业核算方法与报告指南中的第五部分核算方法的排放种类填写）											
碳酸钙消耗量	$CaCO_3$ 消耗量	t	实测计算值 计算方法：碳酸盐 $CaCO_3$ 消耗量＝石灰石消耗量×$CaCO_3$ 纯度 石灰石的消耗量：实测值：2个生产线采用电子秤测量	XK3141	原料车间	实时监测	±0.5%	每月校准一次	每天记录，每月、每年汇总	参考供应商的提货单	生产部
碳酸钙排放因子	$CaCO_3$ 的排放因子	tCO_2/t	缺省值：0.43971 （如果有实测值，请按实际填写）								
碳酸钙煅烧比例	$CaCO_3$ 的煅烧比例	%	缺省值：100 （如果有实测值，请按实际填写）								
过程排放 4：纯碱分解产生的排放（按照相应行业核算方法与报告指南中的第五部分核算方法的排放种类填写）											
消耗量	Na_2CO_3 消耗量	t	实测计算值 计算方法：Na_2CO_3 消耗量 纯碱的消耗量：实测值：2个生产线采用电子秤测量	XK3141	原料车间	实时监测	±0.5%	每月校准一次	每天记录，每月、每年汇总	参考供应商的提货单	生产部
纯碱排放因子	Na_2CO_3 排放因子	tCO_2/t	缺省值：0.41492 （如果有实测值，请按实际填写）								
纯碱煅烧比例	Na_2CO_3 煅烧比例	%	缺省值：100 （如果有实测值，请按实际填写）								

D-3 购入电力和热力活动数据和排放因子的确定方式									
过程参数	单位	数据的计算方法及获取方式[13] 选取以下获取方式： 实测值（如是，请具体填报时，采用在表下加备注的方式写明具体方法和标准）； 缺省值（如是，请填写具体数值）； 相关方结算凭证（如是，请具体填报时，采用在表下加备注的方式填写如何确保供应商数据质量）； 其他方式（如是，请具体填报时，采用在表下加备注的方式详细描述）	测量设备 （适用于数据获取方式来源于实测值）				规定的监测设备校准频次	数据记录频次	数据缺失时的处理方式	数据获取负责部门
			监测设备及型号	监测设备安装位置	监测频次	监测设备精度				
购入电量	MWh	相关方结算凭证：数据来自每月供电公司出具的结算凭证。 测量标准：GB 17167—2006《用能单位能源计量器具配备和管理通则》	DSZ535/DSSD71	配电室	连续监测	0.5s	每年外检一次	每天抄表、每月记录	核算使用供电局结算数据，缺失时使用厂内进线总表数据估算	生产部
购入总电量中直供企业使用且未并入市政电网的非化石能源电量	MWh	无	—	—	—	—	—	—	—	—
输出电量	MWh	无	—	—	—	—	—	—	—	—
输出总电量中直供企业使用且未并入市政电网的非化石能源电量	MWh	无	—	—	—	—	—	—	—	—
净购入电力排放因子	tCO_2/MWh	缺省值：0.5703	—	—	—	—	—	—	—	—
净购入热量	GJ	无	—	—	—	—	—	—	—	—
净购入热力排放因子	tCO_2/GJ	缺省值：0.11	—	—	—	—	—	—	—	—

D-4 设施层级（补充数据表）数据的确定方式									
设施层级（补充数据表）的相关数据	单位	数据的计算方法及获取方式 选取以下获取方式： 实测值（如是，请具体填报时，采用在表下加备注的方式写明具体方法和标准）； 缺省值（如是，请填写具体数值）； 相关方结算凭证（如是，请具体填报时，采用在表下加备注的方式填写如何确保供应商数据质量）； 其他方式（如是，请具体填报时，采用在表下加备注的方式详细描述）	测量设备 （适用于数据获取方式来源于实测值）				规定的监测设备校准频次	数据记录频次	数据缺失时的处理方式	数据获取负责部门
			监测设备及型号	监测设备安装位置	监测频次	监测设备精度				
二氧化碳排放量	tCO_2	计算值	—	—	—	—	—	—	—	—
化石燃料燃烧排放量	tCO_2	计算值	—	—	—	—	—	—	—	—
天然气消耗量	万立方米	实测值 测量方法：气体智能涡轮流量计 测量标准：GB 17167—2006《用能单位能源计量器具配备和管理通则》	型号：LWQZ-150CZIZ	燃气站	实时监测	精度均为1.5	每年校正	每天记录，每月、每年汇总	输送、使用过程中的损失	槽密部
天然气低位发热值	GJ/→万Nm³	缺省值：389.310	—	—	—	—	—	—	—	—
天然气单位热值含碳量	tC/GJ	缺省值：15.32	—	—	—	—	—	—	—	—
天然气碳氧化率	%	缺省值：99.5	—	—	—	—	—	—	—	—
消耗电力对应的排放量	tCO_2	计算值	—	—	—	—	—	—	—	—
消耗电量	MWh	计算值	—	—	—	—	—	—	—	—
电网电量	MWh	实测值 测量方法：原料车间、熔化成型退火切裁车间、成品包装车间、仓库，均采用独立的二级电表进行测量，每天抄表、每月、每年汇总 测量标准：GB 17167—2006《用能单位能源计量器具配备和管理通则》	电表，型号均为DTSD188	配电室	连续监测	0.5s	每年外检一次	每月抄表并汇总，每月、每年汇总	核算使用供电局结算数据，缺失时使用厂内进线总表数据估算	生产部
自备电厂电量	MWh	无	—	—	—	—	—	—	—	—
非化石能源电量	MWh	无	—	—	—	—	—	—	—	—
纯余热余压电量	MWh	无	—	—	—	—	—	—	—	—
消耗电力对应的排放因子	tCO_2/MWh	缺省值：根据全国平均排放因子和余热电量的排放因子加权计算	—	—	—	—	—	—	—	—
消耗热力对应的排放量	tCO_2	计算值	—	—	—	—	—	—	—	—
消耗热量	GJ	无	—	—	—	—	—	—	—	—
消耗热力对应的排放因子	tCO_2/GJ		—	—	—	—	—	—	—	—
平板玻璃产量	万重量箱	实测值：2mm*10m² 为1重量箱，自动切割机可设置宽度，并记录切割数量，厚度测量仪测定玻璃厚度。根据切割的玻璃规格，计算平板玻璃的产量	切割机厚度测试仪	切割车间	实时监测	切割机宽度设置精度±0.05mm，厚度测试仪：±0.5%	均为每月校准	每次记录，每天、每月、每年汇总	参考包装入库量或购销存计算的产量	生产部
超白玻璃	万重量箱	—	—	—	—	—	—	—	—	—
本体着色玻璃	万重量箱	—	—	—	—	—	—	—	—	—
超薄玻璃	万重量箱	—	—	—	—	—	—	—	—	—
设计产能	万重量箱	700	—	—	—	—	—	—	—	—
二氧化碳排放总量	tCO_2	计算值	—	—	—	—	—	—	—	—

五、填报企业内部质量控制和质量保证相关规定

根据企业实际情况进行填报，应包括温室气体数据质量控制计划制定和温室气体报告专门人员的指定情况。具体为数据质量控制计划的制定、修订、审批以及执行等管理程序；温室气体排放报告的编写、内部评估以及审批等管理程序，以及温室气体数据文件的归档管理程序等内容。

职业判断与业务操作

水泥厂 C 2022 年度

排放数据质量控制计划

A	数据质量控制计划的版本及修订			
版本号	修订（发布）内容	修订（发布）时间		备注
1.0	制订数据质量控制计划	2023 年 11 月 10 日		无
B	报告主体描述			
企业（或者其他经济组织）名称	水泥厂 C			
地址	某省某市×××区××街×号			
统一社会信用代码（组织机构代码）	9134*************6	行业分类（按核算指南分类）		水泥
法定代表人	姓名：刘某	电话：138****8666		
监测计划制定人	姓名：郑某	电话：0841-6851****	邮箱：zheng×××@×××.com	

郑州水泥厂简介

单位简介

水泥厂 C 位于某省某市×××区××街×号，法人代表为刘某，企业性质属有限责任公司，组织机构为董事会下总经理负责制。

水泥厂 C 组织机构如图 1 所示，厂区平面图如图 2 所示。

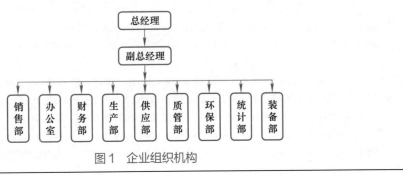

图 1　企业组织机构

（续）

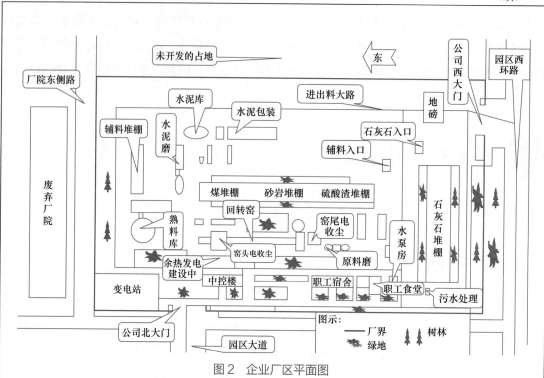

图2　企业厂区平面图

主营产品

某市水泥厂 C 2023 年主营产品名称、产品代码、产能情况等，如下表所示：

产品名称	产品代码	设计产能	产能单位
水泥熟料	310101	155	万吨／年

主营产品及生产工艺

本公司主营产品为水泥熟料和水泥，公司有 2 条日产 2500t 的熟料生产线，配套设备有 2 座 $\phi4\times60$m 回转窑及其配套粉末设备和 2 座带有一组 7.5MW 余热发电机组的回转窑。

主要生产工序为生料制备→煤磨系统→熟料煅烧→水泥粉磨，然后进行水泥包装／散装出厂。具体生产工艺和流程如下。

1）生料制备：采用四组分原料，即石灰石、砂岩、铝矾土和铁矿石，各组分原料经进厂过磅计量后，进入堆场或均化库分别进行均化储存。

各组分原料经取料、破碎后由输送设备送入原料配料库，然后按质量配比要求，由各微机秤分别计量自动喂料，并经皮带机输送至生料立磨系统进行生料制备，制备后的生料粉被输送至生料均化库储存均化。

2）煤磨系统：烟煤进厂经过磅计量后进入原煤库棚进行均化，经取料设备输送至煤磨计量并进行烘干粉磨，然后由提升机输送至煤粉细粉仓。

3）熟料煅烧：均化后的生料经微机调速皮带秤计量后通过高效提升机进入悬浮预热器进行换热分解，然后进入回转窑；同时由喷煤设备计量并喷配煤磨煤粉，使生料经高温煅烧制成熟料；再经篦冷机冷却后由链斗输送机送至熟料库储存。

4）水泥粉磨：普通硅酸盐水泥产品采用自产熟料、粉煤灰、矿渣、脱硫石膏、石灰石（破碎）及米石六组分配料。各组分原料经进厂过磅计量，进入堆场或均化库分别均化储存，后经取料、输送设备，破碎、烘干后分别输送至各配料库，然后各组分物料按化验设定配比比例，由各微机秤分别配料计量后进入磨机粉磨为成品，工艺流程如图3所示。

（续）

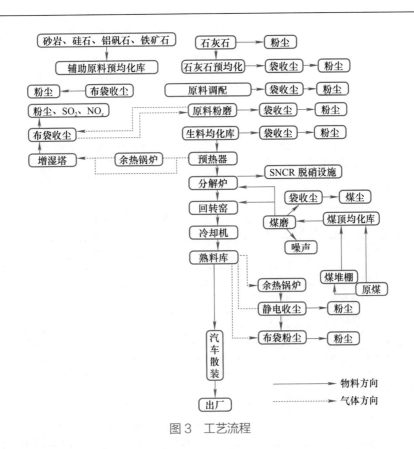

图3 工艺流程

涉及的化学反应方程式为：

$C+O_2=CO_2$，$MgCO_3=MgO+CO_2\uparrow$，$CaCO_3=CaO+CO_2\uparrow$

C 核算边界和主要排放设施描述

企业层级核算和报告范围描述：

水泥厂C的温室气体核算和报告范围为位于某省某市×××区××街×号厂区内的生产系统（包括直接生产系统、辅助生产系统以及直接为生产服务的附属生产系统）对应的化石燃料燃烧产生的二氧化碳排放、原料碳酸盐分解产生的二氧化碳排放、生料中非燃料碳煅烧产生的二氧化碳排放以及购入使用的电力和热力产生的二氧化碳排放。

其中辅助生产系统包括动力、供电、供水、化验、机修、库房、运输；附属生产系统包括生产指挥系统（厂部）和厂区内为生产服务的部门和单位（职工食堂、车间浴室、保健站等）。

设施层级核算和报告范围描述：

水泥厂C设施层级的核算边界从位于某省某市×××区××街×号厂区内从原燃材料进入生产厂区均化开始，包括水泥原燃料及生料制备、熟料烧成、熟料到熟料库为止的生产流程，不包括厂区内辅助生产系统以及附属生产系统。

主要排放设施

1. 与燃料燃烧排放相关的排放设施

编号	排放设施名称	排放设施安装位置	排放过程及温室气体种类	是否纳入设施层级核算边界范围
1	回转窑	生产线烧成车间	燃煤和燃油过程产生的二氧化碳排放	是
2	铲车、厂内运输设备	生产厂区内	燃油过程产生的二氧化碳排放	否
3	食堂灶具	食堂	燃液化石油气过程产生的二氧化碳排放	否

（续）

2. 与替代燃料或废弃物中非生物质碳的燃烧排放设施（无）

编号	排放设施名称	排放设施安装位置	排放过程及温室气体种类	是否纳入设施层级核算边界范围

3. 与原料分解产生的排放相关的排放设施

编号	排放设施名称	排放设施安装位置	排放过程及温室气体种类	是否纳入设施层级核算边界范围
1	回转窑	生产线烧成车间	原材料碳酸盐分解产生的二氧化碳排放	是
2	分解炉	生产线烧成车间	原材料碳酸盐分解产生的二氧化碳排放	是

4. 与生料中非燃料碳煅烧相关的排放设施

编号	排放设施名称	排放设施安装位置	排放过程及温室气体种类	是否纳入设施层级核算边界范围
1	回转窑	生产线烧成车间	生料中非燃料碳煅烧产生的二氧化碳排放	否
2	分解炉	生产线烧成车间	生料中非燃料碳煅烧产生的二氧化碳排放	否
3	窑尾分解炉	生产线烧成车间	生料中非燃料碳煅烧产生的二氧化碳排放	否

5. 主要耗电和耗热的设施

编号	设施名称	设施安装位置	是否纳入设施层级核算边界范围
1	煤磨	原料车间	是
2	预热器	原料车间	是
3	立式辊磨机	烧成车间	是
4	回转窑	水泥车间	是
5	水泥磨	水泥车间	是

D 熟料生产层级活动数据和排放因子的确定方式

D-1 化石燃料燃烧排放活动数据和排放因子的确定方式

数据项		单位	数据的计算方法及获取方式	监测设备及型号	监测设备安装位置	监测频次	监测设备精度	规定的监测设备校准频次	数据记录频次	数据缺失时的处理方式	数据获取负责部门
一般烟煤	消耗量	t	实测值：在回转窑、窑尾分解炉分别安装皮带秤，连续称重测量，测量结果通过电子终端传输记录保存	皮带计量秤（DEL/DEM）	煤磨	实时测量	Ⅲ级	半年校准一次	每天记录，每月、每年汇总	参考其他测量数据	生产部
	收到基低位发热值	GJ/t	实测值：检测每批次入厂煤收到基低位发热量，以全年每批次入厂量为权重，计算得到年加权平均收到基低位发热量 参考标准：GB/T 213—2008《煤的发热量测定方法》	量热仪（ZDHW-2）	化验室	每批次检测	±1.0%	每年校准一次	每天记录，每月、每年汇总	参考分析报告	化验室
	单位热值含碳量	tC/TJ	缺省值：26.18	—	—	—	—	—	—	—	—
	碳氧化率	%	缺省值：98	—	—	—	—	—	—	—	—
柴油	消耗量	t	实测值：每批次加油通过加油机计量 参考标准：GB 17167—2006《用能单位能源计量器具配备和管理通则》	加油机	加油站	每批次监测	±0.2%	每年校准一次	每天记录，每月、每年汇总	参考其他测量数据	生产部
	收到基低位发热值	GJ/t	缺省值：42.652	—	—	—	—	—	—	—	—
	单位热值含碳量	tC/TJ	缺省值：0.02020	—	—	—	—	—	—	—	—
	碳氧化率	%	缺省值：99	—	—	—	—	—	—	—	—
化石燃料燃烧排放量		tCO_2	计算值	—	—	—	—	—	—	—	—

（续）

D-2 熟料生产过程排放活动数据和排放因子的确定方式										
数据项	单位	数据的计算方法及获取方式	测量设备（适用于数据获取方式来源于实测值）					数据记录频次	数据缺失时的处理方式	数据获取负责部门
			监测设备及型号	监测设备安装位置	监测频次	监测设备精度	规定的监测设备校准频次			
熟料产量	t	比例推算值：根据生料投入产出比例计算得出	计量秤称重生料量计算熟料产量	烧成车间	连续计量	±1%	一年校准一次	每天记录，每月、每年汇总	参考生产月报表	生产部门
熟料中氧化钙含量	%	实测值：采用荧光分析仪进行监测，监测数据与熟料产量进行加权月平均、加权年平均　参考标准：GB/T 176—2017《水泥化学分析方法》	荧光分析仪	化验室	每批次监测	0.01g	一年校准一次	每天记录，每月、每年汇总	取当年中氧化钙含量的最大值	化验室
熟料中氧化镁含量	%	实测值：采用荧光分析仪进行监测，监测数据与熟料产量进行加权月平均、加权年平均　参考标准：GB/T 176—2017《水泥化学分析方法》	荧光分析仪	化验室	每批次监测	0.01g	一年校准一次	每天记录，每月、每年汇总	取当年中氧化镁含量的最大值	化验室
非碳酸盐替代原料　消耗量	t	—	—	—	—	—	—	—	—	—
非碳酸盐替代原料　氧化钙含量	%	—	—	—	—	—	—	—	—	—
非碳酸盐替代原料　氧化镁含量	%	—	—	—	—	—	—	—	—	—
非碳酸盐替代原料　生料配料中该原料掺加比例										
熟料中不是来源于碳酸盐分解的氧化钙含量	%	实测值：采用荧光分析仪进行监测，监测数据与非碳酸盐替代原料量进行加权月平均、加权年平均　非碳酸盐替代原料量为原料中非碳酸盐称量数据　参考标准：GB/T 176—2017《水泥化学分析方法》	荧光分析仪	化验室	每批次监测	0.01g	一年校准一次	每天记录，每月、每年汇总	取当年中氧化钙含量的最大	化验室
熟料中不是来源于碳酸盐分解的氧化镁含量	%	实测值：采用荧光分析仪进行监测，监测数据与非碳酸盐替代原料量进行加权月平均、加权年平均　非碳酸盐替代原料量为原料中非碳酸盐称量数据　参考标准：GB/T 176—2017《水泥化学分析方法》	荧光分析仪	化验室	每批次监测	0.01g	一年校准一次	每天记录，每月、每年汇总	取当年中氧化镁含量的最大值	化验室
过程排放量	tCO_2	计算值	—	—	—	—	—	—	—	—
原料替代率	%	计算值	—	—	—	—	—	—	—	—

（续）

D-3 熟料生产消耗电力活动数据和排放因子的确定方式										
数据项	单位	数据的计算方法及获取方式	测量设备（适用于数据获取方式来源于实测值）					数据记录频次	数据缺失时的处理方式	数据获取负责部门
			监测设备及型号	监测设备安装位置	监测频次	监测设备精度	规定的监测设备校准频次			
熟料生产线消耗电量	MWh	实测值：每月抄表记录 参考标准：GB 17167—2006《用能单位能源计量器具配备和管理通则》	电能表MDM3000	厂区内变电站高压侧	连续计量	0.5s	一年校准一次	每月记录，每年汇总	参考内部抄表记录	电力室
熟料生产线总消耗电量	MWh	实测值：每月抄表记录 参考标准：GB 17167—2006《用能单位能源计量器具配备和管理通则》	电能表MDM3000	厂区内变电站高压侧	连续计量	0.5s	一年校准一次	每月记录，每年汇总	参考内部抄表记录	电力室
熟料生产线总消耗电量中包括该生产线分摊的直供企业使用且未并入市政电网的非化石能源电量	MWh	—	—	—	—	—	—	—	—	—
熟料生产线总消耗电量中包括该生产线分摊的企业自发自用非化石能源电量	MWh	—	—	—	—	—	—	—	—	—
熟料生产线核算边界内自产发电量	MWh	—	—	—	—	—	—	—	—	—
电网电力排放因子	tCO$_2$/MWh	缺省值：0.5703	—	—	—	—	—	—	—	—
消耗电力产生的排放量	tCO$_2$	计算值	—	—	—	—	—	—	—	—
D-4 熟料生产辅助参数活动数据和排放因子的确定方式										
数据项	单位	数据的计算方法及获取方式	测量设备（适用于数据获取方式来源于实测值）					数据记录频次	数据缺失时的处理方式	数据获取负责部门
			监测设备及型号	监测设备安装位置	监测频次	监测设备精度	规定的监测设备校准频次			
替代燃料 消耗量	t	—	—	—	—	—	—	—	—	—
替代燃料 收到基低位发热量	GJ/t	—	—	—	—	—	—	—	—	—
热量替代率	%	—	—	—	—	—	—	—	—	—

（续）

D-5 熟料生产数据活动数据和排放因子的确定方式										
数据项	单位	数据的计算方法及获取方式	测量设备（适用于数据获取方式来源于实测值）					数据记录频次	数据缺失时的处理方式	数据获取负责部门
			监测设备及型号	监测设备安装位置	监测频次	监测设备精度	规定的监测设备校准频次			
水泥窑运转小时数	h	实测值	—	—	—	—	—	每月统计，每年汇总	—	生产部
碳排放量	tCO₂	计算值	—	—	—	—	—	—	—	—
碳排放强度	tCO₂/t	计算值	—	—	—	—	—	—	—	—
熟料总产量	t	计算值：计算方法：当月使用量＝（月初库存＋当月水泥消耗熟料量－月末库存）	汽车衡SCS-150 SCS-120G SCS-50	发货现场	批次	±20kg ±30kg	一年校准一次	每批次记录，每月、每年汇总	参考购产销存报表	生产部

E　企业层级数据的确定方式

E-1 燃料燃烧排放活动数据和排放因子的确定方式											
数据项		单位	数据的计算方法及获取方式	测量设备（适用于数据获取方式来源于实测值）					数据记录频次	数据缺失时的处理方式	数据获取负责部门
				监测设备及型号	监测设备安装位置	监测频次	监测设备精度	规定的监测设备校准频次			
化石燃料	一般烟煤消耗总量	t	实测值：在回转窑、窑尾分解炉分别安装皮带秤，连续称重测量，测量结果通过电子终端传输记录并保存	皮带计量秤（DEL/DEM）	煤磨	实时测量	Ⅲ级	半年校准一次	每天记录，每月、每年汇总	参考其他测量数据	生产部
	一般烟煤收到基低位发热值	GJ/t	实测值：检测每批次入厂煤收到基低位发热量，以全年每批次入厂量为权重，计算得到年加权平均收到基低位发热量 参考标准：GB/T 213—2008《煤的发热量测定方法》	量热仪（ZDHW-2）	化验室	每批次检测	±1.0%	每年校准一次	每天记录，每月、每年汇总	参考分析报告	化验室
	一般烟煤单位热值含碳量	tC/TJ	缺省值：26.18	—	—	—	—	—	—	—	—
	一般烟煤碳氧化率	%	缺省值：98	—	—	—	—	—	—	—	—
	柴油消耗总量	t	实测值：每批次加油量，通过加油机计量 参考标准：GB 17167—2006《用能单位能源计量器具配备和管理通则》	加油机	加油站	每批次监测	±0.2%	每年校准一次	每天记录，每月、每年汇总	参考其他测量数据	生产部
	柴油收到基低位发热值	GJ/t	缺省值：42.652	—	—	—	—	—	—	—	—

（续）

类别	参数	单位	确定方式	监测设备	位置	监测方式	精度	校准	记录	数据来源	部门
化石燃料	柴油单位热值含碳量	tC/GJ	缺省值：0.02020	—	—	—	—	—	—	—	—
	柴油碳氧化率	%	缺省值：99	—	—	—	—	—	—	—	—
	化石燃料燃烧排放总量	tCO₂	计算值	—	—	—	—	—	—	—	—
替代燃料	消耗总量	t	—	—	—	—	—	—	—	—	—
	收到基低位发热值	GJ/t	—	—	—	—	—	—	—	—	—
	单位热值碳排放因子	tCO₂/GJ	—	—	—	—	—	—	—	—	—
	单位质量碳排放因子	tCO₂/t	—	—	—	—	—	—	—	—	—
	非生物物质碳含量	%	—	—	—	—	—	—	—	—	—
	替代燃料燃烧排放总量	tCO₂									

E-2 过程排放活动数据和排放因子的确定方式

类别	参数	单位	确定方式	监测设备	位置	监测方式	精度	校准	记录	数据来源	部门
原料中碳酸盐分解排放	熟料总产量	t	比例推算值：根据生料投入产出比例计算得出	计量秤称重生料量计算熟料产量	烧成车间	连续计量	±1%	一年校准一次	每天记录，每月、每年汇总	参考生产月报表	生产部
	排气筒（窑头）粉尘重量	t	根据环保局安装的数据采集传输仪实时进行检测	窑头粉尘在线监测系统	烧成车间	连续监测	环保局管控	环保局管控	每天记录，每月、每年汇总	参考其他时间段监测数据	生产部
	旁路放风粉尘重量	t	—	—	—	—	—	—	—	—	—
	熟料中氧化钙含量	%	实测值：采用荧光分析仪进行监测，监测数据与熟料产量进行加权月平均、加权年平均 参考标准：GB/T 176—2017《水泥化学分析方法》	荧光分析仪	化验室	每批次监测	0.01g	一年校准一次	每天记录，每月、每年汇总	取当年中氧化钙含量的最大值	化验室
	熟料中氧化镁含量	%	实测值：采用荧光分析仪进行监测，监测数据与熟料产量进行加权月平均、加权年平均 参考标准：GB/T 176—2017《水泥化学分析方法》	荧光分析仪	化验室	每批次监测	0.01g	一年校准一次	每天记录，每月、每年汇总	取当年中氧化镁含量的最大值	化验室

（续）

原料中碳酸盐分解排放	熟料中不是来源于碳酸盐分解的氧化钙含量	%	实测值： 采用荧光分析仪进行监测，监测数据与非碳酸盐替代原料量进行加权月平均、加权年平均 非碳酸盐替代原料量为原料中非碳酸盐称量数据 参考标准：GB/T 176—2017《水泥化学分析方法》	荧光分析仪	化验室	每批次监测	0.01g	一年校准一次	每天记录，每月、每年汇总	取当年中氧化钙含量的最大	化验室
	熟料中不是来源于碳酸盐分解的氧化镁含量	%	实测值： 采用荧光分析仪进行监测，监测数据与非碳酸盐替代原料量进行加权月平均、加权年平均 非碳酸盐替代原料量为原料中非碳酸盐称量数据 参考标准：GB/T 176—2017《水泥化学分析方法》	荧光分析仪	化验室	每批次监测	0.01g	一年校准一次	每天记录，每月、每年汇总	取当年中氧化镁含量的最大值	化验室
	原料中碳酸盐分解排放量	tCO_2	计算值	—	—	—	—	—	—	—	—
生料中非燃料碳煅烧排放	生料消耗总量	t	实测值：通过粉体计量秤连续计量，每天记录，每月汇总 参考标准：GB 17167—2006《用能单位能源计量器具配备和管理通则》	粉体计量秤	烧成车间	连续计量	±1%	一年校准一次	每天记录，每月、每年汇总	根据熟料产量推算	生产部
	生料中非燃料碳含量	%	根据水泥行业缺省值：0.1～0.3	—	—	—	—	—	—	—	—
	生料中非燃料碳煅烧排放量	tCO_2	计算值	—	—	—	—	—	—	—	—
E-3 净购入电力活动数据和排放因子的确定方式											
	购入的总电量	MWh	实测值：每月抄表记录 参考标准：GB 17167—2006《用能单位能源计量器具配备和管理通则》	电能表 MDM3000	厂区内变电站高压侧	连续计量	0.5s	每年校准一次	每月记录，每年汇总	参考内部抄表记录	电力室
	购入未并入市政电网的非化石能源电量	MWh	—	—	—	—	—	—	—	—	—
	输出的总电量	MWh	—	—	—	—	—	—	—	—	—
	输出未并入市政电网的非化石能源电量	MWh	—	—	—	—	—	—	—	—	—

（续）

电网电力排放因子	tCO₂/MWh	缺省值：0.5703	—	—	—	—	—	—	—	—
净购入使用电力对应的排放量	tCO₂	计算值	—	—	—	—	—	—	—	—
E-4 净购入热力活动数据和排放因子的确定方式										
购入的总热量	GJ	—	—	—	—	—	—	—	—	—
输出的总热量	GJ	—	—	—	—	—	—	—	—	—
供热排放因子	tCO₂/GJ	缺省值：0.11	—	—	—	—	—	—	—	—
净购入使用热力对应的排放量	tCO₂	计算值	—	—	—	—	—	—	—	—
E-5 排放量数据的确定方式										
自备电厂排放量	tCO₂	—	—	—	—	—	—	—	—	—
企业层级碳排放总量（不包括净购入使用电力和热力对应的排放）	tCO₂	计算值	—	—	—	—	—	—	—	—
企业层级碳排放总量（包括净购入使用电力和热力对应的排放）	tCO₂	计算值	—	—	—	—	—	—	—	—

F 数据内部质量控制和质量保证相关规定

水泥厂 C 指定生产部负责温室气体数据质量控制计划编制和温室气体排放量报告工作。数据质量控制计划由生产部主管制定并在需要时进行修订，由总经理岗位审批后方可执行。温室气体排放报告每年由生产部主管负责编制，经总经理岗位评估并批准后报送给主管部门。水泥厂 C 的碳排放监测将主要由生产部专人负责执行并实施。

数据质量控制计划由生产部根据《水泥熟料生产核算报告说明》以及国家相关的法律法规文件制订，数据质量控制计划中详细描述了所有活动水平数据和排放因子的确定方式，包括数据来源、数据获取方式、监测设备详细信息、数据缺失处理方法等内容。若《企业温室气体排放核算与报告填报说明 水泥熟料生产》以及国家相关的法律法规文件发生变化，企业自身的组织机构发生重大变化，企业的生产或者监测设备发生重大变化，生产部会负责对监测计划进行修订，并报送总经理岗位批准。

生产部由指定数据管理人员负责数据的收集和记录，所有的监测数据都按月记录，所有的电子或者纸质材料应保存至少三年。

填报人： 郑某	填报时间： 2023 年 11 月 10 日
内部审核人：	审核时间：
填报单位盖章 　　　　　　　　　　　　　　　　　　　水泥厂 C	

项目 5

企业碳排放数据汇总与报送

 知识目标

- ○ 了解企业碳排放数据报送的要求。
- ○ 了解全国碳市场数据报送的平台。
- ○ 掌握温室气体排放报告的编制要点。
- ○ 了解企业碳排放核查的基本流程和工作内容。

 能力目标

- ○ 具备通过管理平台报送企业排放信息的能力。
- ○ 具备企业温室气体排放报告编写的能力。
- ○ 具备配合第三方核查工作的能力。

任务 5.1　全国碳市场管理平台企业端填报

5.1.1　任务描述

电厂 A 在 2022 年 1 月正式投产运行，截至目前共设有两台燃煤机组，作为 2022 年被纳入全国碳交易市场的控排企业，按规定需要在 2023 年 3 月 31 日之前通过全国碳市场管理平台完成温室气体排放信息的填报工作。请你作为该电厂的碳排放管理负责人，完成以下任务。

1）明确 2022 年度企业温室气体排放报告的填报平台及形式。

2）明确通过平台填报质控计划的步骤。

3）明确企业生成的年报由哪些信息组成。

5.1.2　知识准备

一、碳排放相关数据报送要求

根据我国生态环境部发布的《关于做好 2023—2025 年发电行业企业温室气体排放报告管理有关工作的通知》要求，发电行业重点排放单位应在全国碳市场管理平台（以下简称管理平台，网址为 www.cets.org.cn）完成下一年度数据质量控制计划制订工作、报送上一年度温室气体排放报告并按照《发电设施指南》等要求，在每月结束后的 40 个自然日内，上传燃料的消耗量、低位发热量、元素碳含量、购入使用电量、发电量、供热量、运行小时数和负荷（出力）系数以及排放报告辅助参数等数据及其支撑材料。

根据《关于做好 2023—2025 年部分重点行业企业温室气体排放报告与核查工作的通知》（环办气候函〔2023〕332 号），除发电行业外的其他七大行业重点排放单位，也通过管理平台报送排放报告和支撑材料。

二、平台填报内容

企业在管理平台上主要填报数据质量控制计划、主要排放设施信息、碳排放月报和年报等内容。

三、审核工作

企业填报员在完成质控计划、月报、年报填报上传后，需要由企业审核员对相应信息进行确认，确认无误后出具审核意见并通过，然后由省、市两级主管单位进行审核。

5.1.3 任务实施

一、系统登录

（一）浏览器

管理平台系统支持 Chrome 及国产统信浏览器。为了确保能正常使用系统，请使用 Chrome 或统信浏览器访问。

1）Chrome 浏览器建议使用 90.0（正式版）及以上版本。

2）统信（UOS）浏览器版本要求使用 5.2 及以上版本。

建议使用分辨率为 1920×1080 及以上的环境访问系统。浏览器无须缩放（100% 缩放级别）。

（二）系统地址

系统地址为 https://enterprise.cets.org.cn/ncem/login?redirect=/index。

通过 Chrome 浏览器输入地址进行访问，输入用户名。密码进行登录。系统登录界面如图 5-1-1 所示。

图 5-1-1 系统登录界面

企业共有两个用户，分别是填报员和审核员，首次登录需要绑定手机号码并对密码进行重新设置。修改密码及绑定手机号如图 5-1-2 所示。

（三）首页信息

企业首页可以查看总量分析、待办任务、政策法规、通知公告、趋势分析、质量预警、结构分析、碳排强度分析以及考核评价。企业首页如图 5-1-3 所示。

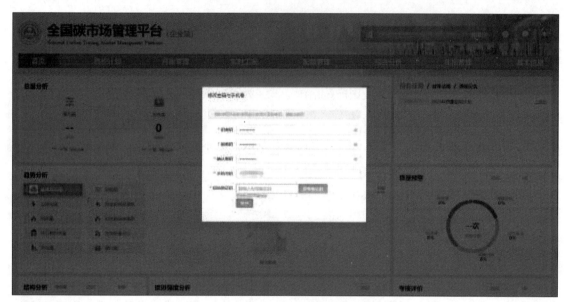

图 5-1-2　修改密码及绑定手机号

图 5-1-3　企业首页

总量分析指标包括碳排放总量、配额量、履约量、供电量、供热量、供电碳排放强度、供热碳排放强度、综合碳排放强度，可以查看当前总量和强度数据，并查看同比情况。

趋势分析可以从时间（年、月）、范围（全厂、机组）维度查看六项指标的趋势，六项指标分别是碳排放总量、碳配额、供电量、供电碳强度、供热量、供热碳强度。

待办任务/政策法规/通知公告可以提供待办提醒、政策法规和通知公告的信息推送。

质量预警支持查看企业月报数据质量预警数量及占比情况。

结构分析可以从时间（年、月）维度查看各机组的排放量。

碳排放强度分析可以从时间（年、月）维度查看全厂、全机组的供电排放强度、供热排放强度和综合能源强度。

考核评价可以查看每个月的评分，从数据质量、审核一次通过率、履约及时性和报送修改频次四个方面进行综合评价。

二、质控计划

企业按照《发电设施指南》要求，需于每年 3 月 31 日前更新数据质量控制计划，并依据更新的数据质量控制计划对台账资料和原始记录进行存证。

（一）质控计划制定

企业填报员登录企业端，进入质控计划模块，选择对应年份，单击"制定计划"进行年度质控计划制定。制定计划如图 5-1-4 所示。

图 5-1-4　制定计划

进入质控计划填报页面，需要填写企业信息、机组信息、计算方式以及数据确定方式。

1. 填写企业信息

企业信息填报内容包括"重点排放单位情况""核算边界和主要排放设施描述""煤炭元素碳含量、低位发热量等参数检测的采样、制样方案""数据内部质量控制和质量保证相关规定"等信息，填写过程中注意事项如下。

1）灰色框里的为带入信息，无法进行编辑。

2）经纬度信息可以单击输入框进行拾取。

3）邮政编码可以根据经营场所地址自动生成。

4）附件信息支持 PDF/JPG/PNG/WORD/EXCLE 等格式，最大为 10MB。

企业信息填写步骤如图 5-1-5 ～图 5-1-9 所示。

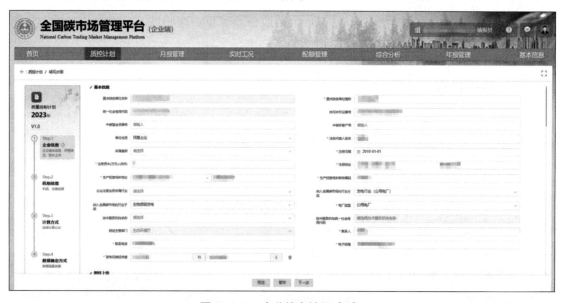

图 5-1-5　企业信息填写（1）

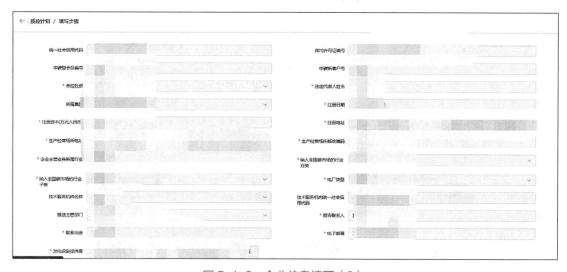

图 5-1-6　企业信息填写（2）

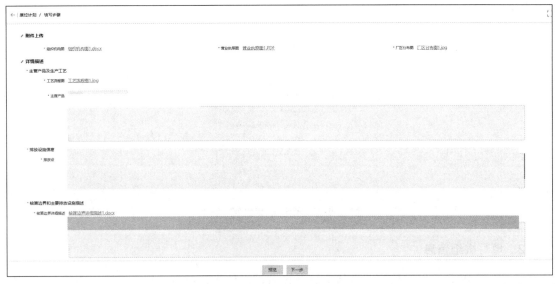

图 5-1-7　企业信息填写（3）

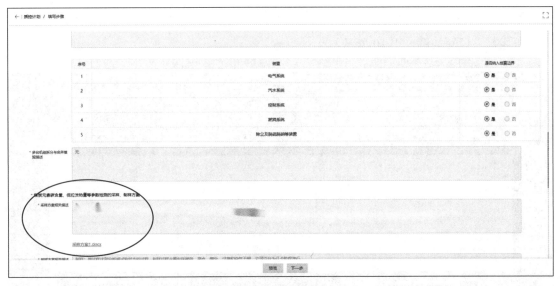

图 5-1-8　企业信息填写（4）

图 5-1-9　企业信息填写（5）

2. 填写机组信息

企业机组信息填报包括机组主体信息及设备设施信息，填写过程中注意事项如下。

1）机组类型包括燃油机组、燃煤机组、燃气机组等，系统会根据机组类型生成机组名称和机组编码，其他信息需要人工维护。

2）新增机组后必须新增设施信息才能进行保存。

机组信息填写如图 5-1-10 所示。

图 5-1-10　机组信息填写

　　确认机组类型后可以维护机组信息及设施信息，设施包括锅炉、汽轮机和发电机。新增设施填写如图 5-1-11 和图 5-1-12 所示。

图 5-1-11　新增设施填写（1）

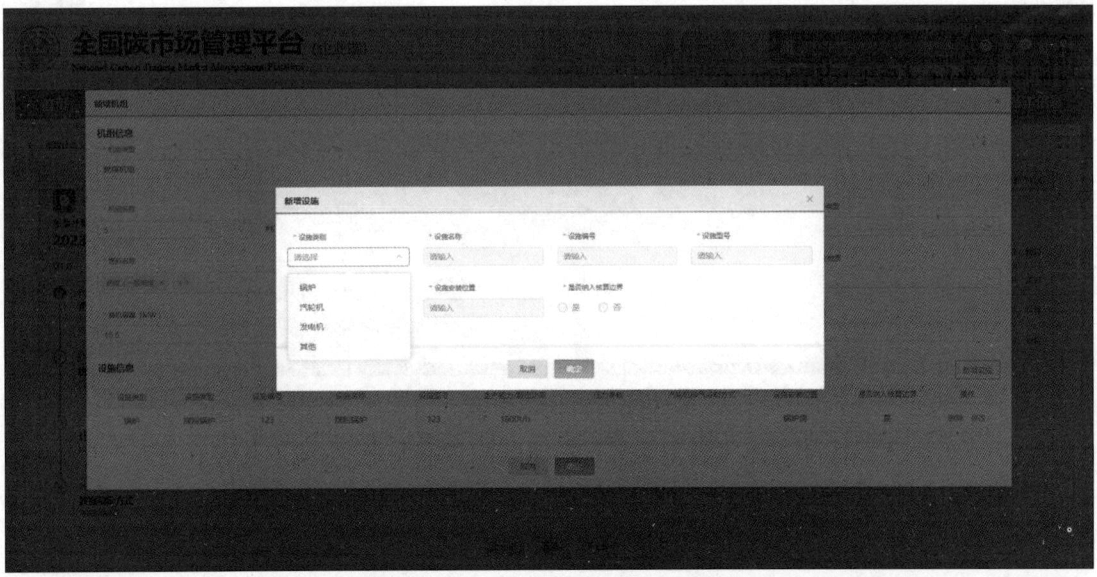

图 5-1-12　新增设施填写（2）

　　新增的机组可以进行修改、删除以及合并操作，合并功能支持以某一机组为主体进行机组合并操作。基本信息相似的机组可以直接进行复制。合并机组如图 5-1-13 和图 5-1-14 所示。

图 5-1-13 合并机组（1）

图 5-1-14 合并机组（2）

3. 计算方式

计算方式和第四步数据确定方式联动，需要选择各个机组各燃料是否开展元素碳实测，例如燃煤选择开展元素碳实测，需要填写收到基元素碳含量等多个指标项，而未开展元素碳实测则只需要填写 4 个。生产数据的正算法和反算法决定了月报填报时供热比需手动填写还是系统自动计算。计算方式选择如图 5-1-15 所示。

图 5-1-15　计算方式选择

4. 数据确定方式

按机组填写所有活动数据和排放因子的获取方式、具体描述、数据来源、测量设备、测量设备型号、测量设备安装位置、测量频次、测量设备精度、规定的测量设备校准频次、数据记录频次、数据缺失的处理方式以及数据获取负责部门。

1）实测值确定方式填报：以收到基元素碳含量为例，获取方式为实测值，确定方式中需要下拉选择的参数有：具体描述（检测方式选项或填写详细描述）、数据来源、测量频次、规定的测量设备校准频次、数据记录评测，需要填写的参数有：测量设备型号、测量设备安装位置等信息。

检测方式：自行检测、委托检测、其他（请填写详细说明）。

数据来源：生产系统记录的计量数据、购销存台账中的消耗量数据、供应商结算凭证的购入量数据。

测量设备及型号：碳氢元素分析仪、硫含量检测仪、碳硫联合测定仪、水分测定仪、发热量测量仪、其他。

测量频次：连续、每天、每周、每旬、每月、每批次。

规定的测量设备校准频次：每天、每旬、每月、每年、两年、三年、四年、五年、六年。

数据记录频次：连续、每天、每周、每旬、每月、每批次。

实测值确定方式如图 5-1-16 所示。

图 5-1-16　实测值确定方式

2）计算值确定方式填报：以收到基元素碳含量为例，获取方式为计算值，确定方式中需要下拉选择的参数有：具体描述（计算公式），需要填写的参数有：数据缺失的处理方式、数据获取负责部门。

计算公式：

① 系统自动计算：收到基元素碳含量 = 空干基元素碳含量×(100- 收到基水分)/(100- 空干基水分)。

② 系统自动计算：收到基元素碳含量 = 干燥基元素碳含量×(100- 收到基水分)/100。

③用户自行计算。

计算值确定方式如图 5-1-17 所示。

图 5-1-17　计算值确定方式

3）缺省值确定方式填报：以单位热值含碳量为例，获取方式可以选实测值或缺省值，选择缺省值后具体描述带出管理端配置中心设置的数据"0.02618"和"0.03085"，填写项为数据缺失的处理方式和数据获取负责部门。

缺省值确定方式如图 5-1-18 所示。

图 5-1-18　缺省值确定方式

4）其他确定方式填报：以供热量为例，获取方式可以选择其他，确定方式中需要下拉选择的填写项为具体描述，需要填写的填写项为数据缺失的处理方式和数据获取负责部门。

其他确定方式如图 5-1-19 所示。

图 5-1-19　其他确定方式

5. 数据确定方式复制

为方便企业填报员进行数据确定方式填报，系统提供了"复制数据确定方式"功能，用户单击"复制数据确定方式"按钮，弹出复制页面，选择被选机组和目标机组，即可完成复制，因机组的燃料名称和计算方式不同，会出现部分参数无法复制的情况，用户需补充此部分数据，完成数据确定方式填报。数据确定方式如图 5-1-20 所示。

图 5-1-20　数据确定方式

6. 暂存及预览

企业填报员填写企业信息、机组信息、数据确定方式过程中可以进行暂存或预览，单击"预览"按钮可以预览生成的质控计划并下载。填报信息暂存如图 5-1-21 所示，质控计划预览及下载如图 5-1-22 所示。

图 5-1-21　填报信息暂存

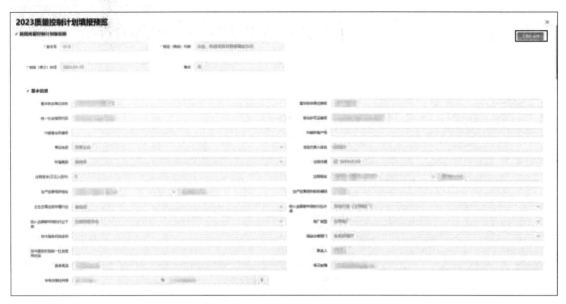

图 5-1-22　质控计划预览及下载

7．提交审核

企业填报员完成全部内容填写后，单击"提交"按钮，提交企业审核员进行审核。提交后可以查看审核状态和审核记录。提交审核如图 5-1-23 所示，审核状态如图 5-1-24 所示。

图 5-1-23　提交审核

图 5-1-24　审核状态

8. 重新上报

当企业审核员退回后，填报员需要进行重新上报。完成全部内容填写后，单击"提交"按钮，提交企业审核员进行审核。提交后可以查看审核状态和审核记录。重新上报如图 5-1-25 所示。

图 5-1-25　重新上报

（二）质控审核

企业审核员登录企业端，进入质控计划模块，单击"审核"按钮进行年度质控计划审核。

计划审核如图 5-1-26 所示。

图 5-1-26   计划审核

进入质控计划审核页面,需要确认企业信息、机组信息和数据确定方式,确认无误后单击"审核"按钮,填写审核意见进行审核。可以选择退回修改或者审核通过。

1. 退回修改

企业审核员填写退回意见,单击"退回修改"按钮,进行退回。退回修改如图 5-1-27 所示,退回进度跟踪如图 5-1-28 所示。

图 5-1-27   退回修改

图 5-1-28　退回进度跟踪

2. 审核通过

企业审核员填写通过意见，单击"审核通过"按钮，通过审核。企业内部审核通过后提交给主管单位进行审核，主管单位审核通过后填报员即可开展月报填报工作。审核通过如图 5-1-29 所示。

图 5-1-29　审核通过

3. 审核记录

单击"审核记录"按钮查看审核记录。审核记录如图 5-1-30 所示。

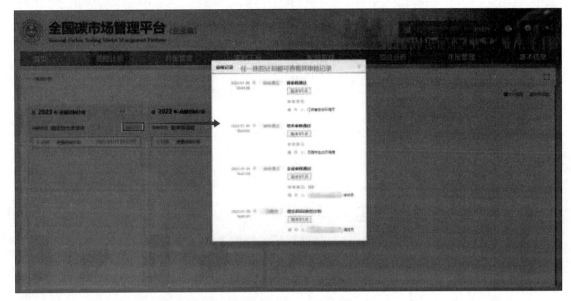

图 5-1-30　审核记录

（三）质控计划修订

企业可能存在多个版本的质控计划，质控计划修订由企业填报员负责，并交由企业审核员审核，然后通过省、市两级审核后才会生效。

当出现下列情况时企业应对数据质量控制计划进行修订，修订内容应符合实际情况并满足核算指南的要求。

1）排放设施发生变化，或使用计划中未包括的新燃料或物料而产生的排放。

2）采用新的测量仪器和方法，使数据的准确度提高。

3）发现之前采用的测量方法所产生的数据不正确。

4）发现更改计划可提高报告数据的准确度。

5）发现计划不符合指南核算和报告的要求。

6）生态环境部明确的其他需要修订的情况。

质控计划修订步骤如图 5-1-31 ~ 图 5-1-34 所示。

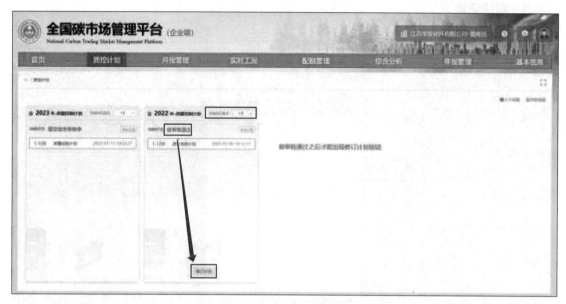

图 5-1-31　修订计划步骤（1）

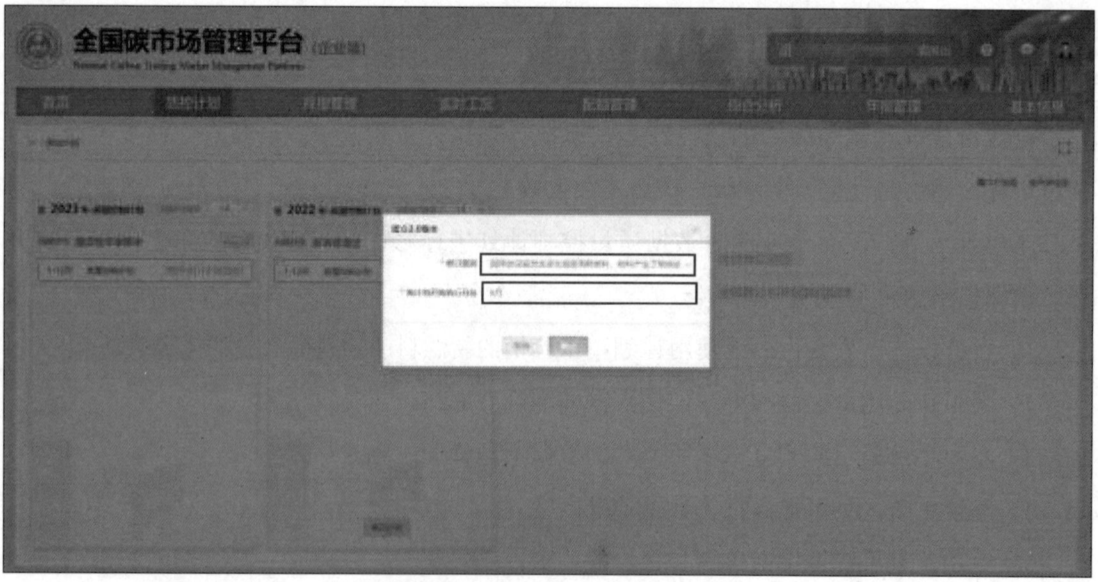

图 5-1-32　建立新版本

图 5-1-33 修订计划步骤（2）

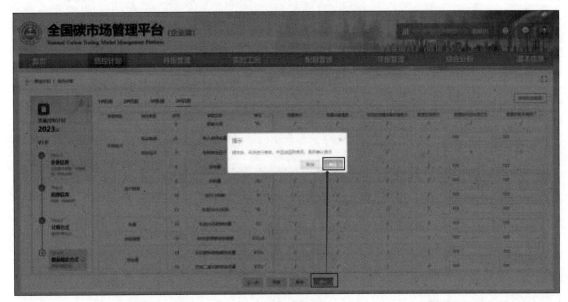

图 5-1-34 提交确认

三、月报管理

填报员选择月份进行填报，完成填报后提交审核员进行审核，审核员审核通过后，再转到政府端审核。

（一）月报填报

当企业提交的质量控制计划通过省、市级主管单位审核后，可单击"月报管理"按钮，跳转至月报管理页面。用户可通过"卡片"或"列表"两种视图形式查看当前需填报的月度任务，并根据任务要求，单击对应月份下"立即上报"按钮进入填写页面。

企业填报员进入月报管理模块可以查看当年的月报报送清单，清单可以在卡片视图和列表视图之间切换。卡片视图如图 5-1-35 所示，列表视图如图 5-1-36 所示。

图 5-1-35　卡片视图

图 5-1-36　列表视图

单击"立即上报"按钮进入填报页面，填写机组的化石燃料活动水平数据、外购电力数据以及生产数据。填报页面如图 5-1-37 所示，月报填写如图 5-1-38 所示。

图 5-1-37　填报页面

图 5-1-38　月报填写

进入填写页面时，会根据"质量控制计划"中所填的机组信息显示不同的填报信息。

有燃煤机组：可看到"机组""煤炭来源""数据确定方式"三类待填报信息，其中，"机组"与"数据确定方式"为必填项，"煤炭来源"为选填项。

无燃煤机组：可看到"机组""数据确定方式"两类待填报信息。

填写机组数据并上传附件资料，上传的资料会根据指标名称进行重新命名。

单击对应机组按钮，即可打开数据填写界面。月报数据填写支持"手动录入""沿用上月""数据导入"与"接口配置"四种方式。

1．手动录入

用户可在月报填报页面"机组数据"一列的输入框中填写对应指标数据，同时单击最右侧一列的"➕"按钮，上传相关"附件材料"。若有多台机组，单击左上角机组名称进行切换。手动录入如图5-1-39所示。

图5-1-39 手动录入

在录入数据时，系统会自动提醒是否超出阈值或极值。以收到基低位发热量为例，录入的实测值如果超过系统设定的阈值范围会得到提醒。阈值校验如图5-1-40所示。

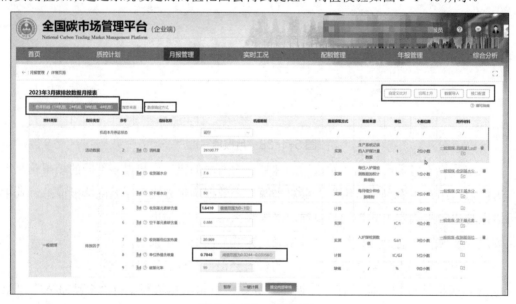

图5-1-40 阈值校验

2. 沿用上月

当前一个月份已有报送数据信息，企业填报员在填写当前月份数据时，可单击"沿用上月"按钮，系统将自动填充上一月份数据。企业填报员也可根据实际情况对沿用的数据进行微调。沿用上月如图 5-1-41 所示。

图 5-1-41　沿用上月

3. 数据导入

企业填报员也可通过数据导入功能进行月报数据录入。当单击"数据导入"按钮时，系统会弹出数据导入页面。企业填报员需要先下载 Excel 数据模板。

企业填报员在 Excel 中填写月度数据后，在系统中单击"上传文件"，选择已填写好的月报数据表进行上传（见图 5-1-42）即可。

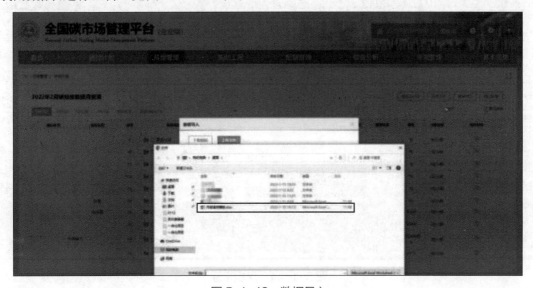

图 5-1-42　数据导入

填写完机组数据后单击"一键计算"即可查看月报数据。一键计算如图 5-1-43 所示。

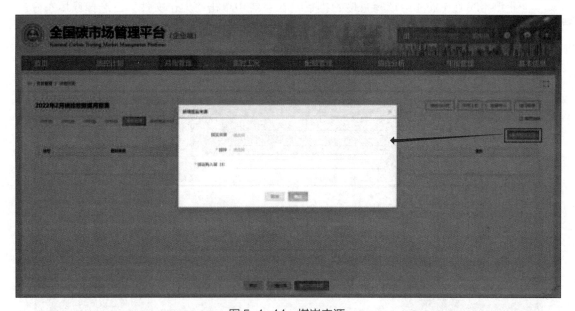

图 5-1-43　一键计算

"煤炭来源"为非必填项，企业可根据实际情况进行选填。当需要填写时，单击页面右上角的"新增煤炭来源"按钮，系统将会显示填写弹窗，企业填报员可在弹窗中填写煤炭来源、燃料名称与购入量，完成数据填写后单击"确定"按钮即可完成"煤炭来源"信息录入。煤炭来源如图 5-1-44 所示，数据确定方式如图 5-1-45 所示。

图 5-1-44　煤炭来源

图 5-1-45 数据确定方式

　　企业填报员完成月报填写后，单击"提交内部审核"按钮提交内部审核。提交内部审核如图 5-1-46 所示。

图 5-1-46 提交内部审核

　　提交内部审核之前需要进行信息补充并确定月报填写内容中不符合系统校验规则的指标项，确认后可以进行提交操作。提交信息确认如图 5-1-47 所示。

图 5-1-47　提交信息确认

　　提交审核后可以查看审核状态，如果审核还未开始，可以撤回修改。待审核状态的撤回修改如图 5-1-48 所示。

图 5-1-48　待审核状态的撤回修改

　　如当月机组停产，则直接选择机组本月运行状态为"停产"，相关数据无须填写。机组停产如图 5-1-49 所示。

图 5-1-49　机组停产

（二）月报审核

企业审核员进入月报管理模块可以查看待审核的月报，单击"审核"按钮进入审核页面。月报管理如图 5-1-50 所示。

图 5-1-50　月报管理

查看化石燃料燃烧排放表、购入使用电力排放表、生产数据及排放量汇总表以及数据确定方式。月报审核如图 5-1-51 所示。

图 5-1-51　月报审核

四、年报管理

完成月报填报后，在次年的 3 月底前，需要生成年度报告进行提交。

（一）年报生成

企业填报员进入年报管理页面，单击"生成年报"按钮，可以查看年报信息。年报管理如图 5-1-52 所示。

图 5-1-52　年报管理

生成的年报由企业基本信息、机组及生产设施信息、化石燃料燃烧排放表、购入使用电力排放表、生产数据及排放量汇总表以及数据确定方式组成。

年报支持预览及下载，确认信息无误后可以提交内部审核。年报生成如图 5-1-53 所示。

图 5-1-53　生成年报

（二）年报提交

填写提交确认声明，并上传盖章扫描版排放报告，完成后单击"确定并提交"按钮（见图 5-1-54）。进度跟踪如图 5-1-55 所示。

图 5-1-54　提交确认

图 5-1-55　进度跟踪

（三）年报审核

企业端审核员进入年报管理模块，可以查看待审核的年报。单击"审核"按钮进入审核页面（见图 5-1-56）。

图 5-1-56　年报审核（1）

企业审核员确认年报信息无误后单击"审核"按钮出具审核意见并通过审核。如果对年报有疑问则出具审核意见返回修改（见图 5-1-57、图 5-1-58）。

图 5-1-57 年报审核（2）

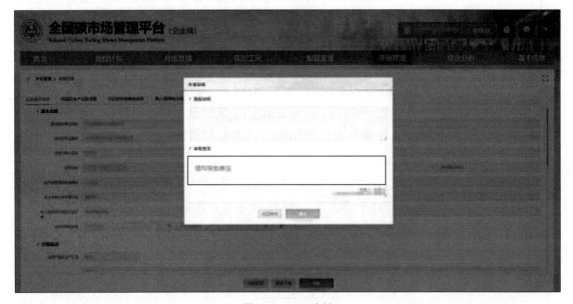

图 5-1-58 审核

5.1.4 职业判断与业务操作

根据任务描述，作为电厂 A 的碳排放负责人完成下述工作。

1）明确 2022 年度企业温室气体排放报告的填报平台及形式。

答：2022 年，发电行业重点排放单位每月通过全国碳市场管理平台（企业端）填报月度数据，再由平台自动生成企业年度温室气体排放报告。

2）明确通过平台填报质控计划的步骤。

答：企业填报员登录企业端，进入质控计划模块，选择对应年份，单击"制定计划"按钮进行年度质控计划制定。进入质控计划填报页面，需要填写企业信息、机组信息、计算方式以及数据确定方式。

3）明确企业生成的年报由哪些信息组成。

答：平台生成的年报由企业基本信息、机组及生产设施信息、化石燃料燃烧排放表、购入使用电力排放表、生产数据及排放量汇总表以及数据确定方式组成。

任务 5.2　编制碳排放核算报告（企业层级）

5.2.1　任务描述

一、企业基本信息

纸业有限公司 A 始建于 2000 年 8 月 3 日，为有限责任公司，法人代表张某（电话：189****5332），注册资本为 110 万元，统一社会信用代码为 91228************Z，排污许可证编号为 9122***************001V。企业地址位于某省某市某区某村，占地 90 余亩，员工 300 余人，具有年产工业用纱管原纸 10 万 t、高强瓦楞纸 11 万 t 的能力，年产量为 13.87 万 t，年产值为 3.96 亿元。

公司由总经理领导，下设企业管理中心、财务处、采购部、总经理办公室、生产管理中心、安监部、销售部、行政管理中心等行政部门；主要生产车间有一车间、二车间和制浆车间，辅助生产车间有锅炉车间、水务车间、仓库、原料部等。主要组织架构如图 5-2-1 所示，厂区平面图如图 5-2-2 所示。

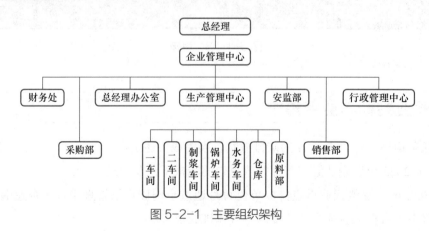

图 5-2-1　主要组织架构

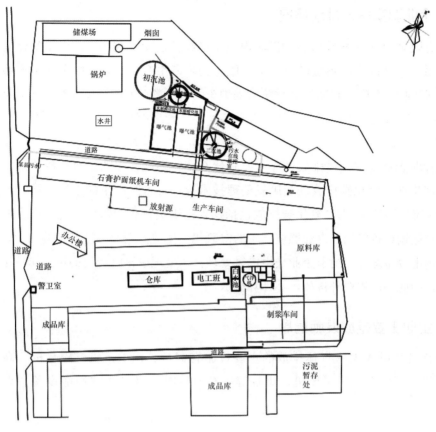

图 5-2-2 厂区平面图

二、企业基本生产信息

纸业有限公司 A 主营产品为纱管原纸和高强瓦楞纸，设计年产能 21 万 t，统一代码为 2221。公司各产品生产工艺流程基本相同，均为木浆原纸经碎浆机碎解后进入盘磨打浆，出浆后通过筛选流送系统进入流浆箱，经压榨烘干后，复卷分切包装入库。主要排放设施包括锅炉、碎浆机、盘磨机、压榨机、烘缸等设备。纸业有限公司 A 的工艺流程如图 5-2-3 所示。

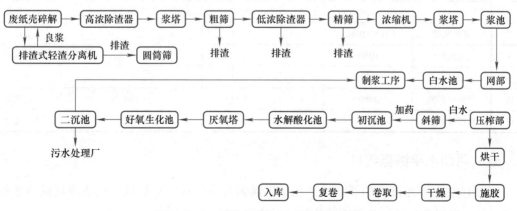

图 5-2-3 纸业有限公司 A 的工艺流程

三、企业温室气体排放情况

纸业有限公司 A 的核算边界为厂区内与生产经营活动相关产生的温室气体排放，包括主要生产系统、辅助生产系统以及为生产服务的附属生产系统。其中主要生产系统为一车间、二车间和制浆车间；辅助生产系统为锅炉车间、水务车间、仓库和运输等辅助车间；附属生产系统为财务处、采购部、总经理办公室、生产管理中心、安监部、销售部、行政管理中心等行政部门。

造纸行业企业温室气体排放过程主要有化石燃料燃烧产生的二氧化碳排放、净购入电力、热力产生的二氧化碳排放以及厌氧处理技术处理废水时产生的甲烷排放。纸业有限公司 A 的化石燃料燃烧产生二氧化碳排放包括购入的煤炭在企业锅炉内燃烧产生的二氧化碳排放，以及运输设备柴油、汽油燃烧产生的二氧化碳排放；企业不涉及外购热力，外购电力用于维持用电设备运行；由于企业采用厌氧处理技术处理废水时产生的甲烷排放全部回用于锅炉燃烧，因此不产生对外排放，不计算排放。

四、企业主要排放设施信息

纸业有限公司 A 温室气体排放的主要设施有锅炉、锅炉风机、碎浆机、高压盘磨、纤维分离机、真空泵、透平风机、烘缸等。纸业有限公司 A 主要用能设备和设施情况见表 5-2-1。

表 5-2-1　主要用能设备和设施情况

序号	设备名称	设备型号	台数	碳源类型	设备位置	设备运行情况
1	锅炉	SZL-37-1.25-AⅡ	1	烟煤	锅炉车间	正常运行
2	锅炉	XG-37/3.82-M	1	烟煤	锅炉车间	正常运行
3	D 型碎浆机	$25m^3D$	1	电力	二车间	正常运行
4	D 型碎浆机	HDSD-60m^3	1	电力	一车间	正常运行
5	烘缸	$\phi1500$	101	蒸汽	一车间 49 台，二车间 52 台	正常运行
6	真空泵	ZBEA-303A-O	2	电力	二车间 2 台	正常运行
7	透平风机	TP1700-41	1	电力	一车间 1 台	正常运行
8	双盘磨	DD600	4	电力	二车间	正常运行
9	双盘磨	720	2	电力	二车间	正常运行
10	纤维分离机	$\phi880$	1	电力	一车间	正常运行
11	纤维分离机	ZDF4	1	电力	二车间	正常运行

五、活动水平数据统计

纸业有限公司 A 涉及的活动水平包括烟煤消耗量与低位发热量、汽油消耗量与低位发热量、柴油消耗量与低位发热量以及购入电量。

1．烟煤

纸业有限公司 A 在厂区锅炉房设有皮带秤（型号：LC200-B4）连续称量监测入炉煤量，测量结果通过电子传输记录保存。每班次对数据进行计量，每月、每年进行数据汇总形成《煤出库统计表》。经统计，2022 年入炉煤量为 38182.99t。此外，纸业有限公司 A 未对烟煤的平均低位发热量进行实测。

2．柴油与汽油

纸业有限公司 A 的移动车辆通过加油站进行加油，企业每月汇总柴油与汽油的发票进行消耗量统计。经统计，2022 年共加柴油 181.29t、汽油 23.56t。企业未对柴油和汽油的平均低位发热量进行实测。

3．购入电量

纸业有限公司 A 每月从电网公司购入电力。经统计电费发票，2022 年购入电力为 75684.00 MWh，企业无其他电力来源。

六、企业质量保障和文件存档制度

纸业有限公司 A 由生产管理中心负责碳排放管理相关工作，指定贾某（电话：199****5689，邮箱：jia×××*@×××.com）负责企业温室气体排放核算和报告工作。企业目前已建立温室气体排放和能源消耗台账记录，定期监测煤炭、柴油、外购电量等碳排放活动水平数据，并建立企业温室气体数据文件保存和归档管理。

5.2.2　知识准备

企业温室气体排放报告应包括企业情况、企业温室气体排放情况、活动水平数据及来源说明、排放因子数据及来源说明，并附报告主体二氧化碳排放量汇总表、报告主体活动水平相关数据一览表以及报告主体排放因子相关数据一览表。

除发电、水泥、铝冶炼、钢铁行业外的，纳入全国碳市场的其他行业重点排放单位，每年需要提交企业温室气体排放报告和补充数据表，分别用于报告企业层级和补充数据表边界下的温室气体排放情况。

5.2.3　任务实施

一、填写企业情况

企业情况需填写企业基本情况与企业生产经营情况。企业基本情况需填写企业名称、所属行业、统一社会信用代码、企业注册地址和企业办公地址以及法定代表人和电话等基本信息。

企业生产经营情况需填写企业生产总产值、主营产品名称、年产能、年产量和年产值。若企业有多种主营产品，则需要分开填报。

根据案例描述，从"一、企业基本信息"和"二、企业基本生产信息"中提取关键信息。

一、企业情况

1. 企业基本情况

企业名称	纸业有限公司A		
所属行业	造纸和纸制品生产	统一社会信用代码	91228************Z
企业注册地址	某省某市某区某村		
企业办公地址	某省某市某区某村		
法定代表人	张某	电话	189****5332
通讯地址	某省某市某区某村		
单位碳排放管理部门名称	生产管理部		
负责人	贾某	电话	199****5689
电子邮件	jia××××@×××.com		

2. 企业生产经营情况

总产值（万元）（按现价计算）		39600	
主营产品名称	年产能（单位）	年产量（单位）	年产值（单位）
机制纸	21万吨	13.87万吨	396000万元

二、填写企业温室气体排放情况

温室气体排放情况应包括企业概况与核算边界描述、温室气体排放相关过程及主要设施、质量保证和文件存档制度、报告单位主要排放设施信息以及温室气体排放量。

根据任务描述，从"一、企业基本信息""二、企业基本生产信息""三、企业温室气体排放情况"和"四、企业主要排放设施信息"中提取关键信息。其中温室气体排放量应当分排放源类别、温室气体种类进行填报。

二、温室气体排放情况

1. 企业概况及核算边界

纸业有限公司A始建于2000年8月3日，占地90余亩，员工300多人，具有年产工业用纱管原纸10万吨、高强瓦楞纸11万吨的能力。

企业温室气体核算边界为纸业有限公司A厂区内与生产经营活动相关产生的温室气体排放。包括主要生产系统、辅助生产系统以及为生产服务的附属生产系统。

主要生产系统：一车间、二车间、制浆车间；

辅助生产系统：锅炉车间、水务车间、仓库和运输等辅助车间；

附属生产系统：财务处、采购部、总经理办公室、生产管理中心、安监部、销售部、行政管理中心等行政部门。

（续）

2. 温室气体排放相关过程及主要设施

企业温室气体排放过程主要有：

1. 化石燃料燃烧产生的二氧化碳排放：包括企业购入的煤炭在企业锅炉内燃烧产生的二氧化碳排放及运输设备柴油、汽油燃烧产生的二氧化碳排放。

2. 企业净购入电力、热力产生的二氧化碳排放。

3. 企业采用厌氧处理技术处理废水时产生的甲烷排放（全部回用于锅炉燃烧，不计算排放）。

综上，企业温室气体排放的主要设施有：锅炉、锅炉风机、碎浆机、高压盘磨、纤维分离机、真空泵、透平风机、烘缸等。

3. 质量保证和文件存档制度

企业温室气体排放年度核算和报告的质量保证和文件存档制度，主要包括以下方面工作：

1. 指定了专门人员贾某负责企业温室气体排放核算和报告工作。

2. 建立健全了企业温室气体排放和能源消耗台账记录，定期监测煤炭、柴油、外购电量等碳排放活动水平数据。

3. 建立企业温室气体数据和文件保存和归档管理数据。

4. 报告单位主要排放设施信息 *

序号	设备名称	设备型号	台数	碳源类型 **	设备位置	设备更换情况	备注
1	锅炉	SZL-37-1.25-AⅡ	1	烟煤	锅炉车间		
2	锅炉	XG-37/3.82-M	1	烟煤	锅炉车间		
3	D型碎浆机	25m³D	1	电力	二车间		
4	D型碎浆机	HDSD-60m³	1	电力	一车间		
5	烘缸	ϕ1500	101	蒸汽	一车间49台，二车间52台		
6	真空泵	ZBEA-303A-O	2	电力	二车间2台		
7	透平风机	TP1700-41	1	电力	一车间1台		
8	双盘磨	DD600	4	电力	二车间		
9	双盘磨	720	2	电力	二车间		
10	纤维分离机	ϕ880	1	电力	一车间		
11	纤维分离机	ZDF4	1	电力	二车间		

* 年排放量在10000吨二氧化碳当量及以上单台设施。

** 碳源类型包括化石燃料、非化石燃料、碳酸盐、含碳原料、其他温室气体、电力热力等。

5. 温室气体排放量

源类别	二氧化碳（tCO₂e）	甲烷（tCO₂e）	合计（tCO₂e）
企业温室气体排放总量	134063	0.00	134063
化石燃料燃烧排放量	67135.38	–	67135.38
过程排放量	0.00		0.00
净购入使用的电力排放量	66927.36	–	66927.36
净购入使用的热力排放量	0.00	–	0.00
废水处理的排放	0.00		0.00

三、填写活动水平数据及来源说明

企业填写活动水平数据及说明时，需要分排放源类别，并单独填写每类排放源的活动水平数据（例如化石燃料消耗量、化石燃料平均低位发热量属于两个活动水平，需分开填写），并明确活动水平的数值、单位、数据来源、监测设备、监测频次和记录频次。

根据任务描述，纸业有限公司 A 涉及的活动水平包括烟煤消耗量与低位发热量、汽油消耗量与低位发热量、柴油消耗量与低位发热量以及购入电量。从"五、活动水平数据统计"中提取关键信息。纸业有限公司 A 未涉及工业生产过程与废水处理甲烷过程排放。

三、活动水平数据及来源说明

1. 化石燃料活动水平数据及来源说明						
（活动水平 1：化石燃料消耗量）						
种类	数值	单位	数据来源	监测设备	监测频次	记录频次
烟煤	38182.99	吨	煤出库统计表	皮带秤	连续	每班一次
汽油	23.56	吨	发票	–	每月	每月
柴油	181.29	吨	发票	–	每月	每月
其他						
注：企业应自行添加未在表中列出但企业实际消耗的其他能源品种。						
（活动水平 2：化石燃料平均低位发热值）						
种类	数值	单位	数据来源	检测方法	检测频次	记录频次
烟煤	19.570	GJ/t	缺省值	–	-	-
汽油	43.070	GJ/t	缺省值	–	-	-
柴油	42.652	GJ/t	缺省值	–	-	-
其他						
注：企业应自行添加未在表中列出但企业实际消耗的其他能源品种。						
2. 工业生产过程活动水平数据及来源说明						
（活动水平 3：外购石灰石原料的消耗量）						
种类	数值	单位	数据来源	监测设备	监测频次	记录频次
碳酸钙						
其他						
3. 净购入电力活动水平数据及来源说明（活动水平 4）						
净购入电力	数值	单位	数据来源	监测设备	监测频次	记录频次
	75684.00	MWh	电费发票	电表	连续监测	每月记录
4. 净购入热力活动水平数据及来源说明（活动水平 5）						
净购入热力	数值	单位	数据来源	监测设备	监测频次	记录频次

（续）

5．废水处理甲烷过程活动水平数据及来源说明						
（活动水平6：厌氧处理过程产生的废水量）						
厌氧处理过程产生的废水量	数值	单位	数据来源	监测设备	监测频次	记录频次
（活动水平7：厌氧处理系统废水中的化学需氧量浓度）						
类别	数值	单位	数据来源	监测设备	监测频次	记录频次
进口废水						
出口废水						
（活动水平8：以污泥方式清除的有机物总量）						
以污泥方式清除的有机物总量	数值	单位	数据来源	监测设备	监测频次	记录频次
（活动水平9：甲烷的回收量）						
甲烷的回收量	数值	单位	数据来源	监测设备	监测频次	记录频次

四、填写排放因子数据及来源说明

选取排放因子及来源时应按照"实测值或测算值、缺省值"的优次顺序选择尽可能精确、可靠、及时的排放因子进行核算。排放因子的来源及参考依据主要包括《2006 年 IPCC 国家温室气体清单指南》、国家发改委发布的行业温室气体排放核算与报告指南等，核算过程中涉及的 GWP 值均参考 IPCC 发布的第六次评估报告（AR6）选取。

根据任务描述，纸业有限公司 A 涉及的排放因子包括烟煤、汽油、柴油的单位热值含碳量和碳氧化率以及电力排放因子。

烟煤、汽油、柴油的单位热值含碳量和碳氧化率均可通过查阅《造纸指南》附录二获取。

电力排放因子选取最新年份的全国电网排放因子。

四、排放因子数据及来源说明

1．化石燃料排放因子数据及来源说明					
（排放因子1：化石燃料单位热值含碳量）					
种类	数值	单位	数据来源	实测／实测计算	频次
烟煤	0.0261	tC/GJ	缺省值	–	–
汽油	0.0189	tC/GJ	缺省值	–	–
柴油	0.0202	tC/GJ	缺省值	–	–
其他					
注：企业应自行添加未在表中列出但企业实际消耗的其他能源品种。					

（续）

1. 化石燃料排放因子数据及来源说明					
（排放因子2：化石燃料碳氧化率）					
种类	数值	单位	数据来源	实测/实测计算	频次
烟煤	93	%	缺省值	–	–
汽油	98	%	缺省值	–	–
柴油	98	%	缺省值	–	–
其他					

注：企业应自行添加未在表中列出但企业实际消耗的其他能源品种。

2. 工业生产过程排放因子数据及来源说明					
（排放因子3：石灰石分解的二氧化碳排放因子）					
种类	数值	单位	数据来源	实测/实测计算	频次
碳酸钙					
其他					

3. 净购入电力排放因子数据及来源说明（排放因子4）					
净购入电力	数值	单位	数据来源	实测/实测计算	频次
	0.5703	tCO_2/MWh	缺省值	–	–

4. 净购入热力排放因子数据及来源说明（排放因子5）					
净购入热力	数值	单位	数据来源	实测/实测计算	频次

5. 废水厌氧处理过程排放因子数据及来源说明					
（排放因子6：厌氧处理废水系统的甲烷最大生产能力）					
甲烷最大生产能力	数值	单位	数据来源	实测/实测计算	频次
（排放因子7：甲烷修正因子）					
甲烷修正因子	数值	单位	数据来源	实测/实测计算	频次

5.2.4 职业判断与业务操作

本任务以编制企业层级温室气体排放报告为示例；若企业还需填报补充数据表，则应按照任务5.2.3的步骤进行补充数据表的数据统计、汇总与填报。

某省造纸和纸制品
生产企业温室气体排放报告

报告主体（盖章）：

报告年度：2022

编制日期：2023 年 9 月 16 日

根据国家发展和改革委员会发布的《造纸和纸制品生产企业温室气体排放核算方法与报告指南（试行）》，本报告主体核算了 2022 年度温室气体排放量，并填写了相关数据表格。现将有关情况报告如下：

一、企业情况

二、温室气体排放

三、活动水平数据及来源说明

四、排放因子数据及来源说明

五、附表 1～附表 3

本报告真实、可靠，如报告中的信息与实际情况不符，本企业将承担相应的法律责任。

法人（签字）：

2023 年 9 月 16 日

一、企业情况

1. 企业基本情况			
企业名称	纸业有限公司A		
所属行业	造纸和纸制品生产	统一社会信用代码	91228************Z
企业注册地址	某省某市某区某村		
企业办公地址	某省某市某区某村		
法定代表人	张某	电话	189****5332
通讯地址	某省某市某区某村		
单位碳排放管理部门名称	生产管理部		
负责人	贾某	电话	199****5689
电子邮件	jia×××@×××.com		

2. 企业生产经营情况			
总产值（万元）（按现价计算）	39600		
主营产品名称	年产能（单位）	年产量（单位）	年产值（单位）
机制纸	21 万吨	13.87 万吨	396000 万元

二、温室气体排放情况

1. 企业概况及核算边界

纸业有限公司A始建于2000年8月3日，占地90余亩，员工300多人，具有年产工业用纱管原纸10万吨、高强瓦楞纸11万吨的能力。

企业温室气体核算边界为纸业有限公司A厂区内与生产经营活动相关产生的温室气体排放。包括主要生产系统、辅助生产系统以及为生产服务的附属生产系统。

主要生产系统：一车间、二车间、制浆车间；

辅助生产系统：锅炉车间、水务车间、仓库和运输等辅助车间；

附属生产系统：财务处、采购部、总经理办公室、生产管理中心、安监部、销售部、行政管理中心等行政部门。

2. 温室气体排放相关过程及主要设施

企业温室气体排放过程主要有：

1. 化石燃料燃烧产生的二氧化碳排放：包括企业购入的煤炭在企业锅炉内燃烧产生的二氧化碳排放及运输设备柴油、汽油燃烧产生的二氧化碳排放。

2. 企业净购入电力、热力产生的二氧化碳排放。

3. 企业采用厌氧处理技术处理废水时产生的甲烷排放（全部回收用于锅炉燃烧，不计算排放）。

综上，企业温室气体排放的主要设施有：锅炉、锅炉风机、碎浆机、高压盘磨、纤维分离机、真空泵、透平风机、烘缸等。

3. 质量保证和文件存档制度

企业温室气体排放年度核算和报告的质量保证和文件存档制度，主要包括以下方面工作：

1. 指定了专门人员贾某负责企业温室气体排放核算和报告工作。

2. 建立健全了企业温室气体排放和能源消耗台账记录，定期监测煤炭、柴油、外购电量等碳排放活动水平数据。

3. 建立企业温室气体数据和文件保存和归档管理数据。

（续）

4. 报告单位主要排放设施信息 *

序号	设备名称	设备型号	台数	碳源类型**	设备位置	设备更换情况	备注
1	锅炉	SZL-37-1.25-AⅡ	1	烟煤	锅炉车间		
2	锅炉	XG-37/3.82-M	1	烟煤	锅炉车间		
3	D 型碎浆机	25m³D	1	电力	二车间		
4	D 型碎浆机	HDSD-60m³	1	电力	一车间		
5	烘缸	ϕ1500	101	蒸汽	一车间 49 台，二车间 52 台		
6	真空泵	ZBEA-303A-O	2	电力	二车间 2 台		
7	透平风机	TP1700-41	1	电力	一车间 1 台		
8	双盘磨	DD600	4	电力	二车间		
9	双盘磨	720	2	电力	二车间		
10	纤维分离机	ϕ880	1	电力	一车间		
11	纤维分离机	ZDF4	1	电力	二车间		

* 年排放量在 10000 吨二氧化碳当量及以上单台设施。

** 碳源类型包括化石燃料、非化石燃料、碳酸盐、含碳原料、其他温室气体、电力热力等。

5. 温室气体排放量

源类别	二氧化碳（tCO₂e）	甲烷（tCO₂e）	合计（tCO₂e）
企业温室气体排放总量	110298	0.00	110298
化石燃料燃烧排放量	67135.38	–	67135.38
过程排放量	0.00	–	0.00
净购入使用的电力排放量	43162.59	–	43162.59
净购入使用的热力排放量	0.00	–	0.00
废水处理的排放	0.00	–	0.00

三、活动水平数据及来源说明

1. 化石燃料活动水平数据及来源说明

（活动水平 1：化石燃料消耗量）

种类	数值	单位	数据来源	监测设备	监测频次	记录频次
烟煤	38182.99	吨	煤出库统计表	皮带秤	连续	每班一次
汽油	23.56	吨	发票	–	每月	每月
柴油	181.29	吨	发票	–	每月	每月
其他						

注：企业应自行添加未在表中列出但企业实际消耗的其他能源品种。

（活动水平 2：化石燃料平均低位发热值）

种类	数值	单位	数据来源	检测方法	检测频次	记录频次
烟煤	19.570	GJ/t	缺省值	–	–	–
汽油	43.070	GJ/t	缺省值	–	–	–
柴油	42.652	GJ/t	缺省值	–	–	–
其他						

注：企业应自行添加未在表中列出但企业实际消耗的其他能源品种。

（续）

2. 工业生产过程活动水平数据及来源说明						
（活动水平 3：外购石灰石原料的消耗量）						
种类	数值	单位	数据来源	监测设备	监测频次	记录频次
碳酸钙						
其他						

3. 净购入电力活动水平数据及来源说明（活动水平 4）						
净购入电力	数值	单位	数据来源	监测设备	监测频次	记录频次
	75684.00	MWh	电费发票	电表	连续监测	每月记录

4. 净购入热力活动水平数据及来源说明（活动水平 5）						
净购入热力	数值	单位	数据来源	监测设备	监测频次	记录频次

5. 废水处理甲烷过程活动水平数据及来源说明						
（活动水平 6：厌氧处理过程产生的废水量）						
厌氧处理过程产生的废水量	数值	单位	数据来源	监测设备	监测频次	记录频次
（活动水平 7：厌氧处理系统废水中的化学需氧量浓度）						
类别	数值	单位	数据来源	监测设备	监测频次	记录频次
进口废水						
出口废水						
（活动水平 8：以污泥方式清除的有机物总量）						
以污泥方式清除的有机物总量	数值	单位	数据来源	监测设备	监测频次	记录频次
（活动水平 9：甲烷的回收量）						
甲烷的回收量	数值	单位	数据来源	监测设备	监测频次	记录频次

四、排放因子数据及来源说明

1. 化石燃料排放因子数据及来源说明					
（排放因子 1：化石燃料单位热值含碳量）					
种类	数值	单位	数据来源	实测 / 实测计算	频次
烟煤	0.0261	tC/GJ	缺省值	–	–
汽油	0.0189	tC/GJ	缺省值	–	–
柴油	0.0202	tC/GJ	缺省值	–	–
其他					
注：企业应自行添加未在表中列出但企业实际消耗的其他能源品种。					

（续）

1. 化石燃料排放因子数据及来源说明

（排放因子 2：化石燃料碳氧化率）

种类	数值	单位	数据来源	实测/实测计算	频次
烟煤	93	%	缺省值	–	–
汽油	98	%	缺省值	–	–
柴油	98	%	缺省值	–	–
其他					

注：企业应自行添加未在表中列出但企业实际消耗的其他能源品种。

2. 工业生产过程排放因子数据及来源说明

（排放因子 3：石灰石分解的二氧化碳排放因子）

种类	数值	单位	数据来源	实测/实测计算	频次
碳酸钙					
其他					

3. 净购入电力排放因子数据及来源说明（排放因子 4）

	数值	单位	数据来源	实测/实测计算	频次
净购入电力	0.5703	tCO_2/MWh	缺省值	–	–

4. 净购入热力排放因子数据及来源说明（排放因子 5）

	数值	单位	数据来源	实测/实测计算	频次
净购入热力					

5. 废水厌氧处理过程排放因子数据及来源说明

（排放因子 6：厌氧处理废水系统的甲烷最大生产能力）

	数值	单位	数据来源	实测/实测计算	频次
甲烷最大生产能力					

（排放因子 7：甲烷修正因子）

	数值	单位	数据来源	实测/实测计算	频次
甲烷修正因子					

附表 1　报告主体 2022 年温室气体排放量汇总表（单位：tCO_2）

源类别	二氧化碳	甲烷	合计
企业温室气体总排放量	110298	–	110298
化石燃料燃烧排放量	67135.38	–	67135.38
过程排放量	0.00	–	0.00
净购入的电力对应的排放	43162.59		43162.59
净购入的热力对应的排放	0.00	–	0.00
废水处理的排放	0.00	–	0.00

附表 2　报告主体活动水平相关数据一览表

	燃料品种	净消耗量 (t，万 Nm³)	低位发热量 (GJ/t，GJ/ 万 Nm³)
燃料燃烧	无烟煤		
	烟煤	38182.99	19.570
	褐煤		
	洗精煤		
	其他洗煤		
	其他煤制品		
	石油焦		
	焦炭		
	原油		
	燃料油		
	汽油	23.56	43.070
	柴油	181.29	42.652
	煤油		
	液化天然气		
	液化石油气		
	焦油		
	焦炉煤气		
	高炉煤气		
	转炉煤气		
	其他煤气		
	天然气		
	炼厂干气		
工业生产过程	参数名称	量值	单位
	石灰石原料的消耗量		t
净购入的电力、热力消费	从电网购买的电量	75684.00	MWh
	外销的电量		MWh
	从其他企业购买的热力		GJ
	外销的热力		GJ
废水处理	废水厌氧处理去除的有机物总量		kgCOD
	厌氧处理过程产生的废水量		m³
	厌氧处理系统进口废水中的化学需氧量浓度		kgCOD/m³
	厌氧处理系统出口废水中的化学需氧量浓度		kgCOD/m³
	以污泥方式清除掉的有机物总量		kgCOD
	甲烷回收量		kg

注：企业应自行添加未在表中列出但实际消耗的其他能源品种。

附表 3　报告主体排放因子相关数据一览表

	燃料品种	单位热值含碳量（tC/GJ）	碳氧化率（%）
燃料燃烧	无烟煤		
	烟煤	26.1×10^{-3}	93
	褐煤		
	洗精煤		
	其他洗煤		
	其他煤制品		
	石油焦		
	焦炭		
	原油		
	燃料油		
	汽油	18.9×10^{-3}	98
	柴油	20.2×10^{-3}	98
	煤油		
	液化天然气		
	液化石油气		
	焦油		
	焦炉煤气		
	高炉煤气		
	转炉煤气		
	其他煤气		
	天然气		
	炼厂干气		
工业生产过程	参数名称	量值	单位
	煅烧石灰石的二氧化碳排放因子		tCO_2/t
净购入电力、热力的消费	电力消费的排放因子	0.5703	tCO_2/MWh
	热力消费的排放因子		tCO_2/GJ
废水处理	废水厌氧处理系统的甲烷最大生产能力		$kgCH_4/kgCOD$
	甲烷修正因子		

注：企业应自行添加未在表中列出但实际消耗的其他能源品种。

任务 5.3　企业配合第三方核查工作

5.3.1　任务描述

钢铁企业 A 是碳市场纳管企业，该企业收到生态环境主管部门通知，需在 2023 年 11 月 17 日前完成初始排放报告的编制工作，在 2023 年 9 月 30 日前配合第三方核查机构完成 2022 年核查工作并提交终版排放报告。请作为钢铁企业 A 的碳排放负责人，梳理海南钢铁需配合第三方核查机构开展碳核查的具体工作。

5.3.2　知识准备

一、核查的概念

碳排放核查是根据核算、核查的相关技术规范，对重点排放单位报告的温室气体排放量及其相关信息、数据质量控制计划进行全面核实、查证的过程，碳排放核查结果是配额分配与清缴的重要依据。

二、核查的依据

2021 年 3 月，生态环境部印发《企业温室气体排放报告核查指南（试行）》（以下简称《核查指南》），该指南适用于省级生态环境主管部门组织对纳入全国碳市场管控的重点排放单位的核查。2022 年 12 月，生态环境部印发《企业温室气体排放核查技术指南　发电设施》（以下简称《核查技术指南》），该指南适用于省级生态环境主管部门组织的对全国碳排放权交易市场 2023 年度及其之后的发电行业重点排放单位温室气体排放报告的核查。

核查工作政策要求

三、核查的目的

开展碳排放核查工作的目的，一是确保排放单位的温室气体排放报告报送符合核算指南要求，确保二氧化碳排放数据真实有效、客观公正；二是为配额与履约提供有力保障，为碳达峰碳中和目标的实现提供重要基础。

四、核查程序

核查程序包括核查安排、建立核查技术工作组、文件评审、建立现场核查组、进行现场核查、出具《核查结论》、告知核查结果、保存核查记录等八个步骤。

核查原则和流程（上）　核查原则和流程（下）

1. 核查安排

由省级生态环境主管部门确定核查任务、进度安排及所需资源并组织开展核查工作。核查工作可以通过政府购买服务的方式委托技术服务机构开展。

2. 建立核查技术工作组

省级生态环境主管部门根据核查任务和进度安排，建立一个或多个核查技术工作组（以下简称技术工作组）开展如下工作：实施文件评审完成《文件评审表》，提出《现场核查清单》的现场核查要求；填写《不符合项清单》，交给重点排放单位整改，验证整改是否完成；出具《核查结论》；对未提交排放报告的重点排放单位，按照保守性原则对其排放量及相关数据进行测算。技术工作组的工作可由省级生态环境主管部门及其直属机构承担，也可通过政府购买服务的方式委托技术服务机构承担。技术工作组至少由 2 名成员组成，其中 1 名为负责人，至少 1 名成员具备被核查的重点排放单位所在行业的专业知识和工作经验。技术工作组负责人应充分考虑重点排放单位所在的行业领域、工艺流程、设施数量、场所与规模、排放特点、核查人员的专业背景和实践经验等方面的因素，以确定成员的任务分工。

3. 文件评审

技术工作组根据相应行业的《核算指南》及相关技术规范，对重点排放单位提交的排放报告及数据质量控制计划等支撑材料进行文件评审，初步确认重点排放单位的温室气体排放量和相关信息的符合情况，识别现场核查重点，提出现场核查时间、需访问的人员、需观察的设施设备或操作以及需查阅的支撑文件等现场核查要求，分别完成《文件评审表》和《现场核查清单》的填写并提交省级生态环境主管部门。技术工作组根据核查工作需要，调阅重点排放单位提交的相关支撑材料，包括组织机构图、厂区分布图、工艺流程图、设施台账、生产日志、监测设备和计量器具台账、支撑报送数据的原始凭证，以及数据内部质量控制和质量保证相关文件和记录等。

4. 建立现场核查组

省级生态环境主管部门应根据核查任务和进度安排，建立一个或多个现场核查组开展如下工作。根据《现场核查清单》，对重点排放单位实施现场核查，并收集相关证据和支撑材料；详细填写《现场核查清单》的核查记录并报送技术工作组。现场核查组的工作可由省级生态环境主管部门及其直属机构承担，也可通过政府购买服务的方式委托技术服务机构承担。现场核查组应至少由 2 人组成。为了确保核查工作的连续性，现场核查组成员原则上应为核查技术工作组的成员。对于核查人员调配存在困难等情况，现场核查组的成员可与核查技术工作组成员不同。

5.　进行现场核查

现场核查的目的是根据《现场核查清单》收集相关证据和支撑材料。现场核查组按照《现场核查清单》做好准备工作，明确核查任务重点、组内人员分工、核查范围和路线，准备核查所需要的装备，并提前 2 个工作日通知重点排放单位做好准备。

现场核查组通过查、问、看、验等方法开展工作。具体工作为查阅相关文件和信息，包括原始凭证、台账、报表、图纸、会计账册、专业技术资料、科技文献等；询问现场工作人员，采用开放式提问，获取更多关于核算边界、排放源、数据监测以及核算过程等的信息；查看现场排放设施和监测设备的运行情况，包括现场观察核算边界、排放设施的位置和数量、排放源的种类以及监测设备的安装、校准和维护情况等；通过重复计算验证计算结果的准确性，或通过抽取样本、重复测试确认测试结果的准确性等。现场核查组应验证现场收集的证据的真实性，确保其能够满足核查的需要。现场核查组应在现场核查工作结束后 2 个工作日内，向技术工作组提交填写完成的《现场核查清单》。

技术工作组在收到《现场核查清单》后 2 个工作日内，需在《不符合项清单》中"不符合项描述"一栏中，对《现场核查清单》中未取得有效证据、不符合核算指南要求以及未按数据质量控制计划执行等情况进行如实记录，并要求重点排放单位采取整改措施。重点排放单位应在收到《不符合项清单》后的 5 个工作日内，完成《不符合项清单》中"整改措施及相关证据"一栏的填写，连同相关证据材料一并提交技术工作组。技术工作组应对不符合项的整改进行书面验证，必要时可采取现场验证的方式。

6.　出具《核查结论》

技术工作组根据如下要求出具《核查结论》并提交省级生态环境主管部门。对于未提出不符合项的，技术工作组应在现场核查结束后 5 个工作日内完成《核查结论》的填写；对于提出不符合项的，技术工作组应在收到重点排

核查成果文件解析（上）　　核查成果文件解析（下）

放单位提交的《不符合项清单》"整改措施及相关证据"一栏内容后的 5 个工作日内完成《核查结论》的填写。如果重点排放单位未在规定时间内完成对不符合项的整改，或整改措施不符合要求的，技术工作组应根据《核查指南》与生态环境部公布的缺省值，按照保守原则测算排放量及相关数据，并完成《核查结论》的填写。对于经省级生态环境主管部门同意不实施现场核查的，技术工作组应在省级生态环境主管部门做出不实施现场核查决定后 5 个工作日内，完成《核查结论》的填写。

7.　告知核查结果

省级生态环境主管部门将《核查结论》告知重点排放单位。若省级生态环境主管部门

认为有必要进一步提高数据质量，可在告知核查结果前，采用复查的方式对核查过程和核查结论进行书面或现场评审。

8. 保存核查记录

省级生态环境主管部门应以安全和保密的方式保管核查的全部书面（含电子）文件至少 5 年。技术服务机构应将核查过程的所有记录、支撑材料、内部技术和评审记录等文件进行归档保存至少 10 年。

五、不符合项

不符合项是指第三方在核查过程中发现的重点排放单位温室气体排放量、相关信息、数据质量控制计划、支撑材料等不符合《核查指南》以及相关技术规范的情况。企业在收到《不符合项清单》后，应及时进行整改，并连同相关证据材料提交给核查机构。

5.3.3 任务实施

一、核算并填报排放报告、制定或修订数据质量控制计划

收集与排放相关的数据文件，及时填报并保存所填报数据的文件来源；填报阶段遇到问题应及时与生态环境主管部门联系；首次纳入企业，需制定数据质量控制计划；已备案数据质量控制计划的企业，可直接修订。

企业配合核查
工作梳理

二、准备核查所需材料

与核查技术工作组确认核查所需材料，提前做好准备。准备材料示例如下。

1）排放报告和数据质量控制计划。

2）对于燃料消耗量，提供每日或每月消耗量的原始记录或台账，月度或年度生产报表以及月度或年度燃料购销存记录。

3）对于自行检测的燃料低位发热量，需提供每日或每月检测记录或煤质分析原始记录。

4）对于购入使用电力，需提供每月电量原始记录以及每月电费结算凭证。

5）对于各项生产数据，需提供月度和年度生产报表。

6）能源计量器具一览表、校准报告以及设备更换维修记录。

三、配合文件评审

提前协调企业内部各有关部门（如生产部、财务部等）配合提供核查所需的文件；如有涉密材料，不能提供，应提前告知技术工作组，必要时，需提供纸质说明。

碳排放核查关
键点解析——
文件评审

四、配合现场核查

与核查工作组确认《现场核查清单》，提前做好准备，积极提供有效证据；相关领导应重视核查工作，尽量参与现场核查，介绍企业整体排放情况；提前协调好内部各部门（如生产部、财务部等）现场配合，安排好排放设施（如燃煤锅炉、回转窑等）和相关监测设备（如燃气表、电表等）的现场查看；积极与核查组沟通，共同探讨存在的问题以及后续的改进措施。

碳排放核查关键点解析——现场核查阶段

五、修改排放报告和数据质量控制计划（若涉及）

若核查技术工作组开具了《不符合项清单》，应及时与技术工作组沟通，共同探讨存在的问题以及后续改进的措施。根据整改后的情况，重新修改排放报告和数据质量控制计划。

5.3.4　职业判断与业务操作

作为钢铁企业 A 的碳排放负责人，第一，需要尽早梳理、收集与排放相关的数据文件，企业内部开展碳排放数据核算、排放报告填报以及制定或修订数据质量控制计划的工作，并保存所填报数据的所有文件来源。第二，在收到核查通知后，提前做好准备，及时与核查技术工作组确认核查所需材料，提前协调企业内部各有关部门（如生产部、财务部等）配合提供核查所需的文件。第三，开展现场核查前，及时与企业领导、核查技术工作组确定现场核查的具体时间，提前协调好内部各部门以提高现场配合效率，安排好排放设施和相关监测设备的现场查看环节。第四，配合完成核查后续工作，包括针对不符合项进行整改、修改排放报告与数据质量控制计划等。第五，对所有排放报告、数据质量控制计划以及相关的支撑材料等进行归档保存至少 5 年。